KB236682

처음부터 다시 배우는

조경 수목관리

| 손창호 지음 |

도시수목의 위기와 해법을 제시하는
조경 20년 노정원사의 현장 리포트

지은이 손창호

고려대학교 사학과를 졸업하고 1974년 중앙일보 11기 기자로 사회생활을 시작했다. 이후 출판과 홍보 분야에서 30년간 활동했다. 2000년 여름, 우연한 귀농 체험을 계기로 자연의 소중함을 새삼 깨닫고 깊은 열정을 품게 되었다. 이 경험을 바탕으로 2005년 조경 분야에 발을 들이며 인생의 제2막을 열었다. 그로부터 20년이 지난 지금은 중소 조경회사의 고문으로서 후배들을 지도하고 있다.

처음부터 다시 배우는
조경 수목관리

초판 인쇄 2026년 3월 10일
초판 발행 2026년 3월 15일

지은이 손창호
펴낸이 조승식
펴낸곳 돌배나무
등록 제2019-000003호
주소 서울시 강북구 한천로 153길 17
전화 02-994-0071
홈페이지 www.bookshill.com
인스타그램 @bookshill_official
블로그 blog.naver.com/booksgogo
이메일 bookshill@bookshill.com

값 35,000원
ISBN 979-11-90855-54-9

누구신가요?

차례

운명이란 묘한 것이다. 2000년 여름, 내가 우연히 전국귀농운동본부의 여름귀농학교에 가지만 않았어도 나는 지금까지 생강나무와 산수유의 차이를 모르는 도시의 무지렁이로 살았을 것이다. 이듬해 여름, 귀농학교 동기생들과 경기도 벽제의 주말농장에서 텃밭농사를 지어 보면서 나는 처음으로 흙의 모성과 생명의 경이로움에 눈부셔 했다. 아무것도 이루어 낼 것 같지 않았던 톱밥가루 같은 상추씨가 얼마 안 가 수천 배 크기의 푸른 상추 잎으로 자라나는 과정을 보면서, 무소유와 무한 소유가 사실은 같은 연장선상에 있음을 보았다. 텃밭농사 후 4년 뒤 나는 마침내 조경으로 직업을 바꾸어 올해로 20년이 된다. 이제 나는 나무를 보지 않고도 쥐똥나무 향과 인동 향을 구분하는 정도는 되었다. 이 책은 그날 이후 내가 운명을 바꾼 결과물이다.

조경현장에 있어 보면 알겠지만, 우리나라 조경 인부들은 정원학교를 나온 정원사가 드물고 농사를 짓다가 전업을 한 사람들이 많다. 또 일부는 나 같은 비전공자이거나 중국 교포다. 그런데 농사와 조경은 다르다. 사과 과수원에는 사과만 심지만 정원에는 사과나무만 있는 것이 아니라 소나무도 있고, 수백 가지의 나무와 초화가 같이 자란다. 세분화되고 전문적인 지식이 필요하지만 시중에서 조경 유지관리에 특화된 책은 찾아보기 힘들다. 여기저기 흩어진 지식을 모아 자신의 것으로 만들기란 쉽지 않다.

이 책은 내가 그동안 수강한 농촌진흥청, 산림과학원, 서울대 식물병원, 수목보호협회, 잔디협회 등의 교육과 정부과천청사, 한남더힐, 나인원한남 그 밖에 여러 조경공사 현장에서의 실무 경험, 그리고 탐독한 도서들을 바탕으로 정리한 〈조경 유지관리 실무 지침서〉이다.

책을 읽으면서 그때그때 중요하다고 밑줄을 그어가며 메모했던 내용들과, 어떻게 하면 한눈에 비교해 볼 수 있을까 고민하며 습관처럼 이 책 저 책의 내용들을 모아 놓은 것을 이번에 짜깁기 수준으로 엮은 것이다. 엄밀한 의미에서 이 책은 그동안 공부했던 선배들의 훌륭한 어록들을 모아 놓은 노트라고 할 수 있다. 사실 이 책의 초고는 2018년 사내 교육용으로 준비한 것인데, 얼마 전 AI의 출현으로 개인 출판의 시대가 열렸다는 사실을 알고, 오랜만에 원고를 꺼내 탈고하게 되었다. 인용된 사진들은 대부분 내가 현장에서 직접 촬영한 것들이며, 사진이 글보다 훌륭한 교육자료라고 생각하여 되도록 큼직하게 편집하였다.

처음부터 저술을 의식해서 작성한 메모들이 아니기도 했지만, 세월이 오래 흘러 나도 칠십 대가 되고 보니 인용한 자료의 출처를 밝히기가 쉽지 않았다. 물론 토성삼각도처럼 어느 교과서에나 실리는 오픈 소스들은 해당이 안 되겠지만, 인용한 글이나 그림들이 저자의 명예에 누가 될까 봐 가능한 한 출처를 밝히고자 노력하였다. 한편 한 주제 안에서도 책마다 기술이 다를 때는 그간의 실무경험에 기초하여 선택하였다. 물론 틀린 것도 있을 것이다. 그것을 찾아 고쳐 나가는 게 자기 발전이고 과학의 길이라고 생각한다.

'침대는 과학이다'는 광고 카피가 있었지만, 조경이야말로 과학이고 수목의학이다. 파브르의 '식물기'도 관찰에서 시작되었고, 뉴턴의 만유인력도 '왜?'라는 의문에서 시작되었다. 후배들에게 당부하고 싶은 게 있다면 사소하게 반복되는 일상의 작업일지라도 꾸준히 관찰해서 기록을 남겨 보라는 것이다. 농약 설명서, 비료의 성분, 토양분석 시험성적표, 작업자의 동선, 살수기의 수압, 강수량에 따른 토양의 수분 침투 깊이, 계절별 일조량의 변화 등 하찮아 보이는 작은 데이터들도 모아 놓으면, 훗날 나만이 가질 수 있는 빅데이터로 활용될 수 있음을 기억해 주기 바란다. 이 책의 말미에는 좀 더 내용을 알고 싶은 분들을 위해, 내가 공부에 도움을 받았던 책들을 소개하였다. 좋은 책을 찾아 도서관을 뒤지던 시간 낭비를 줄여 주고 싶은 마음으로 시작한 것이다.

앞으로 병충해에 대한 판독이나 농약 처방은 AI가 대신해 줄 것이다. 관수량이나 시비량의 결정도 AI가 해 줄 것이다. 그날은 곧 올 것이다. AI의 지시를 수행하는 로봇이 되지 않기 위해서 인간이 스스로 무엇을 준비해야 할 것인지에 대한 답은, 바바라 담로시 Babara Damrosch의 말로서 대신하고자 한다.

"Good gardening is very simple, really. You just have to learn to think like a plant." ("좋은 정원 가꾸기는 정말 간단합니다. 식물의 입장에서 생각하는 법을 배우기만 하면 됩니다.")

— 2025년 5월 일산에서 손창호

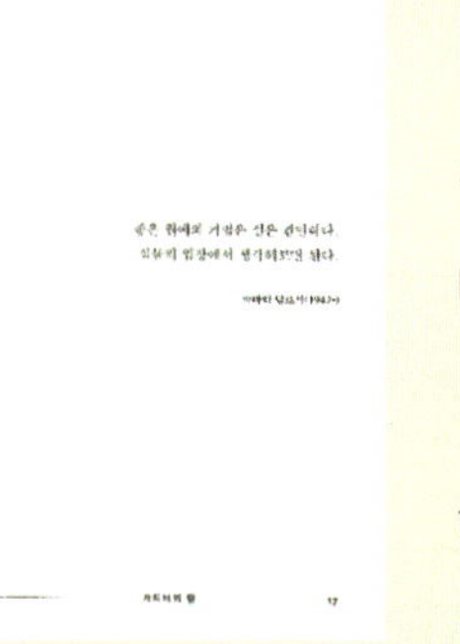

정원을 가꾼다는 것
출판사 지노/니나픽 엮음/오경아 옮김

도시 무지렁이를 조경으로 이끈 주말농장 체험. (2001년 고양시 벽제)

미세한 휘발성 정유 입자들이 숲속의 공기 중을 떠다니는 장면
《식물의 왕국》KBS 다큐 2019.3

115
746

정원 관리에서 토양관리가 차지하는 비중은 절반이 넘는다. 나무의 생육은 뿌리가 살고 있는 흙을 떠나서는 존재할 수 없기 때문이다. 나무가 아프면 지상부보다 지하부의 뿌리를 먼저 살피는 게 순서이고, 뿌리는 다시 흙의 건강 체크로 이어진다. 그럼 흙이란 무엇인가? 지구의 표면에 노출된 암석의 풍화 퇴적 물질이라는 사전 풀이로는 땅의 생명현상을 설명할 수 없다. 세계 최고의 정원 디자이너로 손꼽히고 있는 메리 레이놀즈는 땅에 대해서 이렇게 정의한다.

"땅은 저마다 고유한 개성을 가지고 있는 살아 있는 존재다. 땅이 건강하다면, 무수히 많은 생명체들이 그 표면에서 숨을 쉬며 살아간다. 살아 있다는 말은 땅도 의식을 갖고 있고, 상처를 받을 수 있으며, 고통, 사랑, 화, 흥분, 슬픔, 비탄을 느끼며 아플 때도 있고 다시 건강해지기도 한다는 뜻이다."
— 불과 몇 줄의 문장이지만 토양을 바라보는 그녀의 깨달음이 눈부시다.

대지는 자연과 가까울 때 생명력이 넘친다. 그러나 현대의 정원은 설계자의 의도대로 땅을 깎고 메우는 자연 파괴로부터 시작된다. 생명력을 잃은 죽은 대지에 심겨질 나무들은 뿌리의 80%, 가지의 40% 이상이 잘린 반신불수의 몸으로 배달된다. 미국처럼 근원 직경의 8~12배로 분을 뜨지 못하고 4~5배 분을 뜨는 우리의 현실에서 하자율 20%는 더 이상 놀라운 수치도 아니다. "죽게 심어 놓고 살기를 바라느냐"는 원로 나무병원장의 일침이 귀에 쟁쟁하다.

새로 준공된 근린공원이나 공동주택의 정원을 가 보면, 지면을 덮고 있는 흙이 어디에서 반입된 흙인지 정체가 묘연하다. 고사목 교체를 위해 땅을 파면 전기배선, 가스관, 우수관 등의 지하 매설물들이 식재지 밑에서 나오고, 함부로 버린 시멘트나 벽돌, 폐비닐로 땅이 몸살을 앓는다. 한편 선행공정과의 협의가 되지 않아 그라운드 레벨이 잘못 시공된 경우에는 이미 심어진 나무들을 모두 굴취해서 재시공을 해야 하는 막대한 손실이 따른다. 이런 류의 하자가 준공 이후에 발견된 경우라면, 장비 진입과 운용도 문제지만, 들뜬 마음으로 새집에 이사 온 입주민들의 삶은 공사판의 소음과 위험에 노출된다. 물론 내가 겪어 본 회사 중에 감리단

먼동이 트기도 전에 수목들의 하차작업이 진행되고 있다.

에서 칭찬을 아끼지 않던 H산업개발이나 J조경 같이 실력이 탄탄하고 책임감 있는 회사들도 있지만, 이런 문제점이 개선되지 않고 있는 이유를 다른 주택건설현장에서 찾아보면 공통된 특징이 있다.

하나, 우리나라의 산업구조가 조경은 토목이나 건설의 하청일 때가 많아 선행공정이 지연되는 책임을 조경이 모두 떠안게 된다. 절대공기가 부족해진 조경에서는 연장근로, 휴일근로에 돌입하느라 공사비가 올라가고 부적기 식재도 불사한다.

둘, 시간이 없으니 식재 전의 현장 정리가 되지 못하는 건 다반사. 흐트러진 시멘트 가루나 다양한 종류의 불순물들을 청소하는 건 엄두도 내지 못한 채 흙을 받게 되니 토양오염은 기본이 된다.

셋, 나무 못지않게 중요한 게 반입되는 조경토의 품질인데, 유기물이 있는 밭 흙을 넣지 않고, 도로공사나 토목현장에서 기초 터파기로 나오는 버리는 흙을 받는 것이 관행처럼 되어 있다.

넷, 식재지가 마련되지 않아 반입된 나무들을 바로 식재하지 못하고 가식되는 경우가 많다.

다섯, 공기에 쫓긴 식재 현장에서는 나무의 운반과 식재가 거칠 수밖에 없다. 특히 가장 문제가 되는 것은 비좁은 식재지와 심식. 뒤늦게 심식된 것을 알았더라도 식재와 관수를 마친 나무를 다시 뽑아 올려 심으면 십중팔구 죽게 되므로 복토로 덮어 버리고 현장을 떠난다. 나무가 복토로 죽는 건 3~4년 뒤의 일이다.

여섯, 조경 시공사와 준공 이후의 유지관리 회사가 분리되어 있어 나무의 이력이나 식재 환경에 대한 정보의 인수인계가 이루어지지 않는다. 설령 하자기간 동안 시공사가 유지관리를 맡는다고 해도, 시공팀과 유지관리팀이 별개여서 정보가 먹통인 것은 같다.

그러므로 신축 조경현장의 유지관리를 맡는다는 것은 법의학자처럼 잘못된 시공과 하자를 찾아내는 것으로부터 시작된다. 토양 조사, 배수 조사, 심식 조사, 병충해 조사를 기본으로 대비하지 않으면 시공사의 잘못으로 생긴 하자를 유지관리 부실로 떠안게 될 수 있다.

죽은 소나무를 캐낸 토양 단면에 드러난 비료 포대와 빈 공간이 고사 원인을 말해 준다.

대왕참나무 심식을 확인하는 조경공

겨울 공사에 흙이 얼어서 바위처럼 보인다. 당연히 흙덩어리 사이에 흙이 채워지지 않는 빈 공간이 생긴다. 식재 부적기 기간은 나무의 생리에만 해당되는 문제가 아니다.

포장공사가 늦어져 식재공사가 먼저 진행되면 GL이 서로 맞지 않아 복토되는 경우가 많고, 버림 콘크리트가 뿌리분 위에 뿌려져 생육을 위태롭게 한다.

복토가 의심되는 지역의 땅을 30 cm쯤 걷어 내자, 맨홀 뚜껑이 나타났다. 의사소통 부족으로 공종 간에 GL이 맞지 않는 곳이 비일비재하다. 무생물인 맨홀의 높이를 맞추는 건 어려운 일이 아니지만, 생물인 나무를 다시 심는 건 예사로운 일이 아니다.

관로공사와 포장공사 간에 레벨 차이가 나자, 임기응변으로 새로운 디자인이 나왔다.

식재 화단의 중앙을 가로지르는 배수로나 경계석 주변은 거푸집을 대고 시공하지 않는 한 시멘트로 인한 토양오염이 심하다.

건축이나 토목에서는 시멘트를 물리적인 구조물로만 바라보고, 토양생태계에 대한 배려가 없다.

버림 콘크리트가 식재지로 넘어가지 않도록 칸막이를 친 조경회사

조경 식재지가 될 바닥에 레미콘 타설을 하고 있는 조경공

목마른 자가 우물을 판다고, 조경지역 폐콘크리트를 톤백에 담아 반출하는 조경회사

측백나무를 심을 식재지가 비좁아 조경공이 콘크리트를 깨고 있다.

좁고 얕은 식재지는 분이 높게 올라와 관수 효율이 떨어진다.

식수대 폭은 1 m. 설계 수종은 B 18점 왕벚나무. 조경공은 말이 없다.

벚나무를 심을 식재지 밑으로 전선관이 보인다.

비좁은 식재지는 뿌리가 뻗어 나갈 공간도 부족하지만, 시멘트 모르타르의 영향을 바로 받게 되어 하자 위험이 더욱 커진다. 식재지 면적에 비례해서 작은 나무로 규격을 바꿔줘야 한다. 설계변경이란 제도가 이런 때를 위해서 만든 것이다. 교목은 포장 개구開口가 넓을수록 크게 자란다. 가로수로 교목을 식재할 경우 개구부는 2 m × 2 m는 되어야 하고, 경계석과는 1 m 정도 거리를 두어야 하는데 현실과는 거리가 멀다.

"좁은 장소에 심은 대교목은 자산이 아닌 부채가 된다."

– 수목관리학에서 본 글이 머릿속을 맴돈다.

1. 관로공사가 끝나고

2. 기초지반 토사가 채워지고

3. 건축자재를 치워주어야 조경이 식재를 하게 된다.

마침내 시멘트로 둘러싸인 식재지에 흙이 채워지기 시작하자, 덩치는 큰데 뿌리는 작은, 가엾은 나무들이 들어오고 있다.

보라색 자카란다 꽃이 만발한 5월의 파리 라빌레트 공원. 지상에서 곧바로 진입한 데다가 교목들이 평면 식재가 되어서 자연지반인 줄 알았는데, 나중에 보니 건축물 위에 세워진 옥상정원이다. 정원 전체의 토심이 1.8 m로 되어 있다.

몽파르나스 역사 위에 조성된 아틀랑티크 옥상정원. 교목 지역은 토심 1.8 m, 잔디밭은 토심 20 cm로 차이를 두고 시공되었다.

1.8 m 깊은 토심으로 평면 식재가 가능한 파리의 공원과, 0.9 m 얕은 토심으로 나무를 올려 심어야 하는 서울의 아파트 현장

흙을 채우기 전의 조경 식재지역을 보면 지하 시설물이 가득하다. 복잡하기도 하지만 ❶ 관로공사를 마치기까지 ❷ 토목이 기초지반의 토사를 반입하기까지 ❸ 건축이 조경지역에 쌓아 놓은 건축자재를 치워 주기까지, 조경공사는 속수무책으로 기다려야 한다. 토목이나 건축은 공기단축을 위해 비용이 올라가는 휴일근로나 야간공사를 하지 않는다. 대신에 후속 공정인 조경의 공기를 가져다 쓴다. 건축자재를 늘어놓고 작업을 하면 효율이 오르기 때문인지, 조경 식재지역에 쌓아 둔 자재를 치워 달라는 요청에는 마이동풍, 들은 척을 않는다. 공사가 지연되면 지체보상금은 조경 몫이다. 공사 금액도 가장 적은 조경은 만년 을こ이다.

"나무는 스스로 문제를 해결할 수 있다.
우리가 나무 스스로 그 일을 할 수 있도록 내버려 둔다면."   – 페터 볼레벤

나도 『나무수업』의 저자 페터 볼레벤처럼 정원을 가꾸고 싶다. 최대한 손을 대지 않고, 아니 손을 댔는지도 모르게 자연수형으로 가꾸는 것은 내 정원 철학이기도 하다. 그러나 작금의 고층아파트 조경에서는 그저 사치일 뿐. 아파트가 고급이라고 해서 나무가 더 잘 사는 것은 아니다. 도시의 생육조건은 산보다 열악하지만, 우리가 나무에게 바라는 조건은 산보다 많다. 자연을 무시하고 건축물 우선으로 조성된 정원에서 나무를 본래의 건강한 모습으로 되살리려면, 나무의 활착기간인 3~4년 안에 집중적인 치료와 간병 활동이 이루어지지 않으면 안 된다.

문제를 푸는 첫 번째 열쇠는 흙에 있다. 흙을 모르고서 나무의 건강을 논할 수는 없는 것이다. 토양은 맛을 볼 수 없고, 흙의 성분을 육안으로 관찰할 수도 없으므로 흙의 성질을 알기 위해서는 전문 분석기관에 토양검사를 의뢰해야 한다. 지역의 농업기술센터에 시료 분석을 의뢰하면 무료이지만, 농민들을 위해 수확을 목적으로 하는 과수를 대상으로 내리는 처방이기 때문에 비료 투입량이 과다하고, 또 휴경기에 밭 전체를 갈아엎는 것을 전제로 하여 조경수목에 그대로 적용하기에는 문제가 있다. 한국임업진흥원이나 나무병원에서 하는 토양분석은 유료지만 검정 항목이 나무에 최적화되어 있으며, 필요하다면 사후 관리도 맡길 수 있는

임업진흥원에 의뢰하면 고사가 발생한 토양의 단면과 뿌리에 대한 현장조사를 받을 수 있다.

장점이 있다. 토양분석 평가에 대한 항목은 〈2장 시비관리〉에서 다시 설명한다.

토양의 입자 크기와 토성

토양은 흙 입자의 크기에 따라 성질이 달라진다. 입자가 커서 육안으로 구별이 되는 백사장의 모래는 물 빠짐이 좋고 공기가 잘 통하는 대신, 물이 빨리 마르고 양분도 금방 씻겨 내려간다. 반면에 풍화되어 먼지처럼 입자가 고운 점토 흙은, 물을 먹으면 미끈거리고 부피가 늘어난다. 이처럼 다양한 크기의 흙들이 뒤섞여 자연토양을 만드는데, 배합 비율에 따라 〈식토·식양토·양토·사양토·사토〉 5단계로 구분한다.

수목에 가장 좋은 토양은 양토와 사양토 사이의 흙이다. 토성별 물리적 성질(표 1-1)을 보면 양토는 모래-미사-점토의 비율이 40-40-20이고, 사양토는 70-20-10이다. 나는 이 둘의 평균치인 모래 55%, 미사 30%, 점토 15%를 기준으로 흙을 관리한다. 여기에 유기물 함량이 부피로 5~10%까지 들어 있다면 최상의 흙이다. 이때 혼합하는 %의 개념은 양의 비율이 아니라 모래, 미사, 점토의 성질이 균등한 비율의 혼합물이다. 이는 점토는 조금만 있어도 미끌미끌한 느낌의 큰 점성을 주기 때문이다.

위에서 얘기한 좋은 흙이란 어디까지나 표준을 말한 것이지, 나무마

표 1-1 ● 토성별 물리적 성질

토성	입도 분포(모래:미사:점토)	용적밀도(g/cm²)	보수성과 배수성
식토	15 : 15 : 70	1.12	보수성 큼. 배수불량 (식토는 식재 불가)
식양토	35 : 30 : 35	1.18	습할 때 점착성 및 건조 시 응집 강화
양토	40 : 40 : 20	1.31	수분 및 양분 보유능력 양호
사양토	70 : 20 : 10	1.42	배수, 통기, 식재 조건 양호
사토	90 : 5 : 5	1.56	건조 시 수분 증발, 우천시 양분 용탈

표 1-2 ● 진흙과 모래흙의 특성 비교

토성 항목	식토(진흙)	양토(보통 흙)	사토(모래)
경작 난이도	어렵다. 젖었을 때는 끈적이며 달라붙고, 건조할 때는 돌처럼 딱딱하다.	알맞다. 흙이 잘 부서져서 작업하기 쉽다.	쉽다. 푸슬푸슬한 모래는 계절과 관계없이 쉽게 경운된다.
수분 보유력	크다. 물이 많이 저장되어 가뭄에 강하다.	보통	작다. 물을 빨리 잃어버려 잦은 관수가 필요하다.
배수성	나쁘다. 과습이 발생한다.	보통	좋다. 건조 피해가 발생한다.
통기성	나쁘다. 공극률이 낮아 뿌리가 호흡하기 힘들다.	보통	좋다. 공기 순환이 잘 되어 뿌리 호흡이 편안하다.
답압 가능성	높다.	보통	낮다.
양분 보유력 (양이온 교환 능력)	매우 많다.	보통	매우 적다. 잦은 시비 필요
봄철 온도 상승	봄에 늦게 따뜻해지고 가을에 늦게 식는다.	보통	봄에 빨리 따뜻해지고 가을에 빨리 식는다.
미생물 활동	산소가 부족한 혐기성 환경, 미생물 활동이 위축된다.	활발	산소는 충분하나 건조해서 미생물 활동이 위축된다.

다 잘 자라는 흙은 조금씩 차이가 있다. 가령 느티나무는 식양토가 좋고, 소나무는 사양토가 좋으며, 해당화는 사토가 좋다. 농업적 측면에서는 벼, 밀 등 수분을 많이 필요로 하는 작물은 식토가 적합하고, 뿌리채소나 감자는 배수와 통기성이 좋은 사토가 적합하다.

표 1-2는 토성에 따른 특성을 비교한 것이다. 각 토성은 점토, 미사(실트), 모래의 비율에 따라 분류되며 이러한 구성 차이가 토양의 물리적, 화학적 특성에 큰 영향을 미친다. 일반적으로 식토(점토가 70%)는 수분과 양분 보유력이 뛰어나지만, 배수성과 통기성이 불량하여 나무를 재배하기 어렵다. 반면에 사토(모래가 70%)는 배수성과 통기성이 매우 좋지만, 수분과 양분 보유력이 낮아 비료 효율이 떨어진다. 양토는 이 두 극단 사

입자 크기	명칭	특징
2 mm 이상	자갈	토성에 포함시키지 않는다.
0.2~2 mm	거친 모래(조사)	석영이 주성분인 모래는 입자가 커서 공극도 크다.
0.02~0.2 mm	고운 모래(세사)	미국 농무부의 모래 분류 기준은 0.05~0.2 mm이다.
0.002~0.02 mm	미사(실트)	입자는 밀가루처럼 고우나 점착성은 없고 미끄럽기만 하다.
0.002 mm 이하	점토	수분과 다른 물질을 흡수하는 용량과 수축~팽창하는 잠재력이 매우 크다. 점토는 같은 무게의 모래보다 표면적이 10,000배나 넓다.

이에서 균형 잡힌 특성을 보여 대부분의 작물 재배에 적합한 토성이다. 작물의 경우는 양토를 최상으로 치지만, 뿌리가 깊은 나무들은 물 빠짐이 좋은 사양토에서 더 좋은 생육을 보인다.

태양을 처음 보는 흙 - 심토층에는 유기물이 없다

토양은 단순히 흙덩어리가 아니라 여러 층으로 구성된 복잡한 구조로 되어 있다. 보통 지각은 위로부터 O, A, B, C의 4개 층으로 크게 나뉘고, 이러한 층들을 토양학에서는 '토양 단면'이라고 부른다. 일반적으로 다음의 층위로 구분한다.

O층(유기물층) 가장 위쪽에 있는 층으로 낙엽, 나뭇가지, 동물의 사체 등이 쌓여 분해되는 과정에 있다. 토양 미생물의 활동이 매우 활발한 층이며, 색상은 짙은 갈색 또는 검은색을 띤다. 산림 토양에서 잘 발달되어 있다.

A층(표토층) 유기물과 무기물이 혼합된 층으로, 뿌리를 비롯한 토양생물의 활동이 가장 활발하고 양분이 풍부한 층이다. 색상은 어두운 색이지만 O층보다는 옅다. 분포 깊이는 5~30 cm 정도. 농지에서 경작되는 매우 중요한 층이다.

E층(용탈층) 산림지대에서 발달하고 초원지대에서는 거의 생성되지 않는다. 산성 토양에서 발달하며 점토, 철, 알루미늄 등의 물질이 아래층으로 씻겨 내려가 미사가 적고 모래, 석영 같은 거친 입자가 많다.

B층 (심토층) A층이나 E층에서 용탈된 물질들이 집적된 층이다. 점토 함량이 높고 철, 알루미늄 산화물 등의 광물질이 축적된 반면에 미네랄과 유기물이 물에 씻겨 내려간 곳이라 뿌리가 급격히 줄어든다.

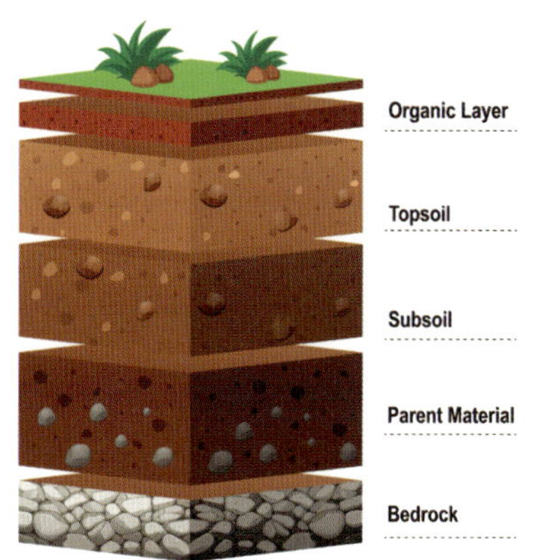

토양 단면도

표 1-4 ● 토양 단면도에서 각 층위의 일반적인 깊이

O층(유기물층)	0~5 cm	
A층(표토층)	5~30 cm	
E층(용탈층)	30~45 cm	없는 때도 있다.
B층(심토층)	45~100 cm	
C층(모재층)	100~150 cm	
R층(기반암층)	150 cm 이상	

C층(모재층) 풍화가 진행 중인 기반암 물질로 기반암의 성질을 비교적 잘 보존하고 있다. 식물의 뿌리가 거의 도달하지 못하며, 유기물 함량도 없다.

R층(기반암층) 토양의 최하층이며 풍화되지 않은 단단한 암반층이다. 토양의 기초가 되는 층이지만, 지각 변동으로 솟아오르면 백운대도 되고 인수봉도 된다. 암석의 종류에 따라 다양한 특성을 갖게 된다. 이들 토양 단면은 인간 활동으로 교란되거나 변형될 수 있다.

토양은 균일하게 형성되는 것이 아니므로 일률적으로 말할 수는 없지만, 영양분 함량은 일반적으로 O층과 A층에서 가장 높고, 땅 밑으로 내려갈수록 감소한다. 토양 30~45 cm 깊이에 있는 E층(용탈층)은 이름처럼 물이 아래로 이동하면서 점토, 유기물, 철, 알루미늄 등의 영양분과 광물이 아래층으로 용탈leaching되어 빠져나간 층이다. 따라서 영양분 함량이 매우 낮다. 그러니 그 아래에 있는 심토층과 모재층은 더 말할 게 없다.

경운하지 않은 산림 토양에서 지표면 60 cm 아래의 흙은 지각이 생긴 이래 처음으로 태양을 보는 흙이다. 이 정도 깊이의 흙에는 유기물이 없다. 이런 흙은 토목용으로 사용하는 데에는 문제될 것이 없지만 식물이 양분을 먹고 살아야 하는 조경토로서는 부적합한 흙이 된다. 조경토를 반입할 때 터널공사, 도로공사, 건물 기초터파기 공사에서 나온 흙을 받는 것은 모재층의 흙을 받는 것이므로 반드시 토양검사를 해서 유기물을 적정 수준까지 끌어올려야 한다.

즉석에서 할 수 있는 토양 성분 테스트

물을 적신 흙 반죽을 손으로 조몰락거리면서 막대 모양을 만들어 보는 것으로도 흙의 성분을 짐작할 수 있다. 흙이 미끈거리면서 길고 가는 막대 모양을 만들 수 있으면 식토, 미끄럽지만 거친 느낌이 들면서 막대 모양이 만들어지다가 중간에서 꺾이면 식양토, 미끄러운 감촉과 거친 느낌이 반반이면서 막대 모양이 조금씩 부스러지면 양토로 판정한다. 처음에는 애매하겠지만 훈련이 될수록 쉽게 판독할 수 있게 된다.

물과 유리병만 있으면 흙 속 입자의 분포를 간단히 알아볼 수 있다. 먼저 마개가 있는 투명한 유리병을 준비한 다음, 화단에서 떠낸 흙을 유리병에 절반 정도 넣고, 물을 3/4 정도 부어 흔들어 준다. 두세 시간 정도 지나면 옆의 그림에서 보는 것처럼 자갈→ 모래→ 미사→ 점토의 순으로 가라앉고, 낙엽 부스러기 같은 유기물은 물 위에 뜨게 된다. 흙의 비율과 색깔을 파악한 뒤, 토성삼각도와 대조하면 자기 밭의 토성을 알 수 있다. 자갈과 모래가 60%면 대략 안심. 정원사는 자기가 관리하는 나무가 요구하는 토성을 확인하고 필요에 따라 개량제를 투입하면 된다.

현장에서 실시하는 토양의 투수성 육안검사

- 50~60 cm 깊이로 땅을 파낸 뒤 30 cm 정도 물을 채운다.
- 물 빠지는 시간을 측정하고 확인한다. (24시간 이내에 물이 빠져나가면 정상)
- 물이 다 빠진 후 6시간 이내에 다시 물을 30 cm 정도 채운다.
- 두 번째 채운 물이 3시간 이내에 빨리 빠지는 모래흙이거나, 9시간이 지나도 완전히 빠지지 않는 진흙이면 투수성 정밀검사를 받도록 한다.

종이 시험지로 하는 간단한 산도 테스트

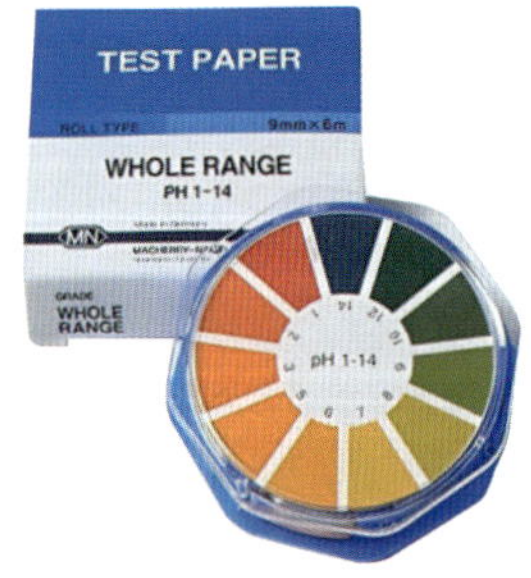

토양산도를 측정하는 종이는 두 종류가 있다. 예전에는 리트머스시험지를 주로 써왔는데, 이 종이는 산성인지 알칼리성인지만 나타내고 강약은 구분하지 못해서 정확성이 떨어졌다. 근자에 나온 pH 종이 시험지(왼쪽 그림)는 좀 더 정확한 pH값을 확인할 수 있다. 사용법은 증류수 100 ml에 흙 20 g을 희석, 혼합액을 10분간 저어 준다. 1~2시간쯤 뒤에 흙이 완전

 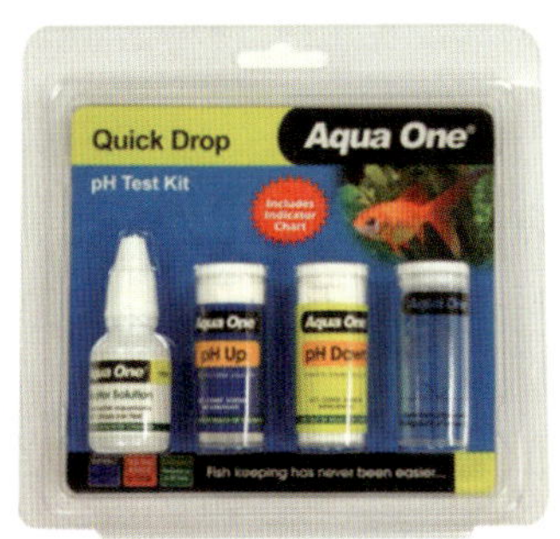 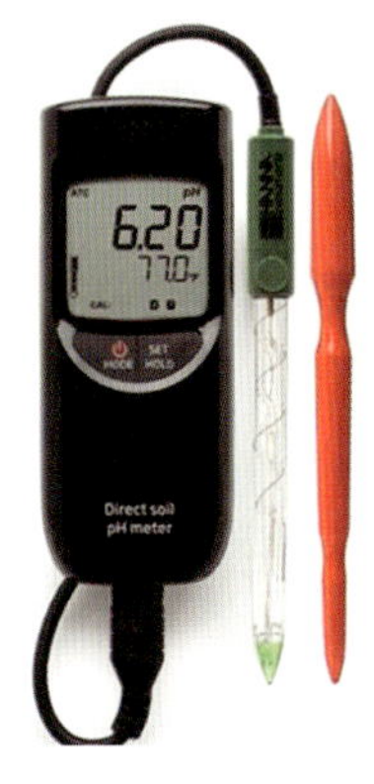 

히 가라앉으면 시험지 한쪽 끝을 용액에 담갔다가 빼내어 색상표와 비교하여 pH를 측정한다.

토양의 산도를 측정하는 간단한 도구들이 많이 있지만 리트머스시험지 만도 못한, 믿을 수 없는 제품들이 더러 있다. 맨 왼쪽 산도측정기가 가장 많이 쓰이는 제품인데, 내가 필요로 하는 pH 8.0 이상은 아예 눈금이 없고, 전문기관 토양검사에서 나온 산도와 결과값이 다른 게 자주 발견되어 신뢰하지 않는다.

토양개량제는 어떤 것이 좋은가?

토양의 상태와 수목에 따라 적합한 토양개량제가 다르므로, 토양검사를 통해 필요한 개량제를 선택하는 것이 좋다. 토양개량제 혼합은 〈부피 기준 10%〉가 문제를 일으키지 않는 합리적인 양이다. 모든 부지에 최적인 하나의 토양개량제는 없다. 다양한 개량제를 적절히 혼합하여 사용하면 토양의 물리적, 화학적, 생물학적 특성을 균형 있게 개선할 수 있다.

유기질 토양개량제

퇴비 속의 유기물은 미생물의 작용으로 부식질을 형성한다. 이 부식질이 보수력과 토양 물리성을 향상시켜 토양 경운을 쉽게 한다. 보비력이 증가하고, 토양 산성화를 억제한다.

부엽토

기능 토양 내에 질소 공급, 토양 구조 개선, 보수력 향상

장점 자연적인 영양소 공급, 미생물 활성화, 생분해성

 분해 과정에서 질소 소모, 병해충 및 잡초 씨 존재 가능성

낙엽이 썩어 흙으로 된 것으로 토양 내에 질소를 서서히 공급하는 효과가 있다. 토양 미생물의 활동으로 유기물이 분해되어 삽이 쑥쑥 들어가게끔 토양 물리성을 향상시켜 준다. 보수, 보비력이 증가하고, 토양 산성화를 억제한다. 흑갈색으로 지온 상승효과가 크며 가벼워서 사용이 편리하다.

부엽은 참나무, 느티나무처럼 잎이 두꺼운 것이 좋고, 침엽수의 잎은 테라핀유가 있어 타감작용으로 다른 식물의 발근을 저해한다. 은행잎에는 징코민이라는 강력한 살균성분이 있어 미생물이 활동하지 못해 부엽토로는 적합하지 않다. 그러나 은행잎의 살충성분 때문에 벌레들이 덜 달라붙는 장점도 있다.

축산퇴비

기능 유기물 공급, 토양 구조 개선, 미생물 활성화

장점 영양소의 지속적 공급, 환경친화적, 토양생태계 개선

단점 품질 차이, 미숙퇴비 사용 시 작물에 해로울 수 있다.

피트모스

기능 고생대에 퇴적된 이끼층으로 자기 부피의 90%까지 수분을 함유하여 보수력 향상, 통기성 개선, 토양 내에 쿠션 역할을 한다.

장점 토양 공극이 70% 정도로 통기성이 높고 건물량乾物量의 5~6배 보수성이 있는 유기물이다. 양이온 치환능력을 높이고, 가벼워서 다루기 쉽다.

단점 값이 상대적으로 비싼데, 한 번 건조되면 다시 물을 흡수하지 못하기 때문에 버려야 한다. 과습 주의

주의사항 토양에 처음 투입하고서 사나흘 관수해야 한다. 산도는 pH 3.2~5.5의 강산성

코코피트

기능 코코넛 열매에서 추출한 성분으로 천연 흙 대용으로 사용. 피트모스보다 부드럽고 색이 진한 편
산도도 pH 5.0~6.5의 약산성으로 여러모로 피트모스보다 낫다.

장점 피트모스와 달리 재사용 가능. 수분 보유, 배수성 향상, 뿌리 발달 촉진

단점 야자수는 해안가 식물이므로 제품에 소금기가 있을 수 있다. 안전하게 초기 사용 시 세척 필요

바이오차

기능 유기물과 숯의 중간 성질을 갖는다. 토양 구조 개선 및 정화, 미생물 서식처 제공, 탄소 격리

장점 장기간 토양에 남아 보수력과 통기성, 토양 비옥도를 향상시켜 수목 생장량이 증대한다. 환경친화적 제품

단점 저온에서 생산한 제품은 유기물 성분이 많아 분해되기 쉽다. 섭씨 550℃ 이상에서 생산된 제품 추천

표준 시비량 10 a당 300 kg(한 평당 1 kg)

왕겨

기능 통기성 개선, 토양 가벼워짐, 배수성 향상, 겨울철 월동 보온으로 좋다(사진).

장점 저렴하고 구하기 쉬움. 천천히 분해

단점 탄질비가 높아 분해 과정에서 질소 소모, 식물의 질소 기근을 초래한다. 보비력은 낮다.

톱밥

기능 통기성 개선, 토양 구조 개선

장점 저렴하고 구하기 쉬움, 매우 가볍다.

단점 분해 과정에서 질소 부족 현상, 수지가 많은 침엽수 톱밥은 식물에 해로울 수 있다.

해조류 추출물

기능 식물 성장 촉진, 토양 미생물 활성화. 대표적 상품으로 켈팍, 뿌리짱짱이 있다.

장점 미량요소 공급, 환경친화적, 토양 생명력 향상으로 발근을 촉진

단점 고가의 가격

뿌리의 월동보온을 위해 왕겨를 덮어준 사례. 봄이 오면 걷어내야 한다.

생명정

기능 수목의 이식용으로 조제된 토양 영양 조성물로 토양의 이화학적 성질을 좋게 하며, 식물에 필요한 수분을 오래 지속시킨다.

장점 미생물 증식으로 뿌리 활착, 수분 보유시간 연장. 지력 향상

무기질 토양개량제

팽창 질석(버미큘라이트)

기능 운모雲母상의 토양인 질석을 강냉이 튀기듯 고온에서 뻥튀기하여 15배 정도 팽창시킨 다공질 경량재로 보온성과 단열 효과가 높아 건축자재로 많이 사용한다. 모래의 3배 이상 물을 흡수하며 통기성이 높아 원예에서는 모래 대용으로 쓴다. 산도는 중성, 비료 성분은 없다.

장점 가벼우면서 수분 흡수율은 매우 높다. 무균. 높은 양이온 교환능력

단점 비교적 비쌈. 시간이 지나면 압축될 수 있음

주의사항 압력을 받으면 가루로 부서지면서 토양 공극이 없어지는 결점이 있으므로 입자가 굵은 것을 선택한다. 산지에 따라 석면이 포함된 것이 있다 하니, 원산지 표시를 확인한다.

펄라이트

기능 용암지대 진주암을 고온 처리하여 10배 정도 팽창시킨 인공토양. 모래의 1/5 정도로 가볍고 오랫동안 습기를 유지하므로 이식 수목의 활착에 좋다. 토양이 단단해지는 것을 방지하며, 광물질이어서 미생물에 분해되지 않고, 농약이나 비료에도 반응하지 않아 오랫동안 작용한다. pH 7.0~7.5의 약알칼리성으로 피트모스 또는 수태의 산성을 중화시키는 데도 이용된다.

장점 화학적으로 불활성, 무균 상태. 통기성 향상, 토양이 가벼워져 이식 수목의 활착에 좋다.

단점 수분 보유력이 낮음, 가벼워 바람에 날릴 수 있음, 먼지 발생, 흰색이 눈에 거슬림

제올라이트(비석)

기능 화산활동으로 생성되는 제올라이트는 다공성 결정으로 물, 양분,

냄새의 흡착 능력이 뛰어난 광물

장점 양이온 교환능력이 산흙보다 7~8배 많다. 탁월한 흡습성은 습할 때 물을 빨아들였다가 건조할 때 물을 내어 주는 물탱크 역할. 장기간 효과 지속, 암모니아 제거

단점 비교적 비쌈, 사용량에 따라 토양 압축 가능성

마사토

기능 화강암이 부서진 산 모래로 통기, 배수가 좋고 구입이 쉬워 널리 쓰인다. 점토의 객토는 굵은 마사로만 가능하다. 모래로 할 경우 오히려 콘크리트처럼 된다. 입자 크기에 따라 대립, 중립, 소립으로 나누고 크기가 커질수록 배수와 통기가 빠르다.

장점 마사토는 점토보다 양이온 치환용량이 4배나 많다. 배수 향상, 토양 구조 개선. 뿌리 발달에 좋고 토양이 경화되지 않는다. 소나무 식재에 가장 적합한 흙이다.

단점 영양분 함량이 적고, 수분 보유력이 낮다.

테라코템

기능 자기 부피의 100배 이상 수분을 흡수, 관수량과 관수빈도 50% 절감, 뿌리 성장 촉진

장점 물 사용량 감소, 식물의 수분 스트레스 감소, 5년 이상 장기간 효과

단점 가격이 비쌈. 적용 기술 필요. 10년 정도 지나면 자연분해, 소멸

석회(탄산칼슘)

기능 강한 알칼리성으로 토양 투입 시 pH 상승. 산성 토양 중화. 입단구조를 만드는 데 널리 쓰인다. 칼슘 공급

장점 미생물 활동 촉진, 토양 구조 개선, 저렴한 가격

단점 과다 사용 시 알칼리성 토양 조성, 일부 영양소 흡수 저해 가능

석회석을 태워 얻어진 것이 생석회이며, 생석회를 다시 물에 녹여 말린 것이 소석회다. 생석회는 물을 만나면 발열 반응을 일으켜 80~90°C의 열을 내므로 밭에는 작물이 없는 휴경기에 사용해야 한다. 한편 고토석회는 소석회에 다량원소인 마그네슘(고토)을 첨가한 것이다.

석고(황산칼슘)

기능 칼슘 공급, 나트륨 함량이 높은 토양개량에 사용, 토양 구조 개선

장점 pH 변화 적음, 점토질 토양 개선에 효과적

단점 과다 사용 시 칼슘 과잉 가능성

토양의 입단구조를 촉진하여 물리적 상태를 개선한다. 석회석이 알칼리성인 반면, 석고는 중성이라 토양의 pH증진에 직접적인 효과는 없지만 간척지나 해안 매립지의 알칼리 토양을 중성화시킬 수 있다. 칼슘 공급원이 되며 알루미늄 독성을 개선할 수 있어, 뿌리의 생육을 좋게 하는 데는 석회보다 더 효과가 있다.

황

기능 강산성. 황 공급

장점 알칼리성 토양 개선에 효과가 큼

단점 효과가 나타나는 데 긴 시간 소요, 과다 사용 시 토양 산성화

유황硫黃이라고도 한다. 농촌진흥청 자료에 따르면, 유황 12 kg으로 100 m² 토양의 pH를 1 정도 낮출 수 있다. 그러나 물에 쉽게 녹지 않아 흙 위에 뿌려주면 몇 개월이고 노란 알갱이 상태 그대로 있으므로 산도 교정에는 시간이 다소 걸린다.

모든 토양개량제는 토양의 완충능 때문에 개선 효과가 즉시 나타나지 않고 서서히 진행된다. 식물도 갑작스러운 변화에 오히려 쇼크를 받기도 하니, 3년 이상의 장기계획으로 한 단계씩 개선해 나간다.

토양분석에서 가장 중요한 항목은 '토양 pH'

토양의 특징 중 산도를 나타내는 pH(페하로 읽는다)는 다른 어떤 단일 분석치보다 토양의 화학적, 생물학적 특성을 반영하는 척도가 된다. 정상 범위를 벗어난 pH페하에서는 영양분이 쌓여 있어도 식물이 이용하지 못하여 영양실조가 되고, 뿌리는 독성물질로 세포막이 녹아내려 수목의 생존에 결정적 타격을 입게 된다.

문제는 토양의 산도로 인한 수목의 고사는 식재 초기에는 나타나지 않고, 나무가 활착해서 뿌리를 내리기 시작하는 때부터 나타나는데, 관리자들이 원인을 모르고 영양제 수간주사를 하고 관수를 하는 등 시간을 허비하다가 하자기간을 넘겨 보상을 받지 못하는 데 있다. 눈에 보이지도 않고 맛을 볼 수도 없는 pH에 관한 공부가 필요한 이유이다.

토양의 '수소이온 농도지수'를 나타내는 pH는 0부터 14까지의 값으로 나타내며, 0은 강산성, 7은 중성, 14는 강알칼리성을 의미한다. pH 7의 중성이란 수소이온(H^+)과 수산화이온(OH^-)이 동일한 수로 균형상태이다. 균형을 깨고 수소이온이 많아지면 산성으로, 수산화이온이 많아지면 알칼리성으로 바뀐다.

산성비로 황폐해지는 산야

온대지역의 토양은 보편적으로 pH 5~7 사이의 산성, 석회암지대나 건조지역은 pH 7.5~8.5 사이의 알칼리성을 띤다. 한국의 밭 토양은 pH 5.7 정도의 약산성이며, 산림 토양은 이보다 심한 pH 5.1 수준, 서울과 같은 대도시 지역은 pH 5.0 이하의 강산성을 띤다. 알칼리성 토양은 해안지대의 간척지나 단양, 제천, 영월 등지의 석회암지대에서 발견된다.

결론부터 말하면 토양의 산도가 5.5에서 7.0 사이면 걱정 안 해도 된다. 식물의 양분 이용률은 이 범위에서 필수 영양소들을 흡수하는 데 별다른 문제가 없기 때문이다. 그러나 pH 5.5 이하의 강산성 토양에서는 식물과 공생하는 근균류나 뿌리혹박테리아들도 사멸하여 〈콩도 질소 부족〉을 느낄 정도로 미생물의 활동이 억제된다.

우리는 식물의 뿌리가 자체 능력만으로 양분을 흡수하는 줄 알고 있지만 사실과는 조금 다르다. 식물의 주된 먹이는 질소다. 질소는 지구상의 모든 생명체에서 발견되는 원소로 대기권의 78%나 차지하지만, 지구상에서 공기 중의 질소를 고정할 수 있는 생물은 박테리아밖에 없다. 박테리아가 없으면 질소를 먹을 수 없고, 질소가 없으면 생물은 자랄 수 없다. 뿐만 아니라 낙엽이나 유기물 또한 토양 곰팡이가 분해해 주지 않으면 식물은 직접 먹을 수 없다. 토양에서 이 역할을 균근菌根 곰팡이가 한다.

이는 사람의 대장 속에 100조 개 이상의 미생물이 같이 살며 소화흡수를 돕는 것처럼, 식물과 박테리아 사이에도 뗄 수 없는 공생관계가 있는 것이다. 미생물이 죽어가는 토양에선 식물도 운명을 같이 한다. 산성비로 불모지가 된 산야를 보면 미생물이 먼저 사라지고 뒤를 이어 나무들이 고사한다.

토양 미생물들은 pH 7.0인 중성일 때 가장 활동이 왕성하며, 대부분의 식물들도 양분을 보유할 수 있는 pH 6.0~7.0의 약산성 땅을 좋아한다. 나무 중에 특별히 산성이나 알칼리성을 좋아하는 나무가 있긴 하지만 대부분의 나무들이 중성 땅에서 살기를 원한다.

자생지의 나무로 토양의 산도를 짐작하기도 하는데 소나무, 리기다소나무, 상수리나무, 진달래, 철쭉, 자귀나무, 싸리나무 등은 산성 토양의 대표 수종이고, 해송, 백송, 측백나무, 팽나무, 감나무, 모감주, 위성류, 쪽동백, 회양목 등은 알칼리성 토양의 대표 수종이다. 조경 식재에서 토양 산도가 서로 다른, 소나무와 측백나무를 나란히 심어 놓고 같이 잘 살기를 바라는 것은 한참 잘못된 처사이다. 간혹 쇠뜨기가 보인다고 산성 땅을 만드는 주범으로 여겨 뽑아내는 것을 보기도 하는데, 식물들이 토양을 산성이나 알칼리성으로 만든 게 아니라 해당되는 토성에 맞는 식물이 살아남은 것이니, 뽑아낸다고 달라질 것은 없다. 잔디밭에 이끼가 번성하면 토양이 산성화된 것이므로 석회로 교정하면 쉽게 잡힌다.

흔히 빗물은 중성일 것으로 생각하지만, 빗물은 pH 5.6~6.5 사이의 약산성이 정상이다. 우리가 산성비라고 하는 것은 pH 5.6보다 더 낮은 것을 가리킨다. 대기 오염물질인 아황산가스와 질소산화물, 염소 이온이 빗물의 산성 농도를 더 진하게 하여 공단지역에는 pH 4.0 이하의 강한 산성비가 내리곤 한다.

표 1-5 ● 생활 속의 pH값

황산, 염산	1.0 이하	치약	4.2	순수한 물	7.0	제산제	10.0
위액	1.0~3.0	커피, 맥주	4.0~5.0	수돗물	7.0~7.5	비누	10.5
레몬, 주스	2.0	산성비	4.5~5.5	사람의 혈액	7.3~7.5	나트륨성 토양	9~11
식초, 콜라	3.0	정상 빗물	5.6~6.5	바닷물	8.0	시멘트	12~13
포도주	3.6	우유	6.5	석회질 토양	7.5~8.5	양잿물	14

토양이 산성화될 수밖에 없는 이유

하나, 한반도 모암의 55%는 산성암인 화강암이며, 풍화되어 흙이 되면 산성을 띤다.

둘, 순수한 물인 증류수의 pH는 7.0이다. 그런데 빗물은 대기 중 이산화탄소를 만나면 탄산이 되고. 탄산은 해리解離되어 수소이온을 생성하기 때문에, 강우는 언제나 산성비가 된다. 따라서 연평균 강우량이 많을수록 토양의 산성화도 빨라진다. 그래서인지 세계의 곡창지대는 연평균 강우량 1,000 mm이하인 곳에 분포되어 있다. 이산화탄소가 평형에 도달한 자연상태의 물은 pH 5.6 정도로 측정된다. 이 과정을 화학식으로 나타내면 아래와 같다.

$$CO_2 + H_2O \rightleftarrows H_2CO_3 \rightleftarrows HCO_3^- + H^+$$
이산화탄소 + 물 ⇄ 탄산 ⇄ 중탄산이온 + 수소

셋, 식물의 뿌리는 동물과 똑같이 밤낮으로 산소를 흡수하고 이산화탄소를 배출하는 호흡작용을 한다. 토양 속의 미생물도 산소로 호흡한다. 배출된 이산화탄소는 토양 속의 물을 만나 역시 수소이온을 만들게 된다. 그래서 식물 뿌리 주변의 근권 토양은 토양 전체보다 산성이 강하다.

넷, 낙엽과 같은 유기물은 분해 과정에서 생성되는 유기산으로 토양을 산성화시킨다.

다섯, 장마철에 집중되는 많은 강우는 토양 하층으로 배수량을 증가시켜 흙 속의 영양소를 토양 아래로 씻어 내린다. 그 결과 토양에서 수소가 차지하는 비율이 높아져 산성화가 된다. 반대로 건조지역에서는 수소의 생성보다 소비량이 많아 토양은 알칼리성을 띤다.

여섯, 화학비료도 산성화를 일으킨다. 질소비료는 중성이지만 인산과 칼륨비료는 산성비료이다. 질소비료도 나중에 질산화 과정을 거치면서 수소이온을 방출하여 땅을 산성화시킨다. 결국 화학비료는 모두 땅을 산성화시킨다고 보면 된다. 수목에게 화학비료는 안 주는 게 맞지만, 부득이 화학비료를 줄 때는 흙에 주지 말고 잎에 엽면시비하여 흙과의 접촉을 줄일 것을 권장한다.

산성비, 산성 토양이 생태계에 미치는 영향

산성 토양에서 공통으로 발생하는 문제로 생물 다양성 감소가 있다. 구체적으로 어떤 일이 일어나는지 살펴보자.

❶ 산성비로 잎과 가지의 표면이 손상되면서 광합성량은 감소하고, 호흡이 가빠진다.

❷ 뿌리가 산성용액을 흡수하면 체내의 단백질이 응고되고, 수액이 산성화되어 직접적인 피해를 본다.

❸ 저항력이 감소한 수목은 질병에 취약해지고, 피해는 늙은 나무부터 잎의 황화현상과 고사, 가지마름 현상이 관찰된다.

❹ pH 5.6에서 망간 독성이 시작되어 잎이 오그라들고 색이 바랜다. 다만 망간은 식물이 필요로 하는 영양소이기 때문에 과다할 때에만 독성이 나타나며, 식물종 간에 감수성도 크게 다르다. 알루미늄과 구리 등 중금속도 과다하게 흡수되어 독성을 나타낸다.

❺ pH 5.5 이하에서 질소는 아질산가스로 변해 공중으로 날아가고, 식물에 질소 기근이 시작된다.

❻ pH 5.0 이하에서는 인이 철분이나 알루미늄과 결합하여 불용성 인산이 됨으로써 식물은 인 결핍 현상을 나타낸다. 2차 결핍으로 칼륨, 칼슘, 마그네슘 결핍 현상이 나타나 산림 쇠퇴를 가져온다.

❼ pH 5.0이 되면 비료의 흡수율이 절반으로 떨어져서 질소는 43%, 인산은 34%, 칼리는 46%밖에 흡수하지 못한다.

❽ 산림에서는 소나무, 철쭉 등 많은 수종이 철을 확보하지 못해 잎에 백화 또는 황화현상을 보인다.

❾ 뿌리의 질소고정균 활동이 약해져 질소 생산이 줄어들며, 균사체나 지렁이 같은 미생물의 활동도 굼떠서 유기물 분해가 잘 안된다. 토양이 황폐해지니 작황 또한 나쁘다.

❿ 미생물이 사멸하면 토양의 통기성과 물의 침투성이 감소한다.

⓫ 토양에 묶여 있던 유해 중금속이 방출되어 수질이 저하된다.

⓬ 물의 산성화로 수생 생태계가 파괴된다.

산성 토양으로 황백화 현상을 보이고 있는 철쭉 잎

토양의 완충능

위에서 살펴보았듯이 산성화는 토양 생성에 있어 자연적인 과정이다. 특히 습윤 지역은 산성화가 두드러진다. 이처럼 끊임없이 진행되는 산성화 작용으로 대지는 이미 강산성으로 변했어야 하지만 다행스럽게도 토양은 산이나 염기를 가하여도 pH 변화에 대한 높은 저항성을 가지고 있다. 이 같은 저항성을 완충작용이라고 하며, 점토와 유기물 함량이 높은 토양일수록 더 높은 완충능을 가진다.

토양의 완충능은 두 가지 이유에서 중요하다.

하나, 생태계에 해로운 작용을 미치는 급격한 pH 변화를 방지하여 토양 안정성을 보장한다.

둘, 토양 pH를 개량하기 위한 석회나 유황 같은 토양개량제 사용량에 영향을 준다.

한편 식물들도 산성화에 적응하면서 pH 5.5~6.5 범위에서 무난한 삶을 이어가고 있다.

산성 토양의 교정 방법

산성 토양을 교정하는 데에는 석회가 가장 유용하다. 석회를 칼슘비료라고 하는데 석회를 주면 석회에 있는 칼슘이 밖으로 나와 흙 속의 수소이온을 몰아내고 그 자리로 들어간다. 그것만으로도 산도가 높아져서 질소, 인산, 칼륨의 이용 효율이 높아지고, 알루미늄과 철, 망간의 독소 피해가 줄어들며, 유효 양이온 치환용량CEC도 같이 증가한다. 석회 처리를 하다 보면 칼슘과 마그네슘의 공급이 늘어나 식물 생육이 개선된다.

석회 요구량은 사양토보다 식양토가 훨씬 높다. 양이온 치환용량이 높아 흙과 결합한 수소가 많기 때문이다. 석회가 토양과 반응하여 원하는 목표치로 산도를 올리는 데 걸리는 시간은 소석회는 한두 달, 석회석 가루는 1년 정도 걸리기 때문에 봄철보다 가을 시비를 해야 한다. 석회 혼합은 표토 15~20 cm 정도가 적당하다. 정확한 투입량은 농업기술센터에 문의한다. 석회의 토양개량 효과는 4년 정도 지속되므로 4년마다 토양 산도를 다시 검사한다.

석회는 뭉쳐 있으면 돌처럼 딱딱하게 굳어 버리므로 흙과 잘 섞이도록 한다. 나무를 태운 재(회분)도 산성 토양 중화 효과가 석회석의 40% 정도 성능을 갖고 있다. 활엽수의 재는 침엽수의 재보다 중화 효과가 크며, 칼륨비료로도 훌륭하다. 알칼리al-kali의 어원은 아라비아어로 식물의 '재'를 뜻한다.

중성염인 석고는 토양의 pH 증진에는 효과가 없지만 알루미늄의 독성을 개선할 수 있으며, 그로 인해 작물의 수량과 뿌리의 생육을 좋게 하는 데 석회보다 더 효과가 있다. 그러면 토양의 산도를 조정하는 방법이 이런 화학적인 방법 말고는 없는 것일까? 시간이 좀 걸리더라도 녹비작물을 심거나 낙엽층과 같은 토양 유기물의 양을 늘려주는 방법이 있다. 퇴비화된 유기물은 알루미늄 이온과 강하게 결합하여 알루미늄의 독성을 완화시키는 동시에, 유기물 개량제가 깊은 하층토에까지 침투하여 pH를 중성에 가깝게 올려 준다.

그러나 토양의 화학성을 바꾸는 것보다 토양에 맞춰 내산성 식물이나 내염성 식물을 심는 것이 더 쉬운 접근이다. 밭이 산성이면 소나무를 육송으로 심고, 알칼리성이면 해송을 심는 것이다. 이는 설계 때부터 반영되어야 하고, 그러자면 사전에 토양산도 조사가 선행되어야 할 것이지만 지금의 공사 여건으로는 불가능에 가깝다. 대안으로 설계 도면 '비고'란에 〈토양이 알칼리성일 경우 '해송'으로 대체〉와 같은 단서 조항을 두면 문제를 해결할 수 있을 것이다.

고사한 주목나무를 캐낸 뒤의 식재 구덩이 상태

착암기로 뿌리분 밑의 콘크리트를 깨는 조경공

토양개량은 뿌리분 주위를 너비 30~50 cm 깊이 30~50 cm 정도를 원형으로 파고 준비한 흙을 넣는다. 흙을 채운 뒤에는 부적절한 pH 상태에서 영양 결핍에 시달렸던 나무를 위해 토양관주를 실시한다.

나무 한 그루에 자동차 한 대 값을 주고 산 소나무들이 pH 8.5 이상의 알칼리성 토양에 주검을 면치 못하고 베어져 있다.

소나무는 뿌리가 먼저 죽고 잎이 나중에 죽는다. 그러므로 솔잎이 노랗게 변했을 때, 수간주사로 살리는 것을 보기 힘들다. 안 되는 줄 알면서 하는, 애타는 심정을 아시는가?

토양이 알칼리성일 때

농촌이나 산림의 토양이 산성화로 문제가 되는 반면에 도시의 토양은 알칼리성으로 문제를 앓고 있다. 도시 토양을 알칼리로 만드는 주범은 건물이나 도로, 옹벽 등에 쓰인 시멘트의 침출수로서, 이는 시멘트의 원료에 석회가 쓰였기 때문이고, 겨울에 사용되는 제설제도 한몫을 한다. 토양이 염기성화되면 민물고기가 바다에서 살 수 없듯이 대부분의 가로수나 정원에 심어진 식물들은 생장에 위협을 받는다. 토양의 경우 pH가 낮은 산성이면 칼슘비료를 시비하여 pH를 쉽게 올릴 수 있으나, 문제는 pH가 과다한 알칼리성일 때로, 그 대처 방법이 너무 어렵다.

시멘트는 pH 12~13의 강알칼리성 물질이라 토양을 알칼리로 바꾸는 주범이다. 고사목 교체공사를 하다 보면 땅 속에서 시멘트 모르타르를 자주 발견하게 된다. 콘크리트는 양생 초기에는 pH 12 이상의 강알칼리성이었다가 수십 년 세월이 지나면 pH 8까지 떨어지면서 강도가 약해진다. 이는 수십 년 동안 서서히 알칼리 성분이 녹아 나온다는 얘기다.

토양 속 질소는 pH 7.5 이상의 알칼리성 흙에서는 암모니아 가스로 변해 대기권으로 날아가서 식물이 이용하지 못한다. 알칼리성 토양에서 주 결핍 증상은 철이고, 미량 원소인 아연과 망간, 구리의 결핍은 수목이 워낙 미량을 요구하기 때문에 영향이 적다. 양분뿐만 아니라 수분 흡수도 저하되기 때문에 식물 생장에 좋지 않은 영향을 끼치게 된다. 토양이 나트륨성으로 판명될 때는 부분적인 객토보다는 흙 전체를 바꾸는 게 차라리 낫다.

pH 7.5 이상 알칼리성 토양의 교정 방법

- 물로 씻는 것이 가장 빠르고 좋은 방법이다. 염류를 용탈시킬 수 있는 효과적인 배수시설과 오염되지 않은 관개수를 같이 확보하여야 한다.
- 교정은 황이 좋다. 황은 특히 탄산칼슘이 다량 존재하는 나트륨성 토양 개간에 효과적이다. 곱게 가루로 만든 황이 거친 농업용 황보다 값은 비싸지만 효과가 좋다. 알이 굵은 농업용 황은 비가 온 뒤에도 좀처럼 녹지 않아 1년이 지난 뒤에도 노란 알갱이 상태로 있었다.(사진)
- 양토에서 pH 1을 떨어뜨리는 데는 100 m²당 황 4~5 kg을 한 달 간격

살포한 지 1년이 지난 뒤에도 녹지 않고 노란 알갱이 상태를 보이는 유황가루

으로 2회 뿌리면 된다. 식양토에서 pH 1을 떨어뜨리는 데는 12 kg이 필요하다.

- 석고 분말을 첨가한다. 토양에 석고가 첨가되었을 때 나트륨은 쉽게 토양으로부터 용탈될 수 있다. 교환반응을 위해서는 토양이 습윤하고 깊게 경운되어야 한다. 혼합 후에는 생성된 황산나트륨을 제거하기 위해 반드시 물로 씻어 내린다.

- 흡착성이 좋은 바이오차를 투입한다.

- 산성 유기물을 사용한다. (예: 솔잎 등 침엽수 잎이 쌓인 부식토. 습지의 이끼)

- 퇴비나 부식토, 볏짚 등을 투입하면 토양 구조가 개선되고 미생물 활동이 활발해져 pH가 점진적으로 낮아진다.

- pH 3.0 정도인 목초액을 400배 희석해서 토양에 관주하면 산도를 낮출 수 있다. (1톤 물탱크에 목초액 2.5리터 희석). 산도가 한 번에 낮아지는 것이 아니므로 관수할 때마다 섞어서 준다. 약용으로 파는 정제된 목초액을 정원에 뿌리는 건 비용이 만만치 않다. 나는 직원들과 함께 트럭을 몰고 경기도 양주시의 불가마사우나로 가서 사우나도 즐기고, 오는 길에 목초액을 2톤 가득 얻어온 적이 있다.

- 화분의 분갈이 정도는 피트모스를 사용하여 산도를 낮춰주는 게 효과적이다.

- 산성인 화학비료를 꾸준히 사용하면 점진적으로 중성화가 되지만, 조경수에는 권하지 않는다.

- 내염성 식물을 심는다. 내염 수종으로는 해송, 백송, 측백나무, 노간주나무, 낙우송, 회화나무, 감나무, 이팝나무, 가죽나무, 양버즘나무, 모감주, 중국단풍, 팽나무, 오동나무, 쪽동백, 위성류, 사철나무, 장미, 회양목, 무궁화, 쥐똥나무, 화살나무 등이 있다.

위의 처방 중 어느 것 한 가지만 고집할 필요는 없다. 산도 교정은 돈이 많이 들어가는 작업이다. 주변에서 조달할 수 있는 것은 손에 잡히는 대로 모두 동원해서 산도를 잡는다. 2~3년 안에 중성으로 내려온다면 아주 잘한 것이다.

pH에 대한 결론

❶ 산성화는 토양 생성에 있어 자연적인 과정이다. 자연산 빗물은 pH 5.6~6.5 사이가 정상. 우리가 산성비라고 하는 것은 pH 5.6보다 더 낮은 때를 가리킨다.

❷ 국토 전반이 평균 pH 5.0의 산성토인 데 반해서 도시 조경지역의 토양이 평균 pH 7.5 이상의 알칼리성이라는 사실은, 그동안 학계에서도 간과했던 불편한 진실이다. 시멘트로 지은 건축물과 도로 지반은 도시토양을 알칼리성으로 바꾼다. 산과 들의 산성 땅에서 살아오던 나무들을 어느 날 갑자기 도시의 알칼리성 땅에 심게 되면, 나무는 견딜 재간이 없다. 조경공이 식재를 잘못한 것이 아니라 토양을 방치한 건설 관계자들의 잘못이 크다.

❸ 산성토는 소석회 분말을, 알칼리성토는 황 분말을 사용하여 개량할 수 있지만 과다한 비용이 들게 된다.

❹ 석고와 유기물 부엽토는 토양산도를 개량할 수 있는 석회의 대체 자재이다.

❺ 산성토에서 주기적으로 석회를 사용하는 것처럼, 알칼리성토에서는 주기적으로 물을 공급하여 세척하고, 배수를 좋게 하여 염류를 용탈하도록 한다.

❻ 토양의 화학성을 바꾸는 것보다 내산성 식물, 내염성 식물을 식재하는 것이 현명한 방법이다.

❼ 유비무환. 조경회사들은 식재 토양이 시멘트로 오염되는 것을 막는, 보다 근본적인 대책을 세워야 한다.

뿌리가 좋아하는 토양

뿌리는 땅속에 감추어져 있어서 식물분류의 기준으로는 사용되지 못하나, 모양이나 생장 방식은 수종에 따라 매우 다양하다. 수목생리학(서울대학교 출판부)과 토양학(교보문고)의 기술을 중심으로 뿌리의 특징을 살펴본다.

가로수처럼 비좁은 식수대에서는, 아무리 바빠도 칸막이를 쳐서 시멘트 모르타르의 침범을 막아야 하자를 줄일 수 있다.

3배분으로 납품을 받으면, 스트로브 잣나무처럼 잘 사는 수종일지라도 하자가 안 날 수 없다.

뿌리의 특징

뿌리에는 나무를 지탱해 주는 굵은 주근이 있고, 주근이 갈라져서 측근을 만들고, 측근은 다시 갈라지면서 엄청난 수의 세근을 만들며, 다시 여기에서 뿌리털이 자란다. 뿌리털은 수분을 찾아 뻗어 나가므로 토양 중에 수분이 약간 부족한 듯할 때 왕성하게 발달하며, 수분이 많은 땅에서는 굳이 자라야 할 이유가 없으므로 발달이 적다.

뿌리 중 작은 뿌리(세근)는 형성층이 없어서 직경생장은 하지 않으며 평균 수명은 1년이다(사과나무 1주일, 독일가문비 3~4년). 세근이 죽는 시기는 추운 겨울이며 90% 정도가 죽는다. 뿌리털의 수명은 세근보다 더 짧아서 몇 시간 혹은 몇 주일 살다가 죽고, 대신 새로 뻗은 큰 뿌리에서 새로운 작은 뿌리와 뿌리털이 계속 생겨난다. 그러나 소나무, 참나무처럼 외생균근을 형성하는 수종들은 뿌리털을 만들지 않는다.

뿌리는 수평 방향으로 퍼지는데 일반적으로 수관폭보다 넓게 퍼진다. 과수의 경우 점토에선 수관폭의 1.5배, 양토에선 2배, 모래토양에서는 3배까지 뿌리가 넓게 퍼진다. 사막지방의 관목은 뿌리가 지상부의 9배가량 된다. 수분과 양분을 주로 흡수하는 세근은 표토에 집중적으로 모이게 되는데, 심근성 수종인 소나무와 참나무는 표토 12 cm 내에 전체 세근의 90%가 존재하고, 활엽수는 30 cm 이내에 80%가 존재한다. 그러므로 관수와 시비도 토양 30 cm 이내만 관리하면 된다.

뿌리는 줄기보다 봄에는 더 일찍 그리고 가을에는 더 늦게까지 자란다. 반면에 지상부 줄기는 봄에만 왕성하게 자란 뒤 여름부터는 생장이 감소하고, 가을에는 지상부 생장을 멈추며, 지하부 뿌리와 몸통인 줄기에 영양을 집중한다. 봄에 이식한 나무를 빨리 활착시키고 싶을 때는 뿌리 주변을 짚 등으로 보온하여 지온을 높여 주면 효과가 좋다.

뿌리는 토양 속 산소농도가 10% 이상일 때 최적의 생육 상태를 보인다. 토양 산소가 2%일 때와 10%일 때의 발근율은 7배나 차이가 난다. 토양에 산소가 부족해지면 뿌리보다 지상부가 더 타격을 심하게 받는다. 제일 먼저 잎의 기공을 폐쇄하고, 그다음 광합성과 당糖의 이동이 감소된다. 물과 양분을 흡수하던 뿌리의 능력은 억제되며, 그 결과 식물 호르몬에 불균형이 생긴다.

뿌리에는 산소 부족보다 이산화탄소 과다가 더 해롭다. 이산화탄소가 전혀 없는 0%일 때 발근율이 최고조에 이르고, 3% 이상에서 상당한 스트레스를 받게 되며, 이산화탄소가 10%에 이르면 살기 힘들다. 바람이 있을 수 없는 땅속은 공기 순환이 되지 않아 이산화탄소가 대기보다 3배에서 300배까지도 많다. 이는 뿌리 쇠약의 첫 번째 원인이 된다. 나무의 생장에는 영양분 공급보다 이산화탄소를 배출시키는 것이 더 중요하므로 토양의 통기성을 방해하는 요소들을 제거하고 개선시키는 노력이 필요하다. 참고로 사람이 0.32%의 일산화탄소에 노출되었을 때에는 30분 내로 사망한다.

한날한시에 심은 묘목도 토양의 조건에 따라 뿌리 발달이 다르다.
(출처: 푸름바이오)

땅속 균사체에 대한 KBS 다큐 《식물의 왕국》 화면 캡처

고사 위기에 처한 수고 5 m 금송의 토양 객토를 위해 플랜터 겉흙을 들어낸 결과, 금속 테두리 안쪽으로 콘크리트를 타설해서 겉보기보다 구덩이가 좁았다. 식재 플랜터의 규격이 6배분에 불과한 이런 설계는 나무에겐 형무소의 독방이나 다름없다.

설계사인 일본에 금송의 대체 식재를 요구하였더니, "금송이 죽으면 다시 금송을 심고, 그 금송이 죽으면 그래도 또 금송을 심고…, (천황가의 상징목인) 금송을 무슨 일이 있어도 지켜야 한다"는 답변에 나는 두말없이 나무를 뽑아내고 베고니아 꽃으로 바꾸었다.

뿌리를 건강하게 키우는 8가지 아이디어

하나, 토양의 구조를 헐겁게 하고 흙을 푸슬푸슬한 입단화 구조로 만들어서 공기의 유통을 좋게 하는 것 이상으로 뿌리 발달을 촉진시키는 방법은 없다. 이를 위해서는 토양의 답압이나 심식, 복토를 방지해야 한다. 심식이나 복토는 영양분 공급으로는 치유될 수 없다. 사람도 마찬가지. 배 고픈 건 며칠이고 참을 수 있어도, 숨 고픈 건 3분을 못 넘기고 죽지 않던가!

둘, 배수가 잘되어야 한다. 고인 물은 뿌리를 썩게 하고, 산소를 차단하며, 지온을 떨어뜨린다.

셋, 뿌리가 땅 위로 솟아올라오지 않도록 물은 충분히 주되, 과습한 땅이 되지 않도록 관수 간격을 멀리 잡는다. 식물은 토양 수분이 부족할 때 줄기생장보다 뿌리생장에 더 많은 에너지를 소비하는데, 한발에 강한 나무로 키우려면 평소 뿌리 발달을 위해 건조한 듯 관리하는 것이 좋다. 즉, 적습보다 약건이 좋다.

넷, 뿌리분 위에 잔디나 초화류를 심지 않는다. 지피식물을 심느라 호미질을 하다 보면 잔뿌리가 상하지 않을 수 없고, 통기가 되지 않는다. 뿐만 아니라 지피식물은 나무에 비해서 물과 양분을 많이 요구하는데, 꽃을 살리기 위해 잦은 관수를 하여 나무를 쇠약하게 만든다.

다섯, 토양 미생물과 균근의 도움 없이는 뿌리가 완생할 수 없다. 토양 미생물이 서식할 수 있는 최적의 환경은 pH 7.0의 중성 토양과 유기물 공급이다. pH는 최소한 6.0 이상이 되도록 관리 목표를 세운다.

보기에는 화려하나 꽃을 살리려면 나무의 희생이 따른다.

야자 매트로 뿌리 답압을 방지한 사례

여섯, 생물 공극을 늘려준다. 지렁이, 굼벵이, 개미, 두더지 등이 파놓은 지하 통로는 특히 점토질 토양에서 뿌리의 생장을 쉽게 한다. 굼벵이는 토양 60 cm 깊이까지, 지렁이는 1 m까지 굴을 파고 다니며 토양의 숨통을 터준다.

벽돌 두 장 반 폭의 가로수 식수대

세상에, 꽃을 심는데 굴삭기라니…. 꽃을 심는 것은 속도보다 정서가 아니었던가?
참나무는 표토 12 cm 내에 전체 세근의 90%가 모여 있고, 활엽수는 30 cm 이내에 80%가 모여 있다. 초화를 심느라 표토의 세근을 캐내면 세근을 잃은 나무는 심식된 나무처럼 숨 쉬기 힘들게 된다. 또한 중장비로 다져진 토양은 찌그러트린 캔처럼 구조가 무너지고 회복되지 않는다. 수분 침투와 통기가 불량해지고 균근 활동이 감소하면, 나무는 제 명을 다할 수 없다.

뿌리분 주위에 식재된 초화와의 수분 경쟁에 밀려 단풍나무가 건조 피해를 당하고 있다.

일곱, 뿌리를 따뜻하게 해 준다. 이식목이나 쇠약목은 동절기에 뿌리 주변을 짚이나 바크로 덮어 지온이 떨어지는 것을 줄여 주면 뿌리 발달이 좋아진다.

여덟, 나무를 심을 때, 10~20년 뒤를 내다보고 뿌리가 뻗을 수 있는 넉넉한 생활공간을 마련해 주어야 한다. 식재지가 좁으면 맴도는 뿌리가 나무줄기를 옥죄게 되어 10년 이내에 질식사할 위험이 높다. 참고로 LH공사의 플랜터 규격 기준은 근원직경의 10배 이상으로 되어 있지만 지켜지는 것은 보기 힘들다. 미국은 근원직경의 12배 이상을 요구한다.

뿌리와 균근, 토양 미생물의 관계

우리는 나무가 스스로의 힘으로 살고 있는 것으로 알고 있지만, 좀 더 깊이 들어가서 토양을 알고 보면, 나무는 토양 속 곰팡이와 같은 미생물들의 도움을 받아서 사는 것을 알게 된다. 인간에게 도움을 주는 곰팡이류를 학술용어로 진균眞菌이라고 하는데, 진균에는 곰팡이, 효모, 버섯을 포함한 72,000종 이상의 미생물군이 있다. 이들은 자연계의 유기물 분해에 관여하지만 일부는 식물과 공생하는 근균根菌으로 살아간다. 송이버섯도 근균의 일종이다.

근균의 역할은 1950년에야 비로소 알려졌는데, 뿌리 표면에 붙어서 활동하는 외생근균과 뿌리세포 내부로 들어가 사는 내생근균 두 종류가 있다. 지름이 0.001 mm도 되지 않는 외생균근들은 뿌리가 들어갈 수 없는 아주 작은 틈새까지도 비집고 들어가 물과 무기물을 빨아들여 나무에게 전달한다. 근균으로 인해 뿌리의 영역은 수백 배 멀리까지 확장될 수 있다. 균류가 이처럼 나무를 위해 자진해서 고생을 하는 까닭은 뿌리로부터 당분을 공급받기 위해서다.

균사 덕분에 편안하게 살게 된 나무는 소임의 대가로 광합성으로 만든 당의 5~20%를 균류에 배당한다. 때로는 받는 것 이상으로 지나치게 보답하는 바람에 나무의 성장이 억제되기도 한다. 이제 보니 척박하기만 한 바위산 꼭대기에서 소나무가 살 수 있는 것도 모두 근균의 도움 덕분이었

삽질을 하다가 반갑게 마주친 소나무 뿌리 주변에 붙은 흰색 '외생근균'

나무들은 바위산 꼭대기라도 근균의 도움을 받아 살아갈 수 있다. 사진은 설악산 주전골 독주암 소나무

다. 이는 근권의 확장을 의미하며, 따라서 근균에 감염된 식물은 감염되지 않은 식물보다 10배 정도 높은 양분 흡수율을 가지게 된다. 근균은 가뭄과 염류에 대한 저항성을 높여 주고, 독성물질을 경감시키며, 항생물질을 생성하거나 병원균이나 선충으로부터 식물을 보호하기도 한다.

과거에는 소나무나 난초류 정도만 근균과 공생하는 것으로 알려졌지만, 최근 고등식물의 97%가 뿌리에 근균을 내포하고 있다고 보고되었다. 97%라면, 3%의 예외만 빼면 거의 전부 다인 셈이다. 그런데 산에서는 잘 이루어지던 근균과의 공생이 농장에서는 끊어지는 수가 많다. 농장 관리인이 재배하는 나무에 비료를 주면, 나무는 공생하는 근균에 영양분을 주던 게 아까워서 공급하지 않게 되고, 근균은 식물 뿌리에 의지하지 않고는 살 수가 없으므로 곳곳에서 사라져 버린다. 근균이 사라지면 나무는 이제 시비 없이는 자립하기 힘들게 되니, 사람들이 공연한 짓을 한 것이다.

진균의 균사체는 환경이 좋으면 지상부로 나와 자실체가 되는데, 우

독우산광대버섯. 비록 독버섯일
지라도 버섯은 토양의 비옥함을
알려주는 지표가 된다.

리가 말하는 버섯이다. 버섯은 습하고 유기물이 풍부한 숲과 초원에서 번식한다. 진균의 유기물 분해능력은 세균보다 우수하다. 정원에 버섯이 보이면 땅 밑에서 진균들이 활발히 유기물을 분해하고 있다는 증거가 된다. 잔디밭에 핀 버섯은 뽑아야 하겠지만 쓰레기로 버리지 말고 땅에 되돌려주자. 땅을 비옥하게 해 준 균사체들에 대한 답례이다.

"Honor him!(그를 기리십시오!)" – 영화 '글레디에이터'에서의 마지막 대사가 떠오른다.

지온地溫이 뿌리에 미치는 영향

토양온도는 토양수분과 밀접한 관계가 있다. 과습하면 지온이 내려가고, 건조하면 지온이 올라간다. 배수가 잘되는 흙, 통기가 잘되는 흙이 더 따듯하다. 이는 물의 비열은 1.0이고, 토양은 0.2, 공기는 0.003으로 거의 0에 가깝기 때문이다. 다시 말해서 물 1℃를 높이는 데 필요한 에너지의 양은 토양의 5배! 따라서 습한 토양이 젖은 토양보다 더 늦게 데워진다.

봉분처럼 마운딩된 나무는 산소공급이 잘되는 탓도 있지만, 지온이 올라가 세근이 잘 나온다. 그러나 마운딩된 까닭에 식재 초기에 수분 스트레스를 겪게 되므로 관수관리가 필요하다. 새로 심은 나무는 겨울에 뿌리 보온이 무엇보다 중요하다. 토양온도를 높이려면 겨울엔 관수를 자제해야 한다. 더구나 토양이 얼었다 녹기를 반복하는 동안, 물은 동결되면서 부피가 9%까지 늘어난다. 이에 따라 토양 내 물체들은 위아래로 들썩이게 되며, 이 과정을 서릿발 융기라고 한다. 융기되는 힘은 울타리의 기둥을 밀어 올리고, 식물의 뿌리를 끊을 정도로 강하다.

뿌리의 생육 적온은 25~30℃이다. 봄에 지온이 5℃가 되면 뿌리가 꿈틀대고 10℃부터 생장을 시작하여 20~25℃에서 활발하다. 새 뿌리의 발근은 30~35℃에서 최고점에 달한다. 그러나 35℃를 넘어서면 활력이 급격히 감소하며, 40℃에서는 세포 효소가 파괴되기 시작한다.

다시 가을이 와서 10℃ 이하로 내려가면 뿌리의 신장 속도는 급격히 낮아진다. 토양 속의 열전도율은 식토〈양토〈사토〈마사토 순으로, 입자가 굵어 통기가 잘되는 흙일수록 더 따듯하다.

토양을 마사토로 개량해야 수분이 적어지고 온도 전달이 쉬워져서 뿌리의 생장과 발근을 유도하게 된다. 그래서 건조를 좋아하는 소나무에는 마사토가 최고의 흙이 된다. 또한 유기물이 많은 토양이 토양온도가 높다. 가을이 오면 대기층보다 태양열을 저장했던 토양층들이 더 늦게까지 따듯하다. 이런 현상은 다른 계절에는 밤에 나타난다. 일반적으로 심토층은 겨울에 대기보다 따듯하고, 여름에는 대기보다 시원하다.

토양의 온도는 대기와 달리 석양 무렵이 가장 뜨겁다. 토양의 극단적인 온도 차이를 효과적으로 완충해 주는 것은 소나무 껍질 같은 식물체 잔재물의 피복이다. 피복된 곳은 여름은 시원하게, 겨울은 따듯하게 유지된다. 봄철에는 멀칭한 피복물로 지온이 늦게 올라 새싹이 더디 나오므로 경칩을 전후로 멀칭 자재를 걷어 주는 게 좋다. 그러나 대교목은 크게 영향을 받지 않는다고 한다.

비닐 멀칭재는 검은색보다 투명한 것이 더 많은 가열효과를 낸다. 봄에는 작물 생육에 도움을 주나, 여름에는 악영향을 미치므로 제거한다. 짚으로 피복한 것과 검은 비닐 피복을 비교하면, 짚 피복 시 평균온도는 24℃, 검은 비닐은 36℃로, 짚으로 피복한 것이 토양 표면의 온도가 심각하게 올라가는 것을 방지하고 강우의 침투를 증가시켜 주었다. 작물 생산량을 비교해 볼 때, 검은 비닐의 토마토 생산량은 30 kg, 짚 피복의 생산량은 70 kg으로 두 배가 넘었다.

겨울철 지표면 멀칭 작업은 쇠약목의 뿌리 생장에 좋다. 오른쪽 사진은 더위를 타는 자작나무의 뿌리목에 볏짚으로 여름철 태양 빛을 차단한 예

0℃	물이 어는 점	초본류 춘화처리
10℃	질화작용의 최저 온도. 호냉성 미생물 활동. 식물생장 중지	옥수수, 콩 발아 최저 온도
20℃	중온성 미생물 활동	감자 최적 생장온도
30℃	질화작용 최적 온도(토양의 비옥도에 이바지한다.)	10~35℃: 대부분의 식물과 미생물 최적 생장
40℃	암모니아화 최적 온도	단백질 변성, 식물 고온 스트레스
50℃	나지 토양의 최대 온도. 선충류, 진균류 괴사	식물은 생존 어려움. 열성 미생물 우점
60℃	토양 구조 붕괴, 광물 변화	식물 사멸, 대부분 잡초 종자, 토양 미생물 괴사
70℃	화재 발생 시 표토 온도 70~100℃	퇴비의 최적 온도
80℃	토양 내 유기물 완전 산화, 고온성 미생물 활동	산불로 딱딱한 종피 발아. 잡초 종자 수분 내 괴사
90℃		
100℃	물이 끓는 점	완전 증발

바람이 없으면 나무가 시드는 이유

식물의 지상부는 동물에게는 독이 되는 이산화탄소로 호흡하지만, 식물의 뿌리는 동물과 마찬가지로 산소로 호흡하고 이산화탄소를 내뱉는다. 동물에게 산소가 절대적으로 필요하듯이 식물의 뿌리도 산소를 절대적으로 필요로 한다. 토양 속에 산소가 부족해지면 뿌리가 죽기 시작하고, 이어서 잎에서 황화현상이 오며 마지막으로 고사지가 발생한다. 그래서 지상부의 가지가 죽어갈 때면 이미 지하부의 뿌리는 죽은 뒤가 많다. 하지만 토양의 통기 상태는 수분보다 관리하기 어렵다. 눈에 보이지도 않을뿐더러 개선에 막대한 비용이 들어가기 때문이다.

한자의 곤할 '곤困'자를 보면, 나무가 사면이 막힌 좁은 공간 안에 갇혀 있는 모양새다. 실제로 형무소 담처럼 높이 4~5 m의 담장이 축구장 지붕처럼 안으로 굽은 옥상정원을 관리한 적이 있었는데, 말이 정원이지 한 곳에서 그렇게 많은 병해충을 본 적이 없었기에, 곤할 곤困 자를 만든 선인들의 관찰력에 탄복하였다.

원인을 살펴보면, 공기가 정체된 곳에서는 공기보다 1.5배가량 무거운 이산화탄소가 지면 바닥에 낮게 깔려서 나뭇가지에 달린 잎까지 미치지 못해 광합성 효율이 떨어지고, 해충들은 이상하게 통풍이 안되는 곳에서 더욱 번성하는 특징을 보이는 데 있다.

숲속도 바람이 잔잔한 맑은 날에는 수관 내 이산화탄소 양이 대기 중의 1/4까지 떨어지게 된다. 가뜩이나 미량인 0.04%의 이산화탄소가 0.01%로 낮아진다니, 실업수당도 나오지 않는 나무에게 그런 고통이 없다. 그래서 나무에게는 바람이 필요하다. 바람이 불어야 밑바닥에 고여 있던 이산화탄소가 상층부로 올라가 잎에 공급되고, 이산화탄소가 덮고 있던 지면의 빈 자리로 산소가 들어가 땅속의 이산화탄소와 교환될 수 있음으로써 비로소 숨통이 트이게 된다.

연구에 의하면 초속 5 m 이상의 센 바람이 불 때 광합성이 10~20% 정도 증가하였다. 작물의 경우 이산화탄소 양을 2배로 상승시켰더니 33%의 증수를 얻을 수 있었고, 테다소나무를 500 ppm의 이산화탄소에 8개월간 노출시켰더니 건중량이 60% 증가하였다. 그러나 600 ppm부터는 증가세가 둔화하고, 포화점인 1,000 ppm부터는 오히려 감소하였다고 한다. (주: 1,200 ppm까지 증가한다는 학설도 있다.)

비닐하우스에서는 작물 생산 증대를 위해 이산화탄소 시비를 하는데, 정원사가 나무를 손질할 때도 비슷한 효과가 난다. 사람이 숨을 들이쉴 때의 기체는 산소 21%, 질소 78%, 이산화탄소 0.04%이고, 내쉴 때의 기체는, 질소는 거의 변화가 없고 산소 16%, 이산화탄소는 4%로 증가한다. 즉, 정원사가 식물을 다듬으면서 꽃과 나무에 4% 대의 이산화탄소 시비를 하는 것이 되어, 일하는 동안 식물은 흡족하게 이산화탄소를 마시게 된다.

흙의 표면을 조사해 보면 끊임없이 이산화탄소가 나오고 공기는 들어간다. 흙에서 나오는 이산화탄소의 원천은 미생물과 나무뿌리의 활동에

표 1-7 ● 토양의 산소농도별 나무의 생장, 발근 수 비교

뽕나무					차나무			
산소농도	가지길이	착입수	발근율	총 근장	산소농도	착입수	발근율	총 근량
2%	44%	74%	18%	4%	5%	0.6매	60%	42 mg
5%	104%	93%	76%	80%	8%	0.8매	83%	91 mg
10%	101%	109%	128%	108%	**14%**	1.4매	93%	289 mg
20%	100%	100%	100%	100%	20%	1.0매	100%	979 mg

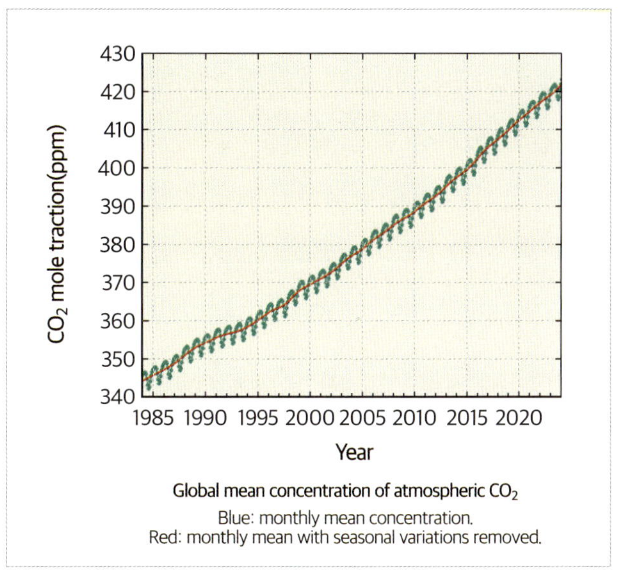

Global mean concentration of atmospheric CO₂
Blue: monthly mean concentration.
Red: monthly mean with seasonal variations removed.

천 년 전부터 1850년까지 대기 중의 CO_2 농도는 약 280 ppm으로 일정하게 유지되고 있었으나, 산업혁명이 본격화된 이후 계속 증가하여 세계기상기구 WMO에서 2017년 측정한 세계 이산화탄소 평균 농도는 405 ppm이었고, 2023년에는 425 ppm을 기록했다. 이는 이전의 280 ppm에 비해 51%나 높아진 것이다. 그만큼 지구 온도는 높아졌고 이상기후도 많아졌다. 여기서 더 중요한 부분은 '400 ppm'이다. 2007년 기후변화정부간협의체 IPCC가 제시한 지구 생태계를 유지할 수 있는 마지노선이기 때문이다.

의한 것이다. 흙 속의 유기물은 벌레와 미생물에 의해 이산화탄소와 물로 분해되고, 이산화탄소는 흙의 빈틈을 통해 대기로 방출된다. 땅속 깊이 들어갈수록 가스 교환이 이루어지지 않아 이산화탄소의 함량은 높아진다. 이 가운데 뿌리가 만드는 이산화탄소는 전체의 1/3 정도이고, 나머지는 유기물 분해 과정에서 나온다.

대기 중의 CO_2 농도는 0.04% 정도이지만, 토양공기의 CO_2 농도는 0.3%에서 5% 사이가 일반적이다. 반면에 산소 함량은 10% 이하로 떨어진다. 토양에서 산소가 바닥나면 혐기성 미생물만 생존할 수 있다. 혐기성 미생물이 늘어나면 pH가 높아지고, 땅은 붉은색에서 회색으로 변한다. 배수가 불량한 곳은 산소공급은 차단되고 이산화탄소 함량은 계속 상승하기 때문에 혐기성 상태에서 메탄, 황화수소, 에틸렌 같은 독가스가 만들어진다. 심토일수록 이산화탄소의 양이 많고 산소의 양은 적다.

뿌리의 적 - 심식과 복토

심식이든 복토든 뿌리가 산소 부족으로 질식상태에 놓이는 건 똑같다. 심식이 발견된 나무를 살펴보면 뿌리가 숨을 쉬기 위해 지상부를 향해 거꾸로 올라오고, 발근력이 강한 관목들은 흙 속에 묻힌 줄기에서 새로운 뿌리를 만들어 뿌리가 2중으로 구성된 것을 볼 수 있다. 심식이 된 나무릎 바로잡는 방안으로는 ❶ 나무를 캐내서 올려 심는 방법 ❷ 심식된 깊이만큼 주변의 흙 전체를 깎아내는 방법 ❸ 우물형으로 뿌리목 주변의 흙을 제거하고 화산석과 같은 통기성 좋은 광물을 채우는 방법이 있다. 이때 우물형 웅덩이에 물이 고이는 것을 방지하기 위하여 맹암거를 설치하기도 한다.

심식된 나무는 산소 부족으로 신음한다. 왼쪽 사진처럼 소나무 수피가 안으로부터 식은 땀이 배어 나오는 것 같은 무늬가 보이면, 나는 일단 심식을 의심한다. 오른쪽 대왕참나무에서 보는 것처럼, 나무의 줄기는 뿌리조직과 달라서 흙에 묻히면 수피가 짓무르면서 형성층이 녹게 되고 수액 이동이 어려워진다. 방치하면 수년 내 나무가 죽는다.

심식으로 죽은 눈주목의 뿌리. 기존의 뿌리는 죽어 있고, 한 뼘 이상 높은 줄기에서 새 뿌리가 나온 것을 볼 수 있다.

뿌리가 중력을 따라 내려가는 굴지성屈地性을 무시하고 땅 위로 올라온 경우는 심식이나 과습이 원인이다.

때로는 대면적으로 수십 그루의 나무들이 깊게 심겨진 것이 발견되기도 한다. 나무를 일부러 지면보다 40~50 cm 낮게 심는 건 공사비도 몇 배나 더 들고 상식적으로도 있을 수 없으므로, 이 경우는 식재가 먼저 된 뒤 흙이 나중에 덮인 〈복토〉가 된다.

조경 잘못인지, 토목의 잘못인지, 감독이나 감리는 무엇을 했는지 알 수 없는 상황이지만, 결론은 하자공사는 무조건 조경이 해야 한다는 것이다. 내 경우, 시설물이 없으면 마운딩을 깎아내고(사진 왼쪽), 시설물 때문에 지면을 낮출 수 없는 곳에서는 나무 전체를 캐내서 올려 심었다(사진 오른쪽).

도로를 높이면서 기존 수목을 우물형으로 보호한 설악산 국립공원
오른쪽 사진은 2024년에 방문한 안동 하회마을인데, 솔밭 전체가 복토된 흙을 제거한 듯, 심식되었던 상흔이 보인다.

심식된 은행나무를 올려 심을 수 없는 상황에서 우물형으로 화산석 시공을 한 예와, 공기주입을 위해 유공관을 심은 사례

자작나무는 교목 중에서 북극에 가장 가까
이 살 수 있는 나무로 시베리아와 같은 한
대지방이 자생지가 된다. 한반도에서 자작
나무의 남방 한계선은 금강산까지였는데,
온난화로 북상되었을 것이다.
사진의 자작나무는 평창지역 고산기후에
서 재배하던 것을 서울 도심지에 옮겨 심
은 것으로, 고사의 첫 번째 원인은 고온건
조이다.

식물의 생육과 호흡의 관계

사람이 운동을 하거나, 힘이 들거나, 열이 나고 아프면 호흡이 가빠지듯
이, 식물도 나쁜 환경에 처하면 이를 극복하기 위한 호흡량이 늘어나서
애써 생산한 에너지를 소모하게 된다. 또 사람이 먹은 것보다 사용한 에
너지가 많으면 여위듯이, 식물도 광합성량보다 호흡량이 늘어나면 여위
어가는 똑같은 절차를 밟게 된다. 일반적으로 녹색식물은 광합성량의
30~50%를 호흡에 사용하는데, 어린 임분일수록 사용량이 적고(30%),
300살 이상이 되는 노령 임분은 사용량이 많다(90%). 다시 말하면 어린
임분은 광합성량의 70%를 생장에 쓸 수 있고, 노령 임분은 10%밖에 쓸
수 없어 생장이 느리다. 이는 벌기령 설정의 기준이 된다.

　한국의 벌기령은 수종에 따라 25살에서 60살, 독일은 60살에서
120살로 조금 더 길다. 그러나 400~500살을 사는 참나무를 불과 25살
(사유림 기준, 국유림은 60살)의 어린 나이에 베는 것은, 목재 생산만 바라
보고 환경적인 면은 전혀 고려하지 않은 것이라 재검토가 필요하다. 국
제학술팀이 전 세계 약 70만 그루의 나무를 조사한 결과, 수령이 오래된
나무일수록 성장속도가 빨라져, 직경 1 m인 나무가 그 절반인 나무에 비
해 세 배의 생물량을 생산한다고 하니, 벌기령의 나이를 완전히 다시 산
출해야 하는 상황이 되었다. (출처: 나무수업)

　수목의 호흡량은 온도 상승에 따라 증가한다. 온대지방에서 수목이

생장하기 좋은 최적의 기온은 25 ℃ 전후인데, 기온이 30 ℃ 이상으로 올라가면 광합성량보다 호흡량이 많아져 영양 손실이 크다. 기온이 10 ℃ 상승할 때마다 호흡량은 2~2.5배 증가하므로, 광합성에 지장이 없는 범위 내에서, 되도록 저온으로 관리해야 영양 손실이 적다. 이러한 이유로 나무는 살던 곳보다 서늘한 곳으로 옮겨 심으면 활력이 증가하고, 더운 곳으로 이사가면 체력이 급격하게 떨어져 생장이 나빠진다. 따라서 나무를 구입할 때도 식재지보다 조금 남쪽에서 구입하는 것이 바람직하다. 다만 북부로 올려 심은 만큼, 식재한 첫겨울은 동해방지를 위한 월동 조치가 필요하다.

나무는 야간에는 광합성을 중단하고 호흡만을 수행하는데, 야간의 온도가 주간보다 낮아야 수목이 정상으로 자랄 수 있다. 야간의 호흡작용을 최소로 억제함으로써 광합성으로 고정한 탄수화물을 생장에 최대한 이용할 수 있기 때문이다. 만약에 이상기온으로 열대야가 계속 늘어난다면 나무는 가쁜 숨을 몰아쉬다 탈진해서 죽게 될 것이다.

일반적으로 수목에서 뿌리의 호흡량은 나무 전체 호흡량의 8%를 차지하고, 소나무는 뿌리의 호흡량이 25%가 넘어야 산다. 죽어가는 소나무가 보이면 가장 먼저 조치해야 하는 게 뿌리 주변을 깨끗하게 치워주는 것이다. 뿌리 활동의 주축인 세근의 90%가 표토 20 cm 깊이 이내에 모여 있으므로 토양의 통기 관리는 30 cm까지만 하면 무난하다.

노익장을 과시하는 수령 240년의 고양시 보호수 회화나무(2024년 4월 16일과 한 달 뒤인 5월 19일에 촬영된 모습)

토양에서 낙엽과 유기물의 역할

낙엽은 나무에게 손실이 아니다. 토양 속 미생물들의 협력을 얻어 다시 자신들의 양분으로 돌아가기 때문이다. 낙엽이 없어지면 토양 미생물뿐 아니라 나무 자신도 영양실조에 걸린다. 그러나 도시의 조경지역에서는 낙엽을 계속 청소하기 때문에, 낙엽을 대신할 토양 유기물로서 천연 부엽토나 퇴비를 시비하게 된다. 유기물이 토양 내에 많다는 것은 단순히 영양분이 많은 것 외에도 토양을 살찌게 하는 많은 이득이 있다. 유기물이 많으면 토양의 입단화로 점토질 토양이 개선되고, 토양의 보수성과 투수성이 향상되며, 토양산도에 대한 완충능력이 향상된다. 토양은 유기물이 있어야만 비로소 미생물의 서식처가 된다.

다음은 토양 유기물의 화학적 성질에 대한 '조경수 식재관리기술' 본문이다. (서울대학교 출판부 발행 p121)

유기물의 토양개량 효과

❶ 토양의 입단구조를 개선하여 생산성을 높인다.

❷ 공극과 통기성을 증가시켜 준다(용적비중을 낮춘다).

❸ 토양온도의 변화를 완화해 준다(여름에는 시원하게, 겨울에는 따뜻하게).

❹ 토양의 보수력을 증가시킨다.

❺ 토양의 무기양료에 대한 흡착능력(보존능력)을 향상시킨다.

❻ 유기물이 분해되어 무기양료가 된다.

❼ 토양 미생물이 필요로 하는 에너지와 안식처를 제공한다.

유기물의 멀칭 효과

❶ 흙탕물로 번지는 토양 병균의 감소

❷ 토양침식 방지

❸ 깨끗한 보행로 제공과 나대지의 미관 향상

❹ 잡초의 방제와 식물들 사이의 생존경쟁 감소

❺ 물이 잘 빠져, 토양의 빗물 침투력이 향상되고 유거수는 감소한다.

❻ 지렁이 개체 증가 등을 들 수 있다.

멀칭은 식물을 심은 즉시 하는 것이 좋다. 잡초 방지를 위해 이상적인 멀치 두께로 20 cm를 주장하는 정원사도 있지만, 이는 잡초 잡으려다 나

유기물로 멀칭된 화단은 지온의 급격한 상승과 하강을 막아 나무의 뿌리를 보호하는 역할을 한다. 왼쪽의 사진은 멀치가 수목에 닿아 있는데, 이는 수피를 부패시키므로 멀치는 반드시 수간에서 20 cm 이상 떨어뜨리고, 안쪽으로는 콩자갈이나 화산석을 깐다. 멀치의 표준 두께는 유기물은 3인치, 무기물은 2인치이며. 유기물은 매년 가라앉은 만큼 보충해 주도록 한다.

공원 산책로와 어린이 놀이터의 바닥에 바크가 깔려 있다. (파리의 꽃 공원)

새로 조성된 장미화단에 바크가 멀칭되었다. (고양시 호수공원)

대관령면에 있는 국립자생식물원의 바크 길

무를 잡는 꼴이 된다. 뿌리가 숨 쉬기 힘들어하므로 5~10 cm를 적정 두께로 한다. 멀치가 분해되면서 두께가 내려앉게 되면 새롭게 채워준다. 미관을 중시해서 멀치를 교체해야 한다는 정원사가 있지만, 유기물의 토양 환원을 위해서는 채워 넣는 게 맞다.

20세기 과학은, 흐르는 물보다 떨어지는 빗방울에 의한 토양침식이 더 심각하다는 것을 알아내었다. 빗물의 낙하 속도는 초속 6 m. 빗방울의 충격은 입단화되었던 토양마저 잘게 부숴 모든 방향으로 흩어지게 한다. 우리 주변에서 비가 온다고 정원의 토양침식을 걱정하는 사람을 보지 못했다. 그러나 유럽에 가 보면 화단은 물론, 산책 보행로나 어린이 놀이터에도 바크 멀칭을 하여 토양을 보호하는 것을 보게 된다. 전정으로 나온 가지들을 칩으로 분쇄해서 멀칭을 하면 ❶ 폐기물을 줄일 수 있고 ❷ 빗물의 토양침식을 막고 ❸ 잡초 발생도 억제되며 ❹ 여름은 시원하게, 겨울은 온화하게 지온을 유지하며 ❺ 토양은 비옥해지는 1석5조의 효과를 얻게 된다. 최근 들어 국내 여러 현장에서 바크를 도입하는 사례를 볼 수 있어 여간 다행스러운 일이 아니다.

멀칭은 보여주기 위해 하는 쇼가 아니다. 그것은 오랜 연구 결과로 입증된 과학의 산물이다.

해야 될 의무,
안 해도 될 권리

건강을 잃은 도시인이 산에 가서 살면 건강을 되찾는 경우를 많이 본다. 도시의 나무도 산에 다시 옮겨 심으면 건강해진다. 어느 누가 돌보지 않아도 건강해진다. 아니 자연이 돌보는 것이다. 그렇다면 자연의 위대한 힘은 어디서 오는 것인가? 물? 공기? 흙? 모두 다 중요하지만 가장 큰 힘의 원천은 죽은 생명체들이 순환되는 건강한 흙이고, 두 번째가 아침마다 산허리를 감싸고 도는 안개에 있다. 안개가 자욱한 숲은 5 mm의 강수량이 내린 것과 같은 효과를 준다.

도시는 산림의 혜택이 모두 제거된 곳이다. 토양은 개발 과정에서 표토가 제거되고, 낙엽은 지저분하다는 이유로 치워져 유기물 순환이 붕괴된 상태이기 때문에 도시수목은 항상 영양 부족으로 인한 피해를 본다. 이러한 문제를 극복하는 차선책으로 인위적인 영양소 공급이 필요하지만, 그나마 퇴비는 무겁고 냄새 난다는 이유로 화학비료 사용이 대세를 이루고 있다.

나무가 자연에서 스스로 얻던 영양소를 사람이 챙겨주려면, 나무에 대한 영양사가 되지 않으면 안 된다. 유기질 퇴비는 자연의 순환을 반영한 것이기에 영양분에 대한 지식이 없어도 사용할 수 있지만, 화학비료는 17가지 영양소에 대한 결핍과 과잉 증세를 두루 알고 있어야 처방이 가능하다. 화학비료는 부족할 때보다 과잉일 때 오히려 독이 될 수 있어서 무심코 주다가는 안 주느니만 못하고, 지나친 시비는 웃자란 가지를 전정하는 비용까지 유발해 낭비를 가중시키게 된다. 그러므로 나무의 생육불량 원인이 부족한 영양 때문이라는 확실한 진단이 나오기 전까지는 도시수목에 대한 시비를 삼가는 것이 좋다.

수목 질병의 6할은 잘못된 시비에서 온다

서울대학교 출판부에서 펴낸 『조경수 병해충 도감』을 펼쳐보면, 소나무의 질병 11가지를 설명하면서 잎떨림병을 비롯한 7가지 병이 '평소에 나무의 비배관리만 잘했어도 막을 수 있는 병'이라는 대목이 나온다.

"아니, 시비를 잘못하면 병이 온다고?"-단순 계산이지만 나무의 병 중 2/3 정도는 사람이 시비를 제대로 해 주면 막을 수 있다는 역설이 된다.

그렇다. 토양과 시비, 질병은 서로 연결되어 있다. 올바른 시비를 위한 첫걸음은 토양분석에서 시작되어야 하고, 결과지를 놓고 바른 처방을 한다면 나무들은 질병의 고통이 없는 건강한 삶을 누릴 수 있다. 〈1장 토양관리〉에서 남겨 둔 토양분석의 나머지를 해부한다.

토양분석 시료 채취 방법

토양분석을 의뢰하려면 당연히 흙을 채취해야 하지만 기준이 있다.

하나, 토양은 균질성이 낮아서 위치마다 성질이 다르다. 그렇다고 모든 지역을 다 검사할 수는 없는 노릇. 나무가 죽었거나 생육이 극히 불량한 지역을 대상으로 검사한다.

둘, 토양은 봄가을로 화학 성분이 달라지기 때문에 매년 같은 시기에 채취하여야 하고, 전년도의 토양 개량 효과를 추적하기 위해서는 같은 장소에서 채취하는 것이 원칙이다.

셋, 영양분석용 흙 채취는 마지막 시비 후에 한 달이 지난 시기에 한다. 채취 깊이는 15cm 내외. 토양검사와 달리 양분검사가 목적이므로 채취 깊이를 얕게 한다. 흙을 적게 보내면 분석이 안 된다고 하니, 한 시료

밤 사이 산자락을 휘감은 안개는 나무에게 보약과 같다. (강원도 진부의 아침풍경)

표 2-1 ● 한국조경학회 도양평가 항목과 토양평가 기준

구분	평가항목	단위	평가등급			
			상급	중급	하급	불량
물리성	유효수분량	m^3/m^3	0.12 이상	0.12~0.08	0.08~0.04	0.04 미만
	공극률	m^3/m^3	0.6 이상	0.6~0.5	0.5~0.4	0.4 미만
	투수성	cm/s	10^{-3} 이상	10^{-3}~10^{-4}	10^{-4}~10^{-5}	10^{-5} 미만
	토양경도	mm	21 미만	21~24	24~27	27 이상
화학성	토양산도(pH)	–	6.0~6.5	5.5~6.0/6.5~7.0	4.5~5.5/7.0~8.0	4.5 미만/8.0 이상
	전기전도도(E.C.)	dS/m	0.2 미만	0.2~1.0	1.0~1.5	1.5 이상
	염기치환용량(C.E.C.)	cmol/kg	20 이상	20~6	6 미만	
	전 질소량(T-N)	%	0.12 이상	0.12~0.06	0.06 미만	
	유효태인산 함유량(Ava.P_2O_5)	mg/kg	200 이상	200~100	100 미만	
	치환성 칼륨(K^+)	cmol/kg	3.0 이상	3.0~0.6	0.6 미만	
	치환성 칼슘(Ca^{2+})	cmol/kg	5.0 이상	5.0~2.5	2.5 미만	
	치환성 마그네슘(Mg^+)	cmol/kg	3.0 이상	3.0~0.6	0.6 미만	
	염분농도	%	0.05 미만	0.05~0.2	0.2~0.5	0.5 이상
	유기물 함량(O.M)	%	5.0 이상	5.0~3.0	3.0 미만	

토양평가 기준의 적용은 다음의 기준을 적용한다.

❶ 일반적인 식재지는 하급

❷ 식물의 생육환경이 열악한 매립지나 인공지반은 중급

❸ 고품질을 요구하는 정원은 상급

표 2-2 ● 토양의 분석 항목별 적정 함량

필수사항			권장사항		
분석 항목	단위	적정 함량	분석 항목	단위	적정 함량
입도분석(토성)	–	양토, 사양토	유기물	%	3.0 이상
투수계수	cm/sec	10^{-4} 이상	전 질소	%	0.25 이상
유효 수분량	m^3/m^3	인공지반 0.08 이상	유효 인산	mg/100 g	60 이상
산도(pH)	–	5.5~6.5	염기치환용량(C.E.C)	me/100 g	12~20
NaCl(염분) 함유량	%	0.05 미만	치환성 양이온	me/100 g	3.0 이상
전기전도도(EC)	ds/m	0.4 미만			

당 500 g 이상, 큰 참외만 하게 흙을 담아서 그늘에서 건조시킨 뒤에 전문 기관에 제출한다.

잎을 분석하면 잎의 영양소 수준을 확인할 수 있고, 토양을 분석하면 토양의 유기물과 영양소 수준, pH, 전기전도도 등을 확인할 수 있다.

정원사가 가장 먼저 할 일은 토양평가 항목들이 식물에 어떤 영향을 주는지 알아내는 것이다. 토양산도, 전기전도도, 전 질소량, 염분농도… 이름만 들어도 머리가 지끈거리는, 어쩌면 이번 장은 가장 재미없는 장이 되겠지만, 나무의 건강과 생존에 직결되는 서바이벌 현장 지침서가 될 것이다.

한국조경학회와 산림과학원, LH공사의 토양평가 기준을 보면 일부 항목에서 조금씩은 차이가 나지만, 토양 pH만큼은 약산성인 pH 5.5~6.5를 '상급'으로, 중성인 6.6~7.0을 '중급'으로 분류하는 데 의견을 같이하고 있다. 그러나 미국의 저술들은 pH 7.0을 중급으로 치부하지 않는다. 한국이 최적의 pH 범위를 5.5~6.5로 잡는 데 반해, 미국은 5.5~7.5를 최적의 범위로 더 넓게 잡는다.

내 생각에는 이는 우리나라의 토양이 산성비 영향으로 pH 6.5를 넘을 수 없으므로 pH 6.6~7.5 사이의 토양을 어떤 불순물이 섞인 비정상적 토양으로 보는 것이 아닌가 짐작해 본다. 우리나라를 대표하는 위의 3기관은 pH 7.0의 중성 토양을 중급으로 처리한 이유에 대해서는 일절 설명하지 않고 있다.

토양분석 용어 해설

토양산도 pH　토양 중에 존재하는 수소이온 H^+ 농도를 측정한 값이다. 수소가 많으면 산성, 적으면 알칼리성이 된다. 토양산도가 중요한 평가 항목이 된 이유는 산도가 중성의 범위를 넘어서면, 시비를 많이 해도 나무가 먹을 수 없기 때문이다.

유기물　낙엽층이나 고사목 같은 토양 유기물은 토양 내의 암모니아를 흡착함으로써 질소 성분의 유실을 막아 주며, 수목 생육에 필요한 전窒질소, 유효 인산과 같은 양분을 공급해 준다. 유기물은 수분 흡수 능력이 커서 빗물에 의한 토양 유실을 감소시키고, 토양 보수력을 높여 가뭄 피해를 줄인다.

전全 질소 　토양 중의 질소는 유기태 질소와 무기태 질소로 구분되며, 이들 모두를 합한 양을 전全 질소라 한다. 이러한 질소 중 식물이 양분으로 흡수하는 질소는 암모니아태 질소와 질산태 질소 두 가지이며, 질소 전체의 1% 이하 수준이다. 질소는 생명체의 단백질과 핵산을 구성하는 중요한 원소로서, 이 원소가 토양 내에 얼마만큼 집적되어 있는 가를 나타내는 지표로 전 질소를 이용한다.

유효 인산 　토양 내 존재하는 인산 중, 식물이 직접 이용할 수 있는 성분의 인산을 말한다. 인산은 질소 다음으로 부족하기 쉬운 원소로서, 뿌리의 생장점이나 세포 분열조직에 집중되어 있다.

치환성 양이온 　음전하를 띠는 토양의 알갱이에 흡착된 양분으로서, 토양 용액 중에서 다른 양이온과 치환할 수 있는 상태의 양이온을 말한다. 칼륨, 칼슘, 마그네슘, 나트륨 등이 해당되며 치환성 염기라고도 한다.

전기전도도 EC 　토양 용액 중의 전류를 운반할 수 있는 이온 농도를 신속하게 평가할 수 있는 지표이다. 물에 염이 많이 녹아 있을수록 전도성은 증가한다. 전기전도도가 0.4 이상이면 염류 장애가 발생하고, 반대로 과도하게 낮으면 양분이 부족한 것을 말한다.

토양경도 　토양입자가 결합한 힘의 차이로 견밀도라고도 한다. 경도가 너무 높으면 답압 피해와 같은 수목의 생육 장애가 발생하고, 반대로 너무 낮으면 토양 입자 간 밀도가 유지되지 않아 양분이 유실되고, 수분 보유 능력이 떨어진다.

토양분석으로 얻는 소득

토양분석은 효과적인 작물 재배와 정원 관리의 핵심 요소이다. 앞 장에서 토양분석에 대해서 기술하여 중복되는 부분이 있지만, 비료를 주기 전에 토양분석을 실시해야 하는 '중요한 이유'를 정리한다.

필요한 영양소 파악 토양분석을 통해 어떤 영양소가 부족하고 어떤 영양소가 충분한지 정확히 알 수 있다. 이를 통해 필요한 영양소만 정확히 공급할 수 있다.

과잉 시비 방지와 환경 보호 이미 충분한 영양소를 더 공급하면 식물에 해로울 수 있으며, 환경 오염의 원인이 된다. 특히 질소나 인의 과잉은 수질 오염의 주요 원인이다. 필요한 만큼만 비료를 사용함으로써 과잉 비료의 유출로 인한 지하수 오염, 수생 생태계 파괴 등을 줄일 수 있다.

토양의 pH 파악 토양의 산도나 알칼리도는 영양소의 이용 가능성에 큰 영향을 미친다. 앞서 설명했듯이 산성 토양에서는 일부 영양소가, 알칼리성 토양에서는 또 다른 영양소들이 식물이 흡수하기 어려운 형태로 변한다.

비용 절감 필요 없는 비료를 구매하지 않음으로써 경제적 비용을 줄일 수 있다.

맞춤형 비료 선택 분석 결과에 따라 토양의 특정 조건에 맞는 최적의 비료를 선택할 수 있다.

장기적인 토양 건강관리 정기적인 토양분석을 통해 토양 건강의 변화 추이를 모니터링하고, 장기적인 관리 계획을 세울 수 있다.

병해 예방 일부 영양소 불균형은 식물의 질병 감수성을 높일 수 있다. 토양분석으로 이러한 불균형을 파악하고 예방할 수 있다.

작물 수확량과 품질향상 적절한 영양 관리는 수확량 증가와 작물 품질 향상으로 이어진다.

토양 구조 파악 토양분석은 영양소 함량뿐만 아니라 유기물 함량, 양이온 교환능력 등 토양 구조에 대한 정보도 제공하여 종합적인 토양관리에 도움을 준다.

토양분석은 단순히 비료를 얼마나 줄 것인가를 결정하는 것을 넘어, 근거 없는 헛수고를 하지 않도록 과학적인 기반을 제공하는 것이다.

잘 되었다고는 볼 수 없지만, 토양분석을 처음해 보는 분들을 위해 내

밭 토양 비료사용 처방서

▶ 경지 현황

조사번호	2020-266	작물명	장미		면적	1,000㎡
경작자명	한규희	경작지	서울특별시 송파구 장지동 833 105-장미			
경작자주소	서울특별시 송파구 장지동 833					
토양유형		토성		토양통		배수등급
토양특성	해당 없음					

▶ 토양검정 결과

	산도	유기물	유효인산	칼륨	칼슘	마그네슘	전기전도도
측정값	9	6	54	0.33	9.3	0.5	0.6
단위	pH(1:5)	g/kg	mg/kg	cmol+/kg	cmol+/kg	cmol+/kg	dS/m
적정범위	6.0~7.0	25~35	350~500	0.7~0.8	5.0~7.0	1.5~2.0	2 이하

▶ 비료 추천량 (kg / 1,000 ㎡) 비료와 퇴비는 각각 한 종류만 선택하여 사용하십시오.

구분	질소질비료		인산질비료		칼리질비료		퇴비 종류				소석회 (석회고토)
	요소	유안	용성인비	용과린	염화칼리	황산칼리	우분퇴비	돈분퇴비	계분퇴비	혼합퇴비	
밑거름	39	86	90	90	30	36	6,000	1,320	1,020	2,164	0 (0)
웃거름	87	191	200	200	50	60	–	–	–	–	–

< 참고 >10a당 화학비료 성분량(밑거름/웃거름): 질소(18.0/40.0),인산(18.0/40.0),칼리(18.2/29.8)kg

▶ 담당자 의견

▶ 장미 재배시에 밑거름은 추천한 비료량을 사용하시고 웃거름은 생육상태에 따라 다소 조절해 주셔도 됩니다.

서울특별시농업기술센터

토양검정일: 2020년 04월 21일   발급일자: 2020년04월23일   담당자: 손희정   전화: 02-6959-9358

가 진행했던 〈분석 결과지〉들을 공유한다. 결과지를 받아 드는 게 끝이 아니고 이제부터가 진짜 시작이다. 조경 도면을 놓고 왜 이런 결과가 나왔는지 추적하고 시비계획을 세워야 하는 작전회의가 필요하다.

토양분석 결과지에 대한 견본 사례. 분석기관마다 보고서 양식이 조금씩 다르고 검사 항목은 고를 수 있다.

우517-831 전라남도 담양군 월산면 월산리 328 TEL : (031)291-3375,   FAX : (031)291-3374 담당: 이혜근

분 석 성 적 서

신청인	성명	손창호 팀장님	기관명	○○○○ 아파트
	주소			
의뢰일자	2014. 09.10		시료명	토양3점
분석번호	PR-09-001			

분 석 결 과

시료명	분 석 결 과		
	pH	EC (dS/m)	투수계수
토양 2	8.29(불량)	0.713(중급)	10-3 (중급)
토양 5	6.96(불량)	0.448중급)	10-5(하급)
토양 9	7.91(불량)	0.226(중급)	10-4(중급)

본 성적서는 의뢰된 시료에 한하며 상업적인 광고 및 법적인 해결수단으로 사용할 수 없습니다.

2014년 9월 29일

(주)푸름바이오 토양연구소장

한국임업진흥원 토양분석 결과표

[붙임]

토 양 분 석 종 합 성 적 표

의뢰인 : ㈜신성기업

현장 번호	입도분석				산도 pH	유기물 OM (%)	유효 인산 (mg kg^{-1})	치환성양이온 (cmol$_c$ kg^{-1})			EC (dS m^{-1})
	모래 (%)	미사 (%)	점토 (%)	토성				K$^+$	Ca^{2+}	Mg^{2+}	
소나무1 (13- 19) 표토	55.7	24.3	19.9	SL (사질 양토)	5.7	1.33	62	0.43	3.84	1.01	0.53
소나무2 (19- 4) 표토	71.2	16.6	12.2	SL (사질 양토)	7.4	1.29	45	0.39	8.59	0.59	1.04
적정 함량	40 ~ 60	20 ~ 30	10 ~ 20	SL ~ L	5.5 ~ 6.5	3.0 이상	100 ~ 200	0.25 ~ 0.50	2.50 ~ 5.00	1.50 이상	0.40 미만

1. 본 성적서는 의뢰자가 제공한 시료로 시험한 결과입니다.
2. 본 성적서를 위조 혹은 변조시에는 형법 제225조에 의거 처벌을 받습니다.
3. 본 성적서는 선전, 광고 및 소송 등 기타 법적요건으로 사용할 수 없습니다.

총 2 페이지 중 2 페이지

조경지역 토양검정 결과 분석

▶ 검정기관 : 경기도 농업기술센터, 푸름바이오 토양연구소, 한국임업진흥원　▶ 토양검정 의뢰일 : 2014-09-10　▶ 토양검정결과 접수일 : 2014-10-21

2014. 10. 23 / 작성자 : 조경팀장 손창호

범례 : 불량 | 조금불량 | 보통 | 양호

번호	동수	위치	채취 이유	산도 PH (6.0~7.0) 2012	2013	2014	임업진흥원	유기물 (25~35) 2012	2013	2014	유효인산 (200~300) 2012	2013	2014	칼륨 (0.3~0.6) 2012	2013	2014	칼슘 (4.0~7.0) 2012	2013	2014	마그네슘 (1.0~2.0) 2012	2013	2014	전기전도도 (0~2.0) 2012	2013	2014	임업진흥원	투수계수	비고
1	****	후면	측백나무 고사지역	8.4	7.9	6.9		8	4	25	37	39	229	0.54	0.34	0.57	18.1	7.5	10.3		0.6	1.1	0.5	0.4	2.9			경기도 농업기술센터
2	****	전면	목련 집단 고사지역		6.1	8			17	10		324	274		1	0.23		5.5	7.5		1.1	0.5		0.2	0.4			
2-1			양기관 비교차, 중복시험			8.29																				0.7		중급	푸름바이오 토양연구소
3	****	전면	산벚나무 고사지역		6.2	7.6			14	24		512	229		0.74	0.48		5.1	10.1		1.2	0.9		0.3	0.5			
4	****	동쪽	느티나무 고사지역	7.6	8	6		19	6	12	169	56	137	0.6	0.42	0.51	11.5	13.6	2.4	1.2	0.9	0.8	0.1	0.6	0.3			
5	****	전면	선주목 집단 고사지역	6.1	7	6.96		27	8		273	290		1.05	0.86		7.9	7.4		1.3	1.2		0.3	0.3	0.4		하급	푸름바이오 토양연구소
6	****	비천	전나무, 양매자 고사지역	7	7.7	6.8		13	7	26	223	72	366	1.1	0.52	0.72	7.5	13.6	4.8	1.4	1.1	1.4	0.5	0.6	0.5			
7	****	서쪽	왕벚나무 가로수 고사지역		7	6.3			21	32		471	412		0.7	0.58		9.4	4.9		1.4	1.4		0.4	0.5			
8	****	기단부	소나무 고사지역		6.6				7			47			0.66			5.8			1.1			0.3				
8-1	****	기단부	선주목 집단 고사지역	8.2		7.6		11		14	58		45	0.56		0.22	17.3		5.3	1.2		0.6	0.3		0.3			
9	****	요양원쪽	소나무 고사지역	8.2	7.9	7.91		12	10		77	112		0.54	0.54		15.6	12.8		1.2	0.9		0.2	0.8	0.2		중급	푸름바이오 토양연구소
10	****	동쪽	자작나무 집단 고사지역		7.9	7.6			9	17		97	183		0.51	0.38		14.3	1.6		0.9	0.8		0.7	0.2			
	****		쇠약 소나무				7.4																			1.04		
	****		쇠약 소나무				7.7																			0.45		
	****		쇠약 소나무				5.7																			0.53		
11	****	서쪽	금송 고사지역	8.1	7.5	6.6		6	5	26	50	67	46	0.38	0.29	0.45	11.4	7.6	2.1	1.5	1.1	1.1	0.4	0.3	0.3			
12	****	남서쪽	자작나무 고사지		7.8	8.2			7	13		68	274		0.36	0.26		9.3	3.6		0.9	0.7		0.6	0.5			
13	****	서쪽	자작, 소나무 집단 고사지역	8.4	6.8	6.9		8	17	14	35	409	229	0.59	0.84	0.48	18.7	7.5	2.6	1.3	1.2	1	0.3	0.4	0.3			
	****		쇠약 소나무				7.0																			1.17		
14	****	산벽 쪽	조경수 집단 고사지역		7.6	7.2			9	15		23	14		0.62	0.28		12.8	1.9		1.2	0.5		0.6	0.3			
15	****	서쪽	선주목 집단 고사지역		8	7.4			4	19		59	92		0.29	0.36		11.7	2.3		0.7	0.9		0.5	0.3			
16	****	뒤뜰	베드민턴장 위 측백나무	8.1		7.4		5		18	74		46	0.57		0.22	12		1.7	1.2		0.6	0.5		0.3			
연도별 평균				7.8	7.3	7.2		12.1	9.7	18.9	110.7	176.4	184.0	0.7	0.6	0.4	13.3	9.6	4.4		1.0	0.9	0.3	0.5	0.5			
전년 대비 평가					알칼리	개선			부족	개선		부족	개선		적정	개선		과다	개선		부족	부족	적정	적정	적정			

※ 토양산도 적정범위: ▶농업기술센터 pH 6.0~6.5.　▶조경시방서상의 허용범위 pH 5.5~7.4.　▶한남더힐 관리기준 : pH 6.0~7.0

오래 전에 분석했던 엑셀 파일을 작은 지면으로 옮겨왔더니 글자가 깨알같이 작아졌다. 글자가 중요한 것이 아니라, 같은 장소에서 채취한 시료를 3년 연속 분석해서 그동안의 개선 노력이 어떤 변화를 가져왔는지 지켜보았다는 것이 중요하다.

분석 결과가 너무 불량하여서 혹시라도 잘못 분석한 것은 아닐까 하는 노파심에 농업기술센터와 나무병원, 임업진흥원 세 곳에 분석 의뢰를 하여 비교하였다.

한국임업진흥원 토양분석 종합성적표

(2016. 12. 12)

| 현장 번호 | 입도분석(%) | | | | 산도 | 유기물 | 전질소 | 유효 인산 | 양이온 치환용량 | 치환성 양이온 | | | | 전기 전도도 | 염화 나트륨 |
| | | | | | | OM | TN | A-P | CEC | (cmolc·kg⁻¹) | | | | EC | NaCl |
	모래	미사	점토	토성	pH	(%)	(%)	(mg kg⁻¹)	(cmolc kg⁻¹)	K⁺	Na⁺	Ca²⁺	Mg²⁺	(dS·m⁻¹)	(%)
1	73.8	20.4	5.8	사양토	6.8	1.63	0.098	238	7.23	0.47	0.1	4.69	0.76	0.4	0.006
					7.9									0.7~0.8	
	71.1	19.2	9.6	사양토	7.7	1.77	0.073	60	7.78	0.29	0.11	6.84	0.78	0.4	0.008
	96.1	1	2.9	사토	7.8	1.47	0.066	74	11.2	0.19	0.12	4.93	0.35	0.42	0.005
	96.4	1.4	2.2	사토	7.7	1.24	0.065	72	11.96	0.19	0.12	5.18	0.29	0.38	0.005
2	71.9	20.7	7.4	사양토	6.4	2.06	0.118	270	10.99	0.67	0.18	5.41	2.46	0.37	0.006
3	64	30.9	5.1	사양토	6.6	9.05	0.327	428	18.87	0.62	0.11	10.84	3.15	0.67	0.007
4	67.3	22.8	10	사양토	6.5	3.51	0.18	295	11.64	0.97	0.13	6.47	1.86	0.6	0.006
5	56.1	31.7	12.2	사양토	6	3.14	0.182	642	11.3	1.7	0.31	4.49	2.14	1.33	0.012
6	73.1	19.5	7.4	사양토	6.8	1.85	0.096	103	8.38	0.46	0.14	5.15	0.75	0.29	0.004
7	63.8	27.6	8.7	사양토	7.3	2.98	0.188	505	10.99	1.03	0.39	8.08	1.1	1.43	0.017
8	87.7	9.8	2.6	사토	6.9	0.34	0.041	38	4.11	0.35	0.11	2.94	0.47	0.22	0.004
9	65.6	25.7	8.7	사양토	7.3	2.15	0.126	186	9.4	0.4	0.2	9.18	0.72	0.7	0.008
10	72.8	18.2	9	사양토	6.8	3	0.159	646	10.33	1.1	0.24	6.07	1.95	0.84	0.004
11	75.6	18.6	5.8	사양토	6.7	0.94	0.074	149	7.59	0.25	0.16	5.19	0.56	0.48	0.006
12	62.8	26.6	10.6	사양토	7.1	3.97	0.228	405	12.25	1.06	0.23	7.1	2.27	0.5	0.005
13	68.5	20.6	10.9	사양토	6.3	2	0.127	155	7.82	0.41	0.1	4.07	0.51	0.29	0.004
14	62	30	8	사양토	6.9	3.56	0.189	394	11.49	0.63	0.15	6.99	1.86	0.52	0.008
15	67.5	22.6	10	사양토	6.5	1.88	0.112	111	11.06	0.28	0.34	5.77	1.02	0.99	0.012
적정 함량	40~ 60	20~ 30	10~ 20	SL~L (사양~양)	5.5~ 6.5	3 이상	0.25 이상	100~ 200	12~ 20	0.25~ 0.5	0.1~ 0.5	2.5~ 5	1.5 이상	0.4 미만	0.05 미만
합계	1296.1	367.3	136.9		132	46.54	2.449	4771	184.39	11.07	3.24	109.39	23	10.83	0.126
평균	72	20.4	7.6		6.95	2.59	0.14	265	10.2	0.62	0.18	6.08	1.28	0.57	0.01
평가	과다	정상	부족		과다	부족	부족	과다	부족	과다	정상	과다	부족	과다	정상

한국임업진흥원 토양분석결과

2020. 4. 24 ©URBANICS KOREA

토양평가등급 범례: 상 / 중 / 하 / 불량

| 수종 | 위치 | pH | 유기물 | 유효인산 | 칼륨 | 칼슘 | 마그네슘 | 전기전도도 | 비고 |
	상급 범위	6.0~6.5	5.0% 이상	200 이상	3.0 이상	5.0 이상	3.0 이상	0.19 이하	
매실(느티나무)	102동 동쪽	9.0	0.3	23	0.14	8.3	0.8	0.5	고사지역
농업기술센터	토양검정 결과	많음	적음	적음	적음	많음	적음	적정	
한국조경학회	토양평가등급	불량	하	불량	불량	상	중	중	
단감(소나무)	103동 북동쪽	7.5	0.6	41	0.12	4.3	0.7	0.2	고사지역
농업기술센터	토양검정 결과	많음	적음	적음	적음	적음	적음	적정	
한국조경학회	토양평가등급	하	하	불량	불량	중	중	중	
장미(측백나무)	105동 남쪽	9.0	0.6	54	0.33	9.3	0.5	0.6	고사지역
농업기술센터	토양검정 결과	많음	적음	적음	적음	많음	적음	적정	
한국조경학회	토양평가등급	불량	하	하	하	상	하	중	
자두(대왕참나무)	잔디광장	9.6	0.4	50	0.66	14.2	0.5	0.8	
농업기술센터	토양검정 결과	많음	적음	적음	많음	많음	적음	적정	
한국조경학회	토양평가등급	불량	하	하	중	상	하	중	
잔디	소방도로 보행로	9.7	0.5	52	1.66	8.8	0.4	0.3	
농업기술센터	토양검정 결과	많음	적음	적음	많음	많음	적음	적정	
한국조경학회	토양평가등급	불량	하	하	중	상	하	중	
평균		9.0	0.5	44	0.6	9.0	0.6	0.5	
농업기술센터	토양검정결과	많음	적음	적음	조금 적음	많음	적음	적정	
한국조경학회	토양평가등급	불량	하	하	하	상	하	중	

※ 주: 표에서 칼슘 함량이 5.0 이상을 상급 범위로 분류하는데, 칼슘이 8.0 이상으로 과다하면 오히려 알칼리성 토양의 문제를 일으킨다.

토양 산도에 따른 식재수종

pH	0	1	2	3	4	5	6	7	8	9	10	11	12	13
토양등급				불량	하	중	상	중	하	불량				
적지적수					이끼	소나무	느티나무	이팝나무						
						대왕참나무	서양측백	화살나무						
						자작나무	청단풍	사철나무						
						철쭉	잔디	회양목						
						버섯								
생활주변의 산도	황산 0.3	염산 1.0	식초 2.5	석고 목초액	막걸리 부엽토	산성비 5.6	일반 흙 수돗물	혈액 펄라이트	바닷물 8.0	죽염 9.0	염화칼슘 10.3	암모니아수 11.0	석회 시멘트	양잿물 14.0

알칼리성 토양의 문제점

1. 토양 속 질소는 산도 7.5 이상이면 식물에 이용되지 못하고 암모니아 가스로 변해 대기 중으로 날아간다.
2. 철, 붕소, 아연, 망간, 구리가 불용성이 되어 식물이 이용하지 못하고 결핍현상이 나타난다.
3. 지렁이와 뿌리혹 박테리아, 토양 내 균사 등 토양 미생물이 사멸한다.
4. 뿌리의 삼투압 현상이 제 기능을 하지 못하며, 뿌리조직이 손상된다.

토양개량 및 대응방법

산성토: 소석회 투입 , 대규모 관수, 피해목 치료, 수종 갱신

알칼리토: 황, 석고, 목초액, 유기물 퇴비 등 토양 개량제 투입, 식재 전 대규모 관수, 피해목 치료, 수종 갱신

식물의 필수 영양소 - 역할과 결핍 증상

식물의 잎들은 양분이 부족할 때 양분을 다투지 않고, 먼저 태어난 성숙 잎들이 어린잎으로 양분을 보내주는 형제애를 보인다. 그래서 체내 이동이 쉬운 질소, 인산, 칼륨, 마그네슘 등은 어린잎으로 보내주고 성숙 잎들이 병을 앓는다. 그러나 체내 이동이 안 되는 붕소, 칼슘, 철, 황 등은 나눠줄 방법이 없어 연약한 어린잎부터 피해를 보게 된다. 어린잎이라고 해서 받기만 하는 건 아니다. 솔잎의 경우 어린잎은 1~2년생 잎으로부터 탄수화물을 공급받지만, 어린잎이 다 자란 8월 즈음에는 오래된 잎으로 탄수화물을 보내주는 보은행사가 시작된다. 모성애가 강한 소나무는 솔방울이 열리면 모든 에너지를 열매에 집중시키는데, 씨앗을 채취해서 번

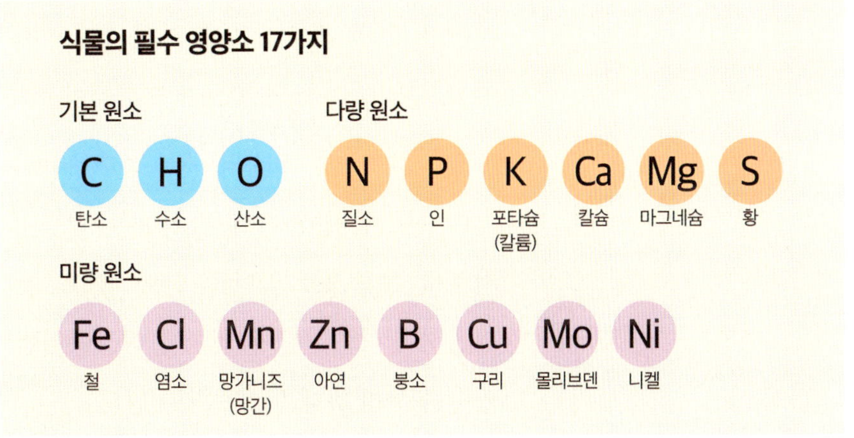

탄소와 산소는 공기에서, 수소는 물에서 공급받으며, 그 밖의 원소는 토양으로부터 공급받는다.

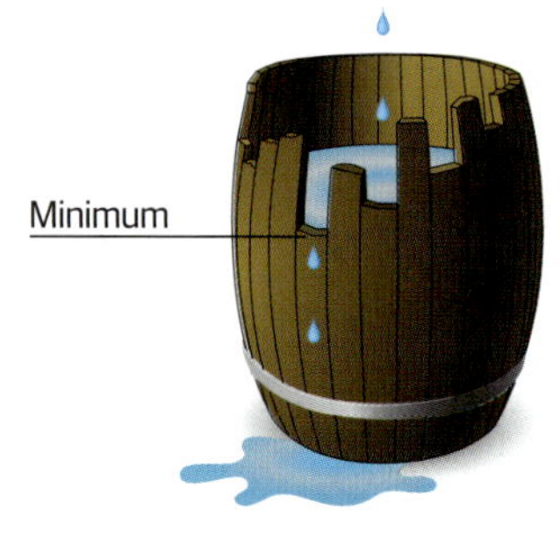

리비히의 최소량의 법칙을 설명하는 그림

식시킬 것이 아니라면 솔방울을 따 주는 게 나무의 수세를 지키는 아주 중요한 작업이 된다.

식물의 생육에 꼭 필요한 영양소는 모두 17가지. 이 중에 한 가지만 부족해도 〈리비히의 최소량의 법칙〉에 따라 결핍 증상이 나타난다. 이를 모두 외우려고 애쓸 필요는 없다. 정원 일은 '오픈 북' 시험 같은 것! 잘 보관해 두었다가 필요할 때 들춰 보면 된다. 스트레스 받지 말고 일하자.

다음에 열거한 각 영양소의 결핍 증상은 두 가지 이상의 원인이 복합적으로 나타날 수 있으며, 식물의 종류, 생육단계, 환경에 따라 증상이 조금씩 다르다.

기본 원소

탄소, 수소, 산소   지구의 대기권과 물에 무제한으로 있는 원소이므로 시비 대상에서 제외한다.

다량 영양소

질소(N)   식물이 가장 많이 필요로 하는 영양분이다. 질소 부족은 영양실조에 걸린 것처럼 잎, 줄기 등 모든 것이 작고 가냘퍼진다. 잎에 엽록체 형성이 안 되어 황색으로 변하다가 결국 백화되어 괴사한다. 질소가 부족해지면 성숙 잎들이 앞장서 어린잎으로 질소를 몰아주므로 피해는 성숙 잎에서 나타난다.

인/포스포러스(P)   신진대사를 주도하는 원소. 부족해지면 단백질 합성이 안 되어서 식물이 자라지 못한다. 꽃, 열매, 뿌리, 줄기 모든 부분에 타격이 있다. 결핍 증상은 성숙 잎에서 먼저 나타나는데, 잎이 짙은 녹색을 띠고, 일년생 식물은 줄기가 보라색이 된다.

칼륨/포타슘(K)   조직의 구성 성분은 아니지만 광합성과 호흡작용, 기공 개폐, 삼투압 향상 등에 관여한다. 칼륨이 부족하면 세포의 팽압이 떨어져 수분 부족으로 잎이 축 늘어지거나 말리며, 한발이나 염해 등에 대한 저항성이 약해진다. 줄기가 골다공증처럼 엉성해져서 쓰러지기 쉽다. 침엽수는 서리 피해가 자주 일어난다.

칼슘(Ca)   세포벽의 구성 성분이다. 초기 결핍 증상은 어린잎의 끝이 뒤

원소 기호 표기법이 칼륨(K)은 포타슘, 나트륨(Na)은 소듐, 인(P)은 포스포러스 등으로 새롭게 바뀌었습니다.
이 책은 국립국어원 표준어 규정에 따라 예전 명칭을 그대로 사용하고 독자들의 이해를 돕고자 새 명칭도 병기했습니다.

로 구부러지며 잎가가 말린다. 끝눈의 생장점이 붉게 변하며 죽는다. 뿌리의 발육도 불량하다.

마그네슘(Mg) 엽록소의 구성 성분이다. 광합성과 호흡을 활성화한다. 부족하면 노화된 잎부터 잎맥 사이에 황화현상이 나타난다. 이는 철 결핍과 같은 특징이지만, 철 결핍은 어린잎부터 나타난다.

황(S) 아미노산, 비타민 B의 구성 성분이다. 잎이 전체적으로 황록색으로 변한다. 질소 부족과 증상이 유사하나, 새로 나온 어린잎부터 먼저 나타난다는 점이 다르다. 침엽수는 잎 끝이 적황색으로 변한 뒤 괴사한다.

미량 영양소

붕소(B) 화분관의 생장에 관여한다. 어린잎의 생장점이 괴사하여 적색으로 변한다. 잎뿐만 아니라 꽃, 열매, 뿌리 등 온몸의 발달이 나빠진다.

철(Fe) 광합성과 호흡 담당 세포의 구성 성분이다. 철이 부족하면 반드시 어린잎이 노래진다. 어린잎은 잎맥 사이가 심하게 황색이 되지만, 굵은 잎맥은 녹색을 유지한다.

아연(Zn) 성장호르몬인 옥신의 생산에 관여한다. 결핍되면 잎 크기가 작아지고 잎 폭도 좁아진다. 마디 사이가 짧아져 다발을 이룬다.

구리(Cu) 엽록체와 산화효소의 구성 성분이다. 부족하면 어린 잎끝이 하얗게 변하다가 일찍 낙엽이 진다.

망간/망가니즈(Mn) 광합성할 때 물의 광분해에 없어서는 안 되는 존재이다. 철 결핍처럼 어린잎의 잎맥 사이가 황색으로 변한다. 심한 경우 괴저성 점무늬가 흩어져 나타난다.

몰리브덴/몰리브데넘(Mo) 질산 환원효소의 구성 성분이다. 잎이 컵 모양으로 돌돌 말린다. 성숙 잎에서 먼저 나타난다.

염소(Cl) 기공 개폐 조절 등 염소는 광합성 작용에 관여한다. 어린잎부터 잎이 시들다 황갈색으로 고사한다.

니켈(Ni) 요소의 분해효소. 부족하면 질소 대사 장애가 온다. 잎이 괴사하고 종자 발아율이 낮아진다.

영양결핍의 증상과 원인 이해하기

정원에서 영양결핍으로 가장 자주 목격되는 수목의 첫 번째 피해증상은 잎의 황화현상이다. 잎은 나무의 조직 중에서 환경변화에 가장 예민한 반응을 보이는 곳인데, 황변의 요인에는 여러 가지가 있어 정리할 필요가 있다.

- 잎이 전체적으로 황변하면 질소, 인산, 칼륨, 황 부족 중 하나이다.
- 잎의 가장자리만 노래지면 마그네슘 부족.
- 잎맥은 녹색이나 잎맥 사이만 노래지면 철, 칼륨, 망간 부족 중 하나.
- 성숙 잎이 노래지면 질소, 인, 칼륨, 마그네슘 결핍 중 하나.
- 어린잎이 노래지면 철, 황, 칼슘, 붕소 결핍 중 하나.
- 그 밖에 수분부족, 독극물, 이상고온, 무기염류 과다로 잎의 황화현상이 나타난다.

영양결핍의 두 번째 특징인 잎의 왜성화는 질소나 인산이 부족할 때 나타나고, 세 번째 특징인 잎 조직의 괴사는 황, 구리, 니켈이 결핍되었을 때의 증상이다. 네 번째 특징은 영양분이 모자라서가 아니라 넘쳐나도 토양 산도가 일으키는 '흡수 방해공작' 때문에 영양결핍을 겪게 된다.

- 철 결핍은 알칼리 토양에서만 나타난다. 철 결핍은 알칼리 토양을 약산성 토양으로 만드는 '산도 교정'이 먼저이다. 산림에서는 철 결핍 말고는 다른 결핍 현상이 거의 일어나지 않는다. 철의 또 다른 결핍 원인은 토양이 중금속에 오염되었을 때 나타난다.
- 모든 원소가 토양이 산성화될수록 토양 내 불용성으로 남아 결핍 현상이 나타난다.
- 붕소는 산성과 알칼리성 모두에서 결핍을 보인다.
- 다량 원소인 '인'도 pH 5.0 이하의 산성토나 pH 7.0 이상의 알칼리 토양에서는 불용성이 되어 식물이 이용할 수 없다. 이용되지 못한 인은 유실되지 않고 토양에 축적되는 특징을 갖는다.
- 인이 많아져서 일으키는 영양결핍이 따로 있다. 인은 질소, 철, 아연, 마그네슘, 구리의 흡수를 방해해서 종합적인 영양결핍과 노화를 촉진한다. 인은 가축분을 퇴비로 할 때 토양에 과잉 축적된다.

- 칼륨은 인과 달리 토양에 함량도 많고 쉽게 이용된다. 모래 토양을 제외하고는 칼륨 시비에 관련된 문제점은 없다. 칼륨비료는 나뭇재에 많이 들어 있어 쉽게 해결할 수 있다.

- 칼슘은 산성 토양에서만 부족한 원소. 중성 이상의 토양에서는 넘쳐나는 영양소다.

- 마그네슘 역시 산성 토양에서 결핍 현상이 나타난다.

- 망간은 알칼리성 토양에서 산화되어 이용률이 많이 감소한다.

- 아연은 낙엽 등에서 분해되어 표층에는 많고 심층에는 적다. 사질토양이나 알칼리 토양에서 잘 발생하나 우리나라에선 크게 문제가 되지 않는다.

- 구리, 몰리브덴, 니켈도 수목에서 피해가 관찰되지 않으므로 염려하지 않아도 된다.

- 황과 규소는 대기와 토양으로부터 충분히 공급받아 결핍되는 경우가 드물다.

- 염소는 비가 내릴 때 대기 중에서 소량이 공급되므로 천연상태에서는 결핍 현상이 없다. 그러나 소금, 제설제의 구성 요소이기 때문에 수목에 뿌려질 때는 강알칼리의 피해를 본다.

- 나트륨(소듐)은 많은 나무 중에서 필수 영양소로 간주하지 않으며, 자연환경에서 충분한 양이 공급된다.

- 양분 부족의 원인은 정작 양분이 없어서가 아니라, 토양의 산성화나 알칼리화, 염류 집적일 경우가 많다. 위에 적은 열두 가지 영양결핍 증세는 토양을 pH 6.0~7.0 사이의 중성으로 만들면 저절로 해결된다.

- 미량 원소는 워낙 미량을 요구하는 것이므로 엽면시비로 시비하는 것이 가장 효율이 높다. 붕소는 엽면시비보다 여름~가을에 토양관주가 효과적이다.

수목의 무기 영양상태를 진단하는 방법으로는 ❶ 결핍 증상에 대한 육안 관찰 ❷ 시비 실험 ❸ 토양분석 ❹ 잎 분석, 네 가지가 있는데 이 중에서 잎 분석이 가장 정확하다. 나무는 가을에 접어들면 잎에 들어 있던 질소, 인산, 칼륨과 같은 영양소들을 낙엽이 지기 전에 회수하여 수피에 저

표 2-3 ● 토양의 pH가 식물의 양분 흡수에 미치는 영향

	낮은 pH(5.0 이하)	높은 pH(7.5 이상)
흡수가 증가하는 과잉 원소	알루미늄, 철, 망간, 아연, 구리, 납	칼슘, 마그네슘, 몰리브덴
흡수가 억제되는 결핍 원소	인, 붕소, 마그네슘, 칼슘, 몰리브덴	철, 망간, 아연, 구리, 붕소

장하므로 잎에는 영양소 구성이 크게 바뀌게 된다. 따라서 잎 분석은 양분이 잎에 가장 풍부한 7월 말부터 8월 초 사이에 실시하도록 한다.

위의 글에서 자연상태에서 나무의 결핍 증상이 관찰되지 않는다는 〈황, 규소, 나트륨, 염소, 아연, 구리, 몰리브덴, 니켈〉 등의 8개 영양소를 빼고, 토양산도가 중성으로 돌아오면 활성화되는 〈인, 칼슘, 마그네슘, 붕소, 철, 망간, 알루미늄〉 등의 7개 원소를 빼면, 관리해야 할 영양소는 질소와 칼륨 뿐이다.

그마저 칼륨은 모래토양이 아니라면 토양에 많고, 나뭇재를 뿌리면 쉽게 해결되니 걱정이 없다. 이제 큰 흐름을 잡은 것이다.

화학비료와 유기질 비료는 식물에 영양분을 공급하는 방식과 토양에 미치는 영향에서 여러 중요한 차이점이 있다(표 2-4). 이상적인 접근법은 두 가지 비료의 장점을 결합하는 통합적 영양 관리방식이다. 유기질 비료로 토양 건강과 구조를 개선하면서, 필요할 때 화학비료로 특정 영양소를 보충하는 방법을 많은 농업 전문가들이 권장하고 있다.

표 2-4 ● 화학비료와 유기질 비료의 차이점

항목	화학 비료	유기질 비료
영양소 공급 방식	• 수용성 형태로 즉시 식물이 이용 가능 • 영양소 함량이 정확히 표시되어 정밀한 시비 가능 • 영양 공급 효과가 빠르게 나타남	• 미생물에 의한 분해 과정을 거쳐 서서히 영양분 방출 • 영양소 함량이 다양하고 정확한 함량 예측이 어려움 • 효과가 천천히 나타나지만, 지속 기간이 김
토양에 미치는 영향	• 토양 구조 개선에 직접적 기여가 적음 • 장기적 사용 시 토양 미생물 다양성 감소 • 과다 사용 시 토양 산성화 촉진	• 유기물 공급으로 토양 구조 개선 • 토양 미생물 활동 촉진 및 다양성 증가 • 토양의 수분 보유력과 완충능력 향상
환경적 영향	• 제조 과정에서 많은 에너지 소비 • 유출 시 수질오염 위험이 상대적으로 높음 • 분해되지 않은 성분이 환경에 잔류 가능성	• 종종 폐기물 재활용(퇴비화)으로 생산되어 환경친화적 • 천천히 방출되어 유출 위험이 상대적으로 낮음 • 토양 탄소 격리에 기여하여 기후변화 대응에 도움
실용적 차이점	• 보관과 취급이 용이 • 비용이 일반적으로 저렴 • 특정 영양소 결핍 문제에 빠르게 대응 가능	• 부피가 크고 취급이 다소 불편할 수 있음 • 단위 영양소당 비용이 상대적으로 높음 • 다양한 미량 영양소와 유익한 물질 함유

- 모든 원소가 토양이 산성화될수록 토양 내 불용성으로 남아 결핍 현상이 나타난다.
- 미량원소는 워낙 미량을 요구하는 것이므로 엽면시비로 시비하는 것이 가장 효율이 높다.
- 수목의 무기 영양상태를 진단하는 방법 4가지 중에 잎 분석이 가장 정확하다.
- 유기물 퇴비를 시비하면, 미량원소 부족에 대한 스트레스에서 벗어날 수 있다.

전통 농업에서의 시비 시기

밑거름 基肥

밑거름이란 나무를 심기 전 또는 생육 개시 전에 주는 거름을 말한다. 밑거름으로는 오랜 생육기간에 걸쳐 비효肥效를 나타내는 퇴비, 계분, 녹비, 깻묵 등 지효성 비료를 사용한다. 밑거름을 주는 시기는 낙엽이 지고 땅이 얼기 전인 11월 초나 언 땅이 풀리고 새순이 나오기 전인 3월 초에 시비하면 연중 1회로 충분하다. 또한 퇴비의 어두운 색은 지표면 온도를 높여 주어, 월동하는 나무의 뿌리 발육에 도움을 주는 이중의 효과가 있다.

수종별로는 소나무처럼 고정생장을 하는 나무들은 4~6월 사이에만 새 가지가 생장하므로 11월에 주는 밑거름 한 번으로 족하고, 주목처럼 자유생장을 하는 나무는 가을에 다시 한번 자라므로 안전하게 2월에 시비를 한 후 8월에 2차 시비를 하는 게 좋다.

덧거름 追肥

밑거름만으로는 양분 공급이 부족할 때, 생육기 중반에 사용하는 비료다. 웃거름 또는 추비追肥라고도 한다. 덧거름은 질소비료 위주로 사용하며, 화학비료인 만큼 한 번에 주기보다 조금씩 두세 번에 나누어 줄 것을 장려한다.

덧거름을 주는 시기는 나무의 최대 성장기인 5~6월. 화려한 꽃을 피우는 벚나무는 꽃이 지고 나면 탈진한 상태이니 곧바로 덧거름을 주어 수세를 회복시킨다. 철쭉 같은 화목류는 꽃이 지고 나서 전정을 한 뒤인 6월경 실시하고, 매실나무는 매실 열매를 수확한 후에 준다. 특히 여름철에 비가 많이 오면 질소비료가 유실되므로 늦여름에 2차 시비하면 도움이 된다. 어느 경우든 비료 과용은 피해야 하며, 어린 나무는 1년에 한 번, 생육이 양호한 큰 나무는 3~5년에 한 번씩 주도록 한다.

가을비료秋肥

일반적인 정원관리는 밑거름과 덧거름만으로 충분하지만, 쇠약한 나무들에게는 가을에 주는 '추비'를 권한다. 나무들이 말을 못해서 그렇지, 겨울은 나무들에게 공포의 계절이다. '올겨울은 어떻게 살아남는가?' 하는 월동 걱정은 연탄 걱정을 하던 우리네 어머니들 못지않다. 실제로 나무가 죽는 계절은 여름보다 겨울이 많다. 주로 영양 비축이 모자란 나무들이 체내에 부동액을 충분히 만들어 내지 못해 빚는 참사이다. 곰이 겨울잠을 자기 전에 지방 축적을 해야 하듯이, 한겨울 동사를 막아 주는 나무의 지방 축적을 추비가 하게 된다.

나무는 8월까지의 광합성은 자신의 성장을 위해 쓰고, 9~10월의 광합성은 뿌리나 줄기에 비축하였다가 이듬해 신초의 생장을 위해 쓴다. 말복이 지나고 더위가 그친다는 처서(8월 23일)가 지나면 잎은 겨울 준비로 시들기 시작한다. 이때가 추비를 주는 적기로 요소비료를 물에 타서 0.5% 액비로 1주일 간격으로 2회 주면 광합성량이 늘어나 동해에도 잘 견디고 이듬해 봄, 회춘에 좋다. 그러나 시기를 놓쳐 10월에 주게 되면 뒤늦게 자란 새 가지들이 동해를 입으니, 주의가 필요하다.

엽면시비

작물은 뿌리뿐만 아니라 잎을 통해서도 양분을 흡수할 수 있다. 필요할 경우 4종 복합비료를 용액 상태로 잎에 살포하는데, 이러한 엽면시비는 흙에 준 시비보다 효과가 2~3배 빠르다. 마그네슘의 경우 3년 걸릴 게 그해에 해결된다. 뿌리를 절단하고 심은 이식목의 상태가 급속히 나빠졌거나, 확실하고 빠른 영양 회복이 필요한 때, 또는 토양시비가 곤란할 때 응급조치로 이용된다.

태풍으로 잎이 상처투성이가 되었을 때나, 9월에 요소비료를 엽면시비하면, 시들던 잎에 엽록소가 늘어나 광합성량이 증가하고 이듬해 생력이 좋아진다. 가을에는 서둘러 뿌릴수록 효과가 좋다. 엽면시비가 토양시비보다 좋은 점은 효과도 빠르지만 토양의 산성화를 줄여 준다는 데 있다. 내가 나무병원으로부터 받았던 엽면시비 처방을 공유하면 다음과 같다.

처방 1 물 200리터+요소 500 g(0.25%)+4종 복비 1 kg+전착제 100 cc 혼합 10~15일 간격, 3~5회.

처방 2 물 200리터+요소 1 kg(0.5%)+Fe, Mg+전착제 100 cc 혼합 7일 간격, 4회.

※ 나무병원의 처방은 병든 나무의 치료를 목적으로 하므로, 일반적인 정원에서는 시비 횟수를 줄일 필요가 있다.

엽면시비는 맑고 더운 날은 피하고, 이른 아침 또는 구름 낀 날 뿌린다. 이는 잎에서의 흡수가 오후보다 오전이 더 왕성하기 때문으로 아침 이슬이 마르는 시간이 효과가 크다. 침엽수는 엽면시비 적기가 6월 중순이다. 요소비료만 줄 때는 0.5% 액으로 하는데, 함량이 46%이므로 두 배를 넣어야 한다. 즉, 물 10리터일 때의 0.5%는 50 g이지만, 제품이 46%로

심식으로 죽어가던 장송을 회생시키기 위해 흐린 날을 골라, 크레인을 동원해서 엽면시비를 하고 있다.

생산되므로 정확히 계산하면 108 g을 넣어야 0.5% 용액이 된다. 무엇을 시비하든 간에 식물에 줄 때는 1%를 넘지 않도록 해야 한다.

30℃ 이상의 고온에선 칼슘이 결핍되므로 여름엔 칼슘 엽면시비가 필요하고, 사질토양에선 장마철에 질소비료의 유실이 크므로 장마철 직후에 엽면시비를 하면 좋다. 질소는 요소로 주는 것이 가장 안전하며 희석비율은 0.5~1.0%로 한다.

알칼리성 토양에서는 결핍증상을 보이는 철 성분을 엽면시비로 보충하면 좋다. 물 1,000리터에 수용성 철인 '킬레이트 철'을 1리터 희석해서 사용한다(0.1% 액). 시비 전에 시비시험을 거치는 것이 좋다. 염화철 0.1% 용액을 만들어 결핍증상을 보이는 잎을 대상으로 뿌려놓고 결과를 지켜본다. 목초액으로 엽면시비할 때는 500배를 희석하고, 토양관주를 할 때는 400배를 희석한다.

영양소는 수목뿐만 아니라 수액을 먹고 사는 병해충의 생장도 촉진하므로 특정한 병해충이 만연할 때에는 시비를 삼가야 한다. 또한 수목 내에 남아 있는 제초제의 잔류독성으로 인해 피해가 발생하고 있는 경우에도 시비를 자제한다.

화학비료는 비만 촉진제, 건강식품이 아니다

식물은 생장에 필요한 영양소 중 탄소와 수소, 산소는 공기와 물로부터 무제한으로 공급받을 수 있고, 질소(N)는 토양에 공급되는 유기물을 통해, 나머지 영양소들은 토양 광물로부터 각각 확보한다. 일반적으로 토양에 존재하는 광물성 영양소는, 토양의 극단적인 pH로 인한 불용성 문제를 제외하면 수목이 자라는 데 크게 문제가 되진 않는다. 다시 말하면 결핍으로 인해 문제가 되는 영양소는 자연 상태에서 유기물에 의해 공급되는 질소다. 그래서 시중에 판매되고 있는 비료도 대부분 질소를 보충하는 데 초점을 두고 있으며, 완전비료라고 부르는 복합비료에도 질소가 인산이나 칼륨보다 많이 함유되어 있다. 일반적으로 토양이나 잎의 분석 없이도 큰 문제 없이 사용할 수 있는 비료는 N:P:K 비율이 3:1:1이나 3:1:2인 범용적인 비료가 좋다.

肥 질소비료를 많이 주면 식물이 급속히 자라 수피가 얇아지면서 피 냄새를 맡은 병해충이 몰려든다. 비료의 '비' 자는 살찔 비肥 자다. 즉 비료란 원래 먹기 위해 재배하는 곡식이나 채소를 살찌우기 위해 개발된 비만 촉진제이지, 건강식품이 아니다. 사람들에게 상추의 건강은 관심사가 아니다. 오히려 잎이 연약할수록 더 좋아한다. 상추는 먹히면 그것으로 끝이 나지만, 나무는 먹으려고 키우는 작물이 아니다.

화학비료는 시비 일주일 만에 부피생장을 시작하고, 화학비료가 식물체에 흡수되면 웃자라면서 성인병에 걸린다. 오랜 세월 같이 살며 지켜보아야 하는 정원의 나무는 작게 키워야 한다.

속효성인 화학비료의 효과는 비료를 처음 줄 때는 수량이 많이 나오지만, 횟수가 늘어날수록 증가 속도가 점점 줄어들다가 더 나아가 필요 이상 주면 오히려 수량이 떨어지는 염류 장애를 겪게 된다. 또한 토양 용액의 삼투압을 높임으로써 뿌리 수분을 빼앗아 발생하는 뿌리 화상火傷을 입힐 수 있으므로, 질소가 천천히 방출되는 완효성 비료를 사용하는 것이 안전하다. 화학비료를 자주 사용하면 흙이 산성화되고 토양의 입단화가 깨지는 단점이 있다.

토양산도에 따라 시비 효과는 2배 이상 차이 난다

토양의 비료 흡수율은 토양 미생물에 의해 좌우되는데, 토양산도가 pH 7.0인 중성일 때 100%, pH 5.0인 산성일 때는 43%밖에 흡수되지 않는 걸로 나타나, 시비 전에 토양산도를 개선하는 것이 필요하다. 시비량은 토양, 비료, 수목의 종류에 따라 다음의 식에 의하여 산출하되, 현장의 토양 조건을 분석하여 토양 중에 포함된 유기질량과 비료의 유기질량을 비교하여 결정한다. 제올라이트나 버미큘라이트는 양이온 치환 용량이 흙보다 약 10배 이상 높아 비료의 손실을 막는 토양개량제로 첨가하면 좋다.

$$시비량 = \frac{필요\ 성분량\ -\ 천연양분\ 공급량}{흡수율}$$

토양조사가 이루어지지 않았을 때는 식재 후 유기질 비료를 1~2 kg/m^2 시비하며, 유기질 비료 이외에 복합비료로 질소, 인산, 칼륨을 각각 6 g/m^{2}씩 추가하는 것을 표준으로 한다. 유기질 비료를 3 kg/m^2 정도 시비하면 화학비료는 시비할 필요가 없다. 나무를 심을 때는 되메우기할 흙에 완숙 퇴비를 무게로 5%, 부피로 10%가 되도록 배합한다.

비료 적용 구역

시비는 비료를 흡수하는 세근細根이 모여 있는 구역에 실시해야 효과를 극대화할 수 있다. 정상적으로 자란 나무라면 낙수선落水線, drip line을 따라 빙 둘러 주는 게 좋다. 낙수선에는 우산 끝에서 떨어지는 빗물처럼 나무에서 빗물이 집중적으로 떨어지는 곳이라 뿌리가 모이게 된다. 그렇지만 단근을 하고 심은 4배분 나무들의 뿌리가 낙수선까지 자라려면 적어도 5년 이상은 지나야 하므로 이 기준은 무의미하고, 뿌리분 크기를 감안해서 주어야 한다. 조경 인부들이 가장 많이 하는 실수가 비료를 한 삽씩 퍼줄 때 나무둥치를 목표로 던져주는 것인데, 나무 밑동은 줄기의 연장이라 먹을 수 있는 잔뿌리가 없어 그림의 떡이 된다. 시비 방법은 뿌리분 둘레를 20 cm 이상 파고 흙 속에 퇴비를 섞어 주거나, 천공기auger를 이용해 분 주위에 묻어 준다. 만약에 식재 여건이 고랑을 팔 수 없는 상황이라면 흙 위에 뿌린 뒤 갈퀴로 가볍게 긁어 주고 바로 물 주기를 한다. 다음 날 가볍게 2차 관수를 하면, 비료가 땅속으로 깊게 스며들어서 비료의 높은 농도를 분산시키고 질소 증발이 감소된다.

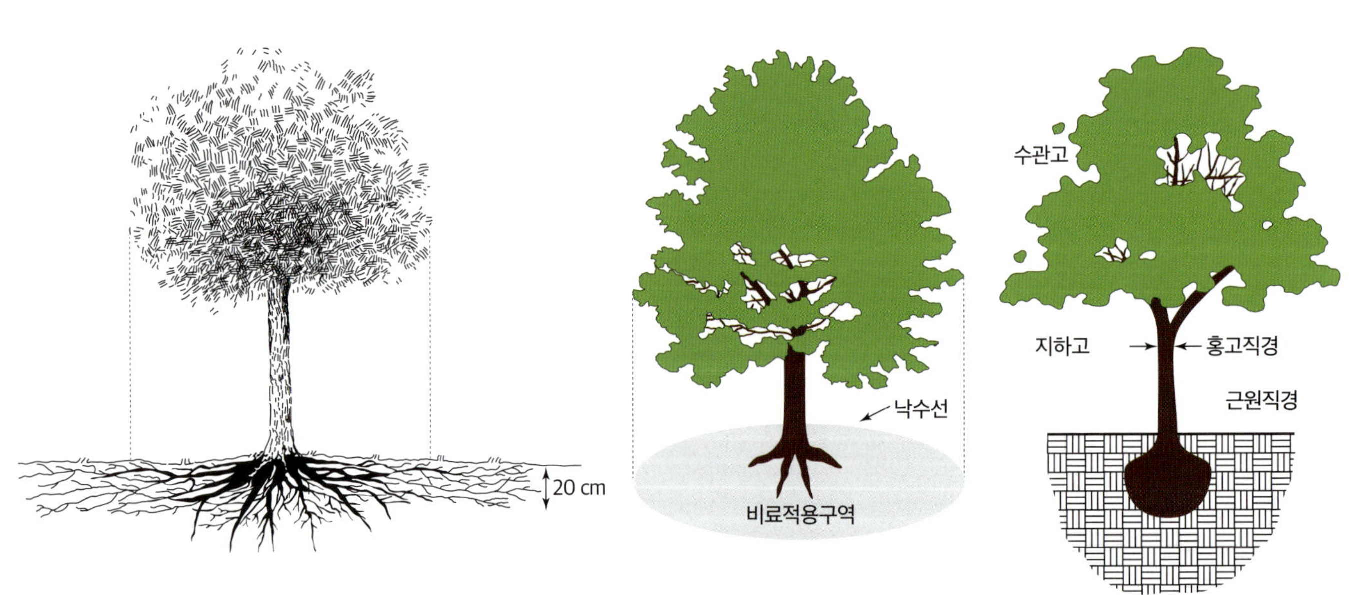

자연 상태의 나무는 낙수선 바깥으로 시비를 하지만, 단근을 한 이식목은 근분 외곽선을 중심으로 시비한다.

가로수처럼 비좁은 식수대에 비료를 줄 때는 천공기로 땅에 구멍을 뚫은 뒤, 막대형 고형비료를 삽입한다. (출처: 푸름 바이오)

조경용 고형비료를 밀식된 화단에 주는 것은 위험하다. 농도가 짙은 고형비료가 뿌리에 닿으면 잎이 노랗게 타는 비해肥害가 나타난다.

정원은 밭처럼 흙을 경운하며 시비할 수 없다. 쇠약한 수목을 대상으로 유기질 비료를 제곱미터당 3 kg을 시비하고, 1년에 한 번 요소비료 0.5~1% 액을 엽면시비하는 것이면 충분하다. 시비 시기는 영양분이 뿌리에 저장되어 이듬해 햇가지 생장에 사용될 수 있는 초가을이 적기가 된다.

유기물 퇴비는 토양을 떼알구조로 만든다

퇴비는 영양 공급의 효과도 있지만, 토양의 물리성 개선이 더 중요한 기능이다. 퇴비를 주면 답압에 대한 토양의 완충효과가 늘어나 공극이 많아지고, 보수력은 일반 흙보다 6배나 높아진다. 그밖에도 퇴비는 토양의 떼알구조(입단화)를 촉진해 통기성과 보비성, 보온성을 개선해 준다. 유기물 퇴비는 탄소 중립성이기 때문에 피트모스나 이탄보다 토양에 더 안정적이다. 그러나 습하고 점토 성분이 많은 토양에서는 오히려 흙을 더 습하게 만들므로 개선 효과가 없다. 과습한 토양만 아니라면 토양에 퇴비를 사용하는 것이 좋다.

조경학회의 토양평가 항목을 보면 유기물 함량에 따라 토양을 하급, 중급, 상급으로 나눈다. 옥상정원이나 지하주차장 같은 인공지반 위에 조성되는 식재기반에는 중급 이상의 토양평가등급을 적용한다. 중급의 기준은 유기물 함량 1~3%인데, 이를 잔디밭 토양에 적용할 경우, 1 m² 넓이의 표토 20 cm 내에 필요한 유기물은 2~6 kg이 된다. 흙 박사로 유명한 이완주 박사에 따르면, 마른 상태의 흙 무게에 유기물이 20% 이상 들어 있을 때 유기물 토양이라고 하니, 3%는 사실 유기물도 아니다. 우리나라 밭 흙의 유기물 함량이 2.4%인데 비해 일본은 7.1%로 상당히 높다. 이완주 박사는 유기물은 많으면 많을수록 흙과 작물에 좋다고 말한다.

(출처: 흙을 알아야 농사가 산다. P262)

퇴비보다 좋은 지렁이 분변토

지렁이는 하루에 제 몸무게의 최고 30배까지 유기물을 먹는다. 신기하게도 지렁이 장을 통과한 분변토는 무얼 먹었든지 간에 중성인 pH 7.0을 유지한다. 지렁이 분변토는 양분도 많거니와 잘 분해되어 곧바로 작물이 이용할 수 있고, 최고 품질의 떼알조직이다. 지렁이가 있으면 지력(양분 흡수 능력)이 4배가량 향상된다. 지렁이는 지표 15~35 cm 사이에서 살고, 지렁이 굴은 똥으로 벽을 도배해서 탄광 갱도보다 안정되어 있다. 유기물만 충분하면 지렁이 한 마리가 일년에 최고 1,500마리까지 늘어나 흙을 살찌운다.

퇴비를 화단에 뿌린 뒤에는 흙과 섞어 주어야 손실을 줄인다. 흙 알갱이와 접촉하지 못한 퇴비는 양분이 분해되어 공기 중으로 날아가고 부스러기만 남는다. 밭처럼 흙을 갈아엎자는 것이 아니다. 빗자루로 쓸어만 주어도 효과가 있고, 표면을 쟁기로 5 cm 정도만 긁어 주면 더욱 좋다. 식재 전에 뿌린 퇴비는 관목을 심으면서 자연스럽게 토양과 배합되지만, 오른쪽 사진처럼 풀밭에 뿌리고 방치한 퇴비는 시비 효과가 절반으로 줄어든다. 돈 까먹고 헛일하고, 모르면 손발만 고생한다.

올바른 비료 사용 TIP

- 미숙퇴비는 냄새도 심하지만, 발효를 위해 토양질소를 빼앗아 나무에 질소 부족 현상을 일으킨다. 나무뿌리는 질소와의 전쟁에서 토양미생물을 이길 수 없다.
- 가격이 터무니없이 싼 것은 주의한다. 특히 동물의 내장을 썩힌 퇴비는 토양선충과 혐기성 세균의 온상이므로 사용하지 않는다. 우연히 지방의 국가기관을 방문했다가 '돼지부속 20%'라고 표기된 퇴비가 뿌려진 현장을 보았는데, 반경 수백 미터에 악취가 진동했다.
- 수분이 알맞은 것을 고른다. 퇴비를 강하게 쥐어도 물기를 거의 느낄 수 없는 상태로 수분 45% 정도가 알맞다. 수분이 많으면 사용하기도 불편할 뿐 아니라, 물을 비싼 값에 사서 퇴비로 쓰는 격이 된다.
- 장마 직전에는 비료가 유실되어 지하수를 오염시키므로 주지 않는다.
- 유기물은 나무가 필요로 하는 시점보다 최소한 한 달은 앞서서 준다. 흙에서 분해되는 시간이 필요하기 때문이다.
- 가을에 화단에 유기물 퇴비를 줄 경우, 반드시 흙과 섞이도록 가볍게 긁어 주어야 한다. 유기물이 땅 위에 노출된 채 겨울을 나면, 공기 중에서 산화되어 껍데기만 남는다. 비료는 흙 알갱이와 결합하여야만 부식이 되어 천천히 오랫동안 양분을 제공한다.
- 비료는 항상 부족한 듯이 줘야 한다. 영양분이 조금 부족한 화단에서

꽃은 더 화려하게 피어난다.

- 철쭉, 회양목, 쥐똥나무처럼 봄에 강전정을 하게 되는 나무는 가을에 퇴비를 충분히 준다.
- 질소는 물에 씻겨나가 해마다 보충해야 하지만, 한꺼번에 주지 말고 두세 번에 나누어 준다.
- 유박비료는 거의 수입품. 농약에 오염되어 있고, 외래 병해충 유입 가능성이 높다. 유박비료는 비료 성분은 높아 속효성 효과를 보지만, 발효과정이 없어 유익한 미생물이 없다. 또한 수분이 퇴비에 비해 적고

표 2-5 ● 주요 유기물에 대한 탄소와 질소의 비율

재료 구분	재료명	탄소 함량(%)	질소 함량(%)	탄질비(C/N 비)	비고
섬유질 (탄소원)	참나무 톱밥	45~55	0.05~0.2	200~500:1 (또는 그 이상)	매우 높은 탄질비로 분해 속도 매우 느림. 질소 보충 반드시 필요
	볏짚	40~52	0.5~0.7	60~80	퇴비의 부자재로 좋지만 건조한 탄소원으로, 미생물 활성을 위해 질소원 결합 권장
	왕겨	40~50	0.3~0.5	70~100	퇴비의 통기성 및 수분 조절에 유리. 규산 함량 높음. 바이오차 활용시 질소 억제 영향
	잔디 깎은 풀	30~45	1.5~4.0	10~20	질소 풍부한 녹색 재료. 퇴비화에 적합
가축 분뇨 (질소원)	우분(소똥)	15~30	1.0~2.0	15~25	탄질비 적정 수준. 퇴비 주재료로 적합
	돈분(돼지똥)	30~40	1.5~3.0	10~20	질소 및 수분 풍부. 단독 사용 시 냄새 및 암모니아 발생 우려
	계분(닭똥)	30~40	3.0~5.0	5~10	질소 함량이 가장 높음. 탄소 보충(톱밥, 왕겨) 없이 사용하면 암모니아 악취 발생
농산부산물 (질소원)	깻묵	40~50	4.0~6.0	8~15	탄질비 매우 낮음. 단백질 및 질소 함량이 높아 퇴비의 영양 첨가제(질소원)로 사용.
퇴비	완숙 퇴비	30~60	퇴비 종류 마다 다름	20~30	이상적인 범위. 작물에 바로 사용할 수 있는 상태

※ 퇴비의 배합 설계는 탄소원이 많은 재료와 질소원이 많은 재료를 섞어서 탄질비 20~30:1의 균형을 맞추는 작업이다.
　유기물의 생육환경이나 수분 함량에 따라 탄질비의 기복이 심하므로 대략적인 개념만 이해하도록 한다.

표 2-6 ● 축산퇴비의 톤당 비료 성분

퇴비 종류	N질소(%)	P인산(%)	K칼륨(%)
계분	18	32	16
돈분	14	20	11
우분	7	7	7

※ 소화기관이 짧은 새똥이 가장 영양분이 많고, 잡식성인 돼지가 그 다음, 풀만 먹으며 되새김질까지 한 소똥의 영양분이 가장 적다.

유기물이 없어 땅심에는 도움이 되지 않는다. (출처: 서울대 조경수관리자 교육)

- 석회비료와 질소비료를 동시에 주면 화학반응이 일어나 질소가 암모니아 가스로 즉각 날아간다. 따라서 반드시 질소 시비 2주 전에 먼저 석회비료를 주도록 한다. 석회는 대표적인 알칼리성 비료이므로 축분, 인산, 황산암모늄과 직접 접촉하면 비료효과가 떨어지니 이것 역시 2주 전에 석회 시비가 되어야 한다. 석회가 뭉쳐 있으면 돌덩이처럼 굳어진다.
- 알칼리성 비료와 산성비료를 함께 시비하지 않는다. 유안비료, 인산비료, 칼륨비료, 황, 과린산석회는 산성비료이고, 석회나 용성인비는 알칼리성 비료, 질소는 중성비료이다.
- 칼슘이나 마그네슘이 많이 함유된 물은 침전을 일으킬 수 있으며 여과기를 막는다.
- 식물은 소금물에 말라 죽는다. 가축의 똥은 염전으로 가는 지름길이다.
- 퇴비를 고를 때는 탄질비(탄소 대 질소의 비율)가 20:1이면 가장 좋고, 40:1까지는 무난하다. 마르고 단단한 목재일수록 탄질비가 높고 잔디 같은 생풀은 탄질비가 낮다. 높고 낮은 두 가지 이상의 재료를 섞어서 탄질비를 20:1에서 25:1로 만드는 것이 퇴비를 만드는 핵심 기술이다.

조경 부산물로 만드는 바이오차, 기후 위기 막는다

바이오차는 식물체의 유기물인 바이오매스biomass와 숯이라는 차콜charcoal의 합성어로 우리의 전통 숯과 비슷하게 생겼다. 전통 숯은 1,200℃의 불가마에서 통나무를 활활 태워 만들지만, 바이오차는 식물체의 줄기, 가지, 잎을 가리지 않고 모든 부분을 재료로 600℃의 중저온에서 무산소 기법으로 달구어서 숯을 만든다. 그래서 유기물과 숯의 성질을 반반씩 가졌다. (바이오차나 바이오숯은 같은 말이다.)

바이오차의 가장 큰 장점은 대기 중의 이산화탄소를 줄여 주어 온난화를 막는 데 기여하는 것이다. 식물은 살아 있을 때 이산화탄소로 광합성을 하면서 몸 안에 탄소를 많게는 20톤까지 축적하지만, 식물이 죽으

바이오차가 진짜로 돈이 된다고 홍보하고 있는 핀란드 CarboFex사의 홈페이지 화면

바이오차는 원시시대부터 쇠솥에 식물 부스러기들을 넣고 외부에서 열을 가해 만들어 왔다.

트럭에 싣고 다니며 즉석에서 바이오차를 만드는 뉴질랜드 CharBro사 제품. 바이오차 산업은 유럽이 앞서가고 있다.

면 분해되는 과정에서 탄소가 다시 대기로 돌아가 결국 이산화탄소 감축에 아무 도움이 되지 못한다. 그런데 죽은 식물체를 바이오숯으로 만들면 탄소가 수백 년간 숯 형태로 고정되어 대기 중 이산화탄소의 증가를 막을 수 있다. 시중에 300~400℃에서 만든 바이오차도 나오는데, 550℃ 이상의 열처리를 받아야 바이오차가 토양 미생물로부터 분해되지 않고 탄소를 반영구적으로 격리하게 된다.

바이오차의 두 번째 장점은 뛰어난 토양개량제로서 토양을 비옥하게 하고, 식물을 건강하게 만들어 생장을 20%에서 30%까지 늘려준다는 것이다. 바이오숯을 토양에 섞으면 토양이 가벼워지면서 공극도 많이 늘어나 토양 미생물과 뿌리의 활동이 증가하게 되며, 더욱 중요한 것은 토양의 수분 보유량이 많아져 가뭄에 오래 견딜 수 있다는 것이다.

바이오차는 알칼리성을 띠는 전통 숯과 다르게 pH가 6.5~7.5로 작물 생육에 알맞은 산도를 유지한다. 단, 이들 연구 결과는 모두 외국의 자료이고, 아직 국내 자료는 접하지 못했다.

　　바이오차의 세 번째 장점은 비용 절감이다. 나뭇가지나 잔디 깎은 풀, 낙엽 같은 조경에서 나온 부산물들을 그동안 비용을 들여 폐기물 처리하던 것을, 바이오차의 원료로 현장에서 즉석 가공함으로써 노동시간과 경비가 줄어들고 생산된 바이오차는 판매도 할 수 있다.

　　농협에서 생산된 하나로 바이오차의 제품설명서에는 표준시비량을 1,000 m²당 300 kg으로 권장하고 있다. 바이오차의 활용 범위는 매우 넓어 콘크리트나 아스팔트 포장에도 일정 비율 섞어서 사용하면 경량화와 강도가 세어진다고 한다. 다음은 학술논문 전문AI인 Liner의 바이오차 기능에 대한 정의인데, 중복되지만 본서와 한번 비교해 보는 것도 흥미 있을 것 같아 소개한다.

바이오차의 주요 기능

토양개량 및 작물 생산성 향상　다공성 구조와 넓은 표면적으로 토양의 보수력과 보비력을 높여 영양분과 수분을 효율적으로 공급하며, 뿌리에 산소를 제공하여 작물 성장과 활착을 돕는다.

탄소 격리 및 온실가스 저감　바이오차는 대기 중 이산화탄소를 토양에 장기간 고정하여 실질적인 탄소 순감Carbon Negative 효과를 내며, 메탄과 아산화질소 등 온실가스 배출도 감소시킨다.

중금속 및 오염물질 흡착　표면의 다양한 기공 구조와 관능기로 인해 중금속 및 유기 오염물질을 효과적으로 흡착, 제거하는 환경정화 기능도 뛰어나다.

토양 산성화 완화 및 염류집적 감소　토양 pH를 증가시켜 산성화를 완화하며, 무기염류의 축적을 방지해 토양 환경을 개선한다.

연작 장애 예방 및 미생물 활성화　같은 장소에 반복해서 작물을 재배할 때 발생하는 연작 피해를 완화하고, 토양 미생물의 활동을 촉진한다.

나무들의 연결망 - Wood Wide Web이란 무엇인가?

그동안 나무의 뿌리와 균류(곰팡이)가 서로 영양분을 주고받으며 공생한

나무들의 소통 네트워크인 우드 와이드 웹을 발견한 수잔 시마드 박사를 방영한 내셔널지오그래픽. 유튜브에서 시청할 수 있다.

다는 정도는 알고 있었지만, 숲속에서 나무와 나무들이 뿌리를 통해서 (물론 이것도 균류의 도움을 받아) 서로 연결되고, 영양분과 정보를 교환하는 그물망 같은 시스템이 있다는 것을 알게 된 것은 1997년 캐나다의 숲 생태학자 수잔 시마드 박사에 의해서 처음 소개되었다.

그녀는 숲의 나무들이 곰팡이 균사체를 통해 연결되어 서로 영양분을 공유하고, 위험을 경고하는 화학 신호를 전달하는 것을 발견했으며, 특히 늙은 어미나무가 그늘에 있는 어린 자식 묘목한테 탄소와 영양분을 전달하여 생존을 돕는 것을 밝혀냈다. 시마드 박사는 숲을 개벌할 때도 어미나무를 보존해야 숲 생태계가 빨리 복원될 수 있다고 강조한다. 그녀의 연구는 지금껏 노령목은 생장량이 느려서 벌목 1순위로 생각해 왔던 나무와 숲에 대한 세간의 인식을 바꾸었고, 사람들을 연결하는 인터넷을 본떠, 나무들이 이루는 네트워크를 〈우드 와이드 웹Wood Wide Web〉이라고 부르게 되었다.

잘 발달된 우드 와이드 웹은 여의도 면적 이상으로 넓어서 지구상에서 가장 큰 생명체라고 할 수 있다. 우드 와이드 웹이 건재하는 한 숲속 생태계가 건강하게 유지될 수 있으며 어린나무와 약한 나무들도 생존할 확률이 높아지고, 나무들이 해충, 가뭄, 병원균에 더 잘 대응할 수 있다는 것을 알게 되었다.

그러나 중장비 등으로 토양을 파괴하게 되면, 우드 와이드 웹이 일순간에 와르르 무너져 내린다고 한다. 넷플릭스 다큐멘터리《Fantastic

Fungi(환상적인 버섯)》이나, KBS 다큐《식물의 왕국》에서도 이 개념을 잘 설명하고 있다.

 시비관리

건강한 사람은 병원에 갈 일이 없고, 질병 치료에 대한 의사의 설명을 안 들어도 된다. 시비관리의 목적은 건강한 정원을 만드는 것이다. 아무 생각 없이 연중행사로 비료를 주게 되면, 웃자란 나무의 전정 비용이 상승하고, 병해충이 늘어나 방제비가 올라간다. 시비는 토양분석의 자료 없이 함부로 하는 것이 아니다.

❶ 토양을 정상 pH로 만들어 주면, 그동안 흡수되지 못했던 토양 속 영양소들이 흡수되기 시작한다. 나머지는 근균과 뿌리와 토양미생물들이 스스로 알아서 자연을 회복한다.

❷ 토양의 표면을 맨땅으로 두지 않고 유기물로 멀칭하면 토양 침식도 막고 뿌리 활동이 좋아진다.

❸ 토양을 경운하지 않는다. 토양을 경운하는 즉시 토양 속의 중요한 영양소인 탄소와 질소가 허공으로 날아간다. 꼭 해야 한다면 호미로 긁어 내는 수준인 5~10 cm 이내로 국한한다.

❹ 화학비료는 엽면시비 외에는 사용하지 않으며, 살충제나 제초제도 되도록 사용하지 않는다.

❺ 모든 나무를 똑같이 시비하지 않는다. 예를 들어 다비성인 주목에는 비료를 듬뿍 주어야 하지만, 척박한 토양에서 잘 자라는 소나무나 뿌

리혹박테리아가 있는 보리수나무는 시비할 필요가 없다. 비료는 아픈 나무, 그늘진 곳에서 광합성 부족으로 힘들어하는 나무, 원예종으로 개발되어 체력 이상으로 꽃과 열매를 많이 만드는 나무, 강전정을 받은 나무에게 주는 것이다.

❻ 이식 수목의 첫해 신초 생장은 자신이 갖고 온 뿌리분에 있는 양분에 달려 있어서, 이식 첫해에는 시비를 해도 반응하지 않는다. 그러므로 굴취 비용을 더 주더라도 6배분을 뜨면 활착에 큰 도움이 될 뿐더러, 유지관리비가 절감되어 3년 안에 본전을 뽑게 된다.

❼ 새로 이식한 단근된 성목은 질소비료가 뿌리와 지상부 모두에게 도움이 된다. 미생물 활동이 약한 늦가을에 시비를 하면 병원체의 자극을 최소화할 수 있고, 당해년도에는 효과가 없어도 이듬해 봄의 생장에 기여한다. 질소비료 시비량은 제곱미터당 5 g이다.

❽ 정상적인 토양에서 퇴비는 1 m²당 2 kg 이상 시비해야 하며, 최소한 1 kg은 주어야 한다. 여유가 있어서 3 kg을 줄 경우엔 1년 동안 화학비료를 시비하지 않아도 된다.

❾ 시비는 지면 살포가 가장 쉽고 효과적인 방법이다. 다년간의 실험 결과, 완효성 비료를 지면에 넓게 살포한 것이 토양 내 구멍에 비료를 매설한 것보다 50% 이상 나무가 더 컸다. 결국 비용으로 봤을 때 지면 살포를 택하지 않을 수 없다. 단 시비와 동시에 관수가 뒤따라야 하므로, 관수 주기에 맞춰서 시비를 하거나 비 오는 날을 택해 시비를 하면 2중의 노동을 안 해도 된다.

❿ 토양의 보비성과 보수성을 높여 주는 바이오차를 비료 대신에 토양에 넣어 준다. 바이오차는 식물 생장을 20% 이상 높여 주는데, 퇴비의 유효기간은 1년이지만 바이오차는 백 년 이상 지속된다.

⓫ 21세기의 연구 결과, 지하 45 cm 아래의 양분은 너무 깊어서 뿌리가 먹을 수 없다는 것이 밝혀졌다. 그러므로 식재 구덩이 밑바닥에 퇴비를 넣는 것은 바보짓이다.

시비 시기에 대한 새로운 제안

앞서 전통적인 농사에서 비료를 밑거름, 덧거름, 가을거름으로 연 3회 줄

YouTube의 'Growing trees with Air-pot containers'를 보면, 우리와는 전혀 다른 선진화된 수목 재배, 운반 및 뿌리분 포장 시스템을 보여주고 있다.

수 있다고 하였다. 그런데『수목관리학』(바이오사이언스 출판, 12장 양분 관리, p309)를 보면 조금 다르게 설명한다. 내용을 요약해서 소개하면 다음과 같다.

- 대부분의 토양에서는 일 년에 한 번 질소비료 적용으로 충분하다.
- 신초가 생장하는 봄이 질소의 소비량이 가장 높다. 이때 필요한 질소를 쓸 수 있게 하기 위해서는 당년 봄이 아니라 전년도 늦여름에서 초가을 사이에 질소비료를 시비해야 한다.
- 이 시기는 지상부 생장이 서서히 중단되고, 토양은 따뜻하며, 탄수화물 공급이 높고, 기후는 서늘하고, 수분은 일반적으로 충분하다. 이렇게 하면 양분 흡수와 비축에 가장 좋은 여건이 된다.
- 수많은 연구에서 이른 봄 4~6주 동안의 신초 생장은, 휴면을 위해 저장된 양분에 의지한다는 것이 입증되었다.
- 생장 시작 전인 춘 3월 한 달 동안에 시비된 질소비료는 생육 초기 수목생장에 효과적이지 못했다.

우리는 그동안 10월에 주는 시비는 신초가 자라 나와 서리 피해를 보게 된다고 하여, 나무가 휴면에 들어간 11월 시비를 권장하였다. (한국조경학회 조경설계기준 p293) 그러나 위의 글에서는 일 년에 한 번, 9월 시비가 나무의 월동과 봄의 신초 생육에 효과적이라고 주장한다. 이것은 전통 농업에서 처서 이후에 주는 가을비료 '추비秋肥'를 주는 시기와 일치한다. 사실 해리스의 말은 처음 듣는 말이 아니다. 내가 교육을 받았을 때 메모했던 내용을 옮겨 본다.

처서 이후(8/23) 모든 나무는 겨울 준비를 시작한다. 뿌리에서 양분은 적게 올라오고, 잎에서 만든 양분은 성장에 쓰지 않고 뿌리나 줄기에 저장한다. 다시 말해서 여름까지의 광합성은 성장을 위해 쓰고, 가을 동안의 광합성은 월동용으로 비축한다.

백로(9/7)가 지나면, 만드는 양분은 물론 잎의 구성 성분까지 분해해서 뿌리와 줄기로 보낸다. 가을 잎이 거칠어지는 까닭이다. 잎은 상강 무렵(10/23) 서리로 탈 때까지 쉬지 않고 광합성을 해서 양분을 저장한다. 저장 양분은 겨울을 나는 에너지가 되고, 이듬해 잎과 꽃이 된다.

수목관리학의 저자 해리스의 말도 이와 같으니, 의견 일치를 본 셈이다.

동트는 새벽, 나무의 기다림

폭우로 시가지가 침수되었을 경우 사람은 대피할 수 있으나 나무는 물속에 갇히게 된다. 다행히 사나흘 만에 물이 빠지면 나무는 살 수 있지만, 일주일이 지나도 물이 빠지지 않는다면 대부분의 나무가 익사하기 시작한다. 댐 주변의 산들을 보면 만수위 아래에 식생이 보이지 않고 하얗게 산의 속살이 드러나 있는 것도 장마나 태풍 등에 의해 장기적으로 침수된 까닭이다. 물에 잠긴 토양은 습지로 습생식물만 살 수 있다. 중요한 얘기이니 기억하자. 육상식물인 나무는 습기 많은 흙은 좋아하지만, 젖은 흙은 싫어한다.

"무슨 소리야? 어떤 차이가 있는데?"… 그것을 알아내는 것이 이번 장의 과제이다.

흔히 '물주기 삼 년'이라면서 초짜들은 호스도 못 만지게 하는 정원사들을 더러 보았다. 물론 물 주기를 터득하는 데 많은 시간이 걸릴 수 있지만, 그보다는 지식을 전수하지 않으려는 이기주의적 발상이 바탕에 있다고 나는 본다. 그러나 우리의 경쟁상대는 함께 일하는 동료가 아니다. 우리의 경쟁상대는 일본, 미국, 중국, 인도 등 주변 국가다. 실전 경험을 동료와 함께 나누어야 세계시장에서 이길 수 있지, 자기만 살겠다고 감추다가는 함께 망한다. 사격을 예로 들어보자. 한 사람만 특등사수로 잘 쏘고 나머지 부대원들은 사격술이 형편없는 부대와, 전 부대원의 사격술이 고르게 좋은 부대 간에 총격전이 벌어졌다면 과연 어느 부대가 승리할까?

내가 물주기를 배우는 데 삼 년이 걸렸다면, 후배들은 삼 개월 만에 배울 수 있게 지식을 전수해야 나도 살고 팀도 사는 것이니, 선배들은 가르치는 것을 게을리 말고 후배들은 배우기를 멈추지 말아야 한다.

내 경쟁상대는 눈앞에 보이지는 않지만 일본 조경이다. 메이지 유신으로 일본이 개방되었을 때, 서양인들은 일본의 조경에 숨을 멈추었다. 나도 일본의 은각사나 용안사의 고산수枯山水 정원을 처음 보았을 때 숨이 막혔다. 불교의 수행을 위해 시작된 일본의 사찰정원은 오늘날에는 기하학적 요소가 많이 접목되어 미술 장식품 같기는 하지만, 여전히 조경기술은 우리보다 한발 앞서 있다. 일본을 앞서는 조경, 아니 세계를 이끄는 조경은 한 사람만의 힘으로는 안 되기에, 힘을 모아야 하기에, 지식을 나누기 위한 밑거름으로 이 책을 쓴다.

흙덩어리에는 흙이 절반만 있다?

내가 조경 공부를 시작할 때 제일 당황했던 부분은 내가 서 있는 발밑의 땅에 공간이 50%나 있다는 대목이었다. 냉커피를 탈 때 얼음 사이로 물이 들어가듯이, 흙 알갱이 사이로도 물이 들어가는데 그 공간이 무려 흙 부피의 절반이나 된다는 말이 실감이 나지 않았다. 그러나 새로운 사실을 알게 됨으로써, 물에 대한 이해가 시작되었다.

비가 오면 토양 속으로 빗물이 스며드는 것은 흙과 흙 사이에 공간이 있기 때문이다. 이 틈새를 공극孔隙, air gap이라고 하는데, 육안으로는 보이지 않지만 정상적인 흙이라면 전체 부피의 50%를 공극이 차지한다. (유기물이 풍부한 산림토양은 공극이 75%까지도 가능하고, 중장비로 다져진 곳은 공극이 25% 이하가 된다. 출처: 수목의 진단과 조치. p 238. 두양사)

침수되어 물이 포화된 상태라면 이 50%의 공간이 잠시 물만으로 채워지겠지만, 하루 이틀이 지나면 중력에 의해 물의 절반 정도는 지하수로 빠져나가 제자리로 돌아오게 된다.

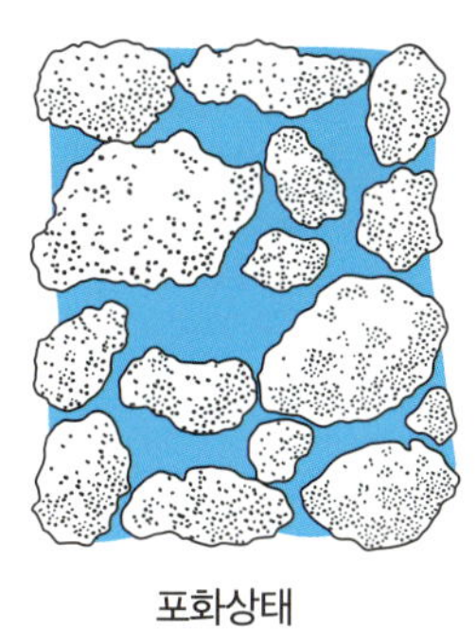

포화상태

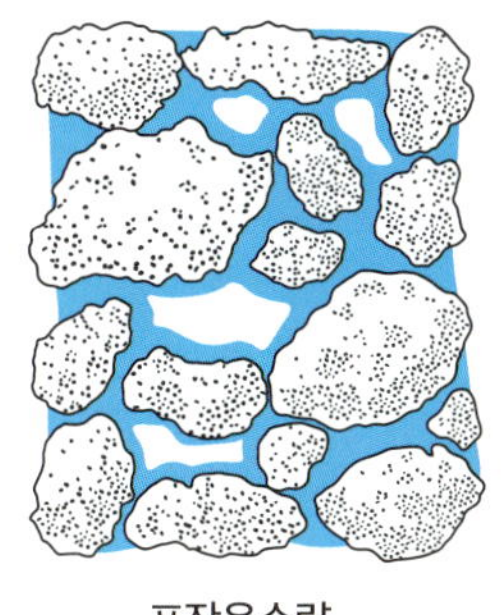

포장용수량

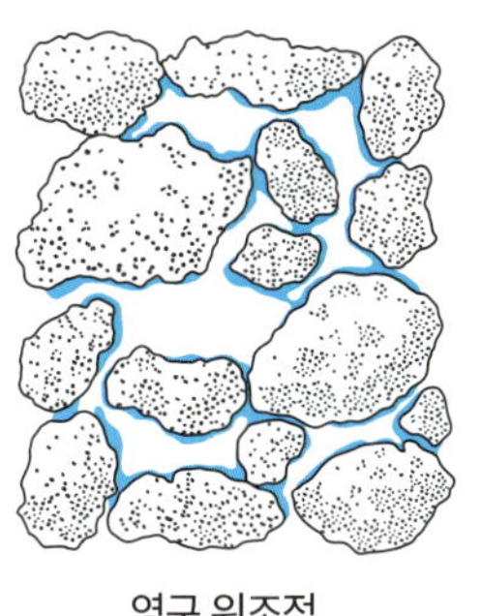

영구 위조점

얼음을 꽉 채운 컵이라도
얼음덩어리 사이로 물이 들어가듯,
흙도 알갱이 사이로 물과 공기가 들어간다.

그림 3-1 ● 토양 수분상태

물이 빠져나간 빈자리로 공기가 들어오게 되는데, 물 대 공기의 비율이 평형상태인 25% 대 25%가 되면 더 이상 지하로 흘러내려가지 않고 흙 사이에 남아 뿌리가 흡수할 수 있는 〈모관수〉가 된다. 이때의 상태를 〈포장용수량〉이라고 한다. 물과 공기가 25%씩 있다고 해서 흙 전체에 고른 분포를 보이는 것이 아니라, 공극이 큰 곳에서부터 물이 먼저 빠져나가 공기가 많고, 공극이 작은 곳에는 물이 많게 된다. (그림 3-1)

토양과 물의 결합 관계를 공부하면서 나는 문득 토양이 수건과 너무 비슷하다는 생각이 들었다.

먼저 마른 수건을 세면대의 물에 푹 담갔다가 천천히 꺼낸다고 가정해 보자. 막 건져 올린 수건에서 쏟아지듯 물이 흘러내리다가 1~2분쯤 지나면 물방울이 잦아든다. 이때까지 흘러나온 물은 중력에 밀려서 수건이 잡아둘 수 없는 물이다. 토양으로 치면 포화상태의 물이 지하로 빠져나가는 〈중력수〉에 해당한다. 물 흐르기가 멈췄다고 수건 속에 물이 없는 것은 아니다. 처음에는 수건을 가볍게만 쥐어도 주르륵 물이 흘러내린다. 수건의 면 조직 사이에 배어 있던 물이 모세관을 따라 빠져나오는 것이다. 이때 수건을 입으로 빨면 입안 가득 물이 고인다. 바로 토양 공극 사이에 있던 물을 뿌리가 빨아들이는 것과 같은 원리이다. 이때의 물이 유효 수분인 〈모세관수〉에 해당한다. 수건을 계속해서 짤수록 나오는 물의 양은 줄어든다.

똑, 똑, 똑, 마지막 물방울까지 쥐어짠 상태가, 토양에서는 식물이 더 이상 물을 마시지 못하고 갈증을 느끼는 〈초기위조점〉 상태라고 할 수

표 3-1 ● 토양의 구성

Soil (50%)				Water (25%)	Air (25%)
Sand	Silt	Clay	유기물		

있다.

수건을 건져낸 뒤부터 마지막으로 쥐어짰을 때까지 나오는 물의 양이 토양 안에 있던 빈 공극의 양이다. 그래도 수건을 만져보면 아직 습기가 느껴지는 젖은 상태다. 젖어 있지만 뿌리의 힘으로는 더 이상 먹을 수 없는 수분을 토양에선 〈흡착수〉라 하고, 식물은 〈영구위조점〉을 맞는다. 이번에는 젖은 수건을 햇볕에 내다 넌다. 수건이 바싹 마르기까지 남아있는 습기 같은 수분이 〈풍건토 수분〉일 것이다. 토양 수분에 대한 이해를 돕고자 예를 든 것이 오히려 혼란만 가중시킨 것이 아니길 빈다.

위의 표 3-1을 설명하면, 토양 속에서 흙의 함량은 변함이 없고 공기와 물만 들락거리며 변화를 보인다. 현재 표에 보이는 물 25%인 상태가 적윤, 공기의 함량이 10% 미만인 경우 과습 피해를 보이고, 물의 함량이 15% 아래로 내려가면 건조 피해, 물이 10% 미만이면 영구위조점이 되어 숨이 끊어진다.

공기 25%라고 해도 지상의 공기와 지하의 공기는 구성 성분이 너무 다르다. 토양 위의 대기는 산소 21%, 이산화탄소 0.04%, 질소 78% 이상이 포함되어 있지만, 토양 아래의 공기는 질소 함량은 거의 변화가 없고 뿌리의 호흡으로 산소는 줄어들고 이산화탄소는 증가한다.

뿌리는 산소가 10% 이상일 때 가장 활기차게 활동한다. 그러나 흙에

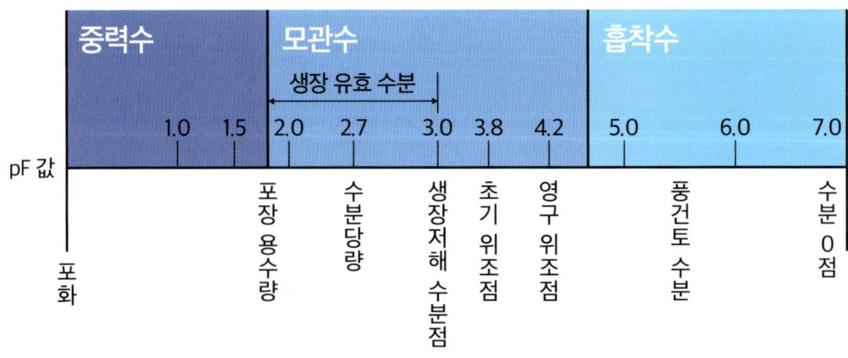

그림 3-2 ● 토양 수분의 분류 및 작물 이용성
초기위조가 진행되어 영구위조점을 넘기면, 그때는 물을 줘도 식물은 다시 살아나지 못한다.

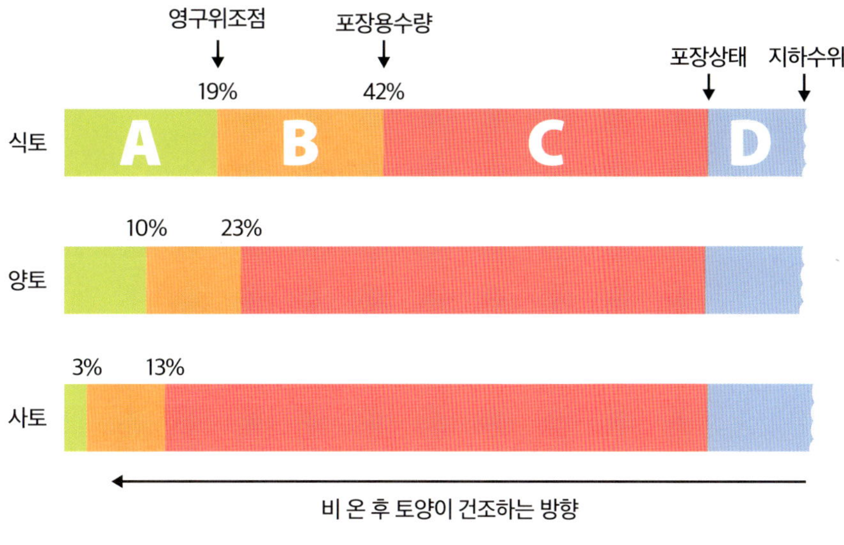

그림 3-3 ● 토양 수분의 종류와 토성에 따라 식물이 이용가능한 수분의 비율
토양의 물은 그림의 B 부분만이 식물이 이용가능한 모세관수이다. 포화상태에서 포장용수량 사이
의 수분을 중력수(C 부분)라고 하며, 곧바로 지하로 빠져나가기 때문에 식물에게 도움이 되지 않
는다. 오히려 체류하는 동안 공극을 차지해 토양 통기성만 악화시킨다.

묻혀 있는 관계로 마시는 산소는 줄어들고 내뱉는 이산화탄소는 쌓여간
다. 산소가 5% 아래로 낮아지고 이산화탄소는 10%로 높아지면, 식물은
기공을 폐쇄해서 광합성을 중단하고 생장을 정지하며, 토양은 혐기성이
되어 독성으로 작용한다. 우리가 이따금 창문을 열고 환기하듯이 땅속의
공기도 환기되지 않으면 안 된다. 토양의 통기성이 중요한 이유다.

비가 10 mm 올 때, 토양은 얼마나 젖을까?

식물에게 가장 이상적인 토양은 〈흙 45%, 유기물 5%, 물 25%, 공기
25%〉의 구성이라고 한다.

물이 25%보다 많으면 과습 상태가 되고 12% 이하로 내려가면 건조
상태가 되므로, 토양 수분의 적정 범위는 12~25% 사이가 표준 답안이
다. 즉, 물을 토양수분 25%까지만 주고, 증발산 작용으로 물이 서서히 줄
어들어 12%가 되었을 때 다시 25%까지 물을 채우는 게 손실이 없는 이
상적인 물 관리가 된다. 문제를 하나 풀어보자.

토양 공극률이 50%인 사양토가 있다. 이 땅이 완전히 가물었을 때, 비가 10 mm가 왔다면 토양은 지표에서 몇 cm까지 젖을 수 있을까?

먼저, 강우량과 침투 깊이의 관계를 분석한다.

- 강우량 10 mm는 단위면적(1 m²)당 10 L의 물이 내린 것을 의미한다.
- 이 물이 토양의 공극을 채우게 된다.

다음, 침투 깊이(h)를 계산한다.

- 공극률이 50%라는 것은 토양 부피의 절반이 공극임을 의미한다.
- 따라서 10 mm의 물이 채우는 실제 깊이는 다음과 같이 계산된다.

$$h = \frac{강우량}{공극률} = \frac{10\,mm}{0.50} = 20\,mm$$

10 mm의 비가 왔을 때 그 두 배인 20 mm의 땅이 젖는다.

그런데, 실제에서도 똑같이 진행될까? 아니다. 빼먹은 게 있다. 수분은 토양 공극 50% 중에서 25%만 차지하게 되고, 남는 물은 중력수로 아래로 내려가게 된다. 따라서 40 mm의 땅이 젖는다. 그렇지만 토양 수분이 0%라는 가정은 실험실에서나 가능하고, 정원에서는 초기위조점인 12~13%를 전후로 관수를 하게 되므로 채워져야 하는 공극은 25%-13% = 12%가 된다. 그래서 침투된 물의 깊이는 10 mm/0.12 = 83.3 mm가 된다. 다시 말해서 약건 상태의 토양에서 물은 〈8.3배〉 정도의 토양을 적신다. 이는 뿌리층이 분포하는 토심 30 cm까지 흙이 젖으려면 36 mm의 비가 와야 한다는 결론이다. 그러나 이것 또한 이론상의 이야기. 토성과 유기물 함량, 춘하추동에 따라 다를 수 있으니 직접 땅을 파 보고 확인해야 한다. 어떤 책에서는 12배를 적신다고 하는데 그렇게만 된다면 얼마나 좋으랴!

한편, 이를 토대로 초기위조 증상이 보이는 1,000 m² 조경지역에 토심 30 cm까지 물을 주어야 할 때 필요한 관수량은 다음과 같다.

필요 관수량

=관수면적(1,000 m²)×관수토심(0.3 m)×수분보충량(25-13%)

=36 m³(36톤)=강수량 36 mm/m²

구분	관수량	관수 간격	비고
모래흙(사토)	20 mm	4일	
참흙(양토)	30 mm	7일	토심 30 cm 기준
점질흙(식토)	35 mm	9일	

여기에서는 물이 조경지역 바깥으로 빠져나가는 유거수는 고려하지 않았다. 또한 조경지역에는 나무만 있는 것이 아니므로 초화나 관목에 따라 물주는 양을 조절해야 하며, 토성에 따라 모래흙은 물이 빨리 빠지기 때문에 관수 간격이 짧고, 입자가 고운 점토는 물 빠지는 시간이 오래 걸리므로 관수 간격이 길어진다. 위의 표 3-2를 참고해서 내 땅에 맞는 관수 간격을 체크해 두도록 한다. 내 경우, 표의 이론과 달리 보름 내에 20~30 mm의 강우량이 없으면 나무의 시들은 상태를 보아가며 관수 시점을 결정한다.

살수강도를 수분 침투속도보다 느리게 한다

물의 양도 중요하지만 물을 주는 살수강도撒水强度가 토양의 수분침투율보다 빠르면 안 된다. 아까운 물 자원을 범람수로 잃어 버리기 때문이다. 토성에 따른 물의 시간당 침투속도는 토양의 포화상태, 식생 유무, 지면 경사 등에 따라 실시간으로 변할 수 있다. 예를 들어 이미 물을 많이 머금은 점토 토양은 거의 침투가 일어나지 않는다. 반대로 건조한 모래 토양은 초반에 매우 빠르게 물을 흡수하지만, 포화되면 빠르게 배출된다. 아래 표 3-3은 AI로 검색한 일반적으로 알려진 침투 속도 범위이다.

표 3-3 ● 토양 종류별 시간당 수분 침투 속도

토양 종류(토성)	시간당 침투 속도	특징
식토(점토, Clay)	1~5 mm/hr	입자가 매우 작고 공극이 적어 물이 거의 스며들지 않음. 배수가 매우 나쁨.
식양토(Clay loam)	5~20 mm/hr	비교적 느린 침투, 농경지에서는 물빠짐이 다소 나쁨.
양토(Loam)	10~20 mm/hr	모래, 실트, 점토의 균형이 알맞아서 이상적인 침투 속도와 보수성을 보인다. 식물 재배에 적합
사양토(Sandy Loam)	20~50 mm/hr	모래 함량이 많아 물이 잘 스며들고, 배수성이 좋으며 건조가 빠름. 심근성 수목에 적합
사토(Sand)	50~200 mm/hr 이상	입자가 크고 공극이 커서 침투가 매우 빠름. 보수력은 낮고 물이 금방 빠짐.

사양토인 잔디화단에서 1회 관수량을 20 mm로 잡았다면, 살수강도 10 mm/hr를 기준으로 2시간을 관수해야 목표량을 채울 수 있다. 보유하고 있는 스프링클러의 살수강도가 10 mm/hr보다 세서 물이 주변으로 흘러넘치면, 기계를 잠시 꺼두든지 아니면 다른 지역으로 이동시켰다가 다시 관수하는 방법을 택한다. 아직은 우리나라의 물값이 선진국의 절반도 안 되는 수준이라 부담 없이 물을 쓰고 있지만, 온난화가 진행되어 사람들이 마실 물마저도 귀해지는 날이 오면, 조경지역을 수돗물로 관수하는 '사치'도 옛이야기가 될 것이다.

수분 부족과 관수 시기

식물이 필요로 하는 수분보다 토양에서 흡수하는 수분이 부족할 때, 식물은 수분 스트레스를 받는다. 물이 부족해진 나무는 물을 잃지 않으려고 자동으로 기공이 닫히면서 광합성을 중단한다. 기공 폐쇄는 나무에게 타격을 주어 후유증이 2~3일간 지속되며, 수분이 빠져나간 잎과 줄기는 위축되면서 시들게 된다. 다행히 위조점을 맞기 전에 물이 채워지면 나무는 다시 광합성을 시작하면서 시들었던 줄기와 잎이 원상으로 회복되는데, 이러한 건조 스트레스는 모든 식물들이 일생동안 자주 겪는 일이 된다. 그러나 가뭄으로 기공이 지속해서 폐쇄되면 나무는 꼭대기의 잎에서부터 고사가 시작된다. (뿌리는 수분을 공급하는 토양 속에 있으므로 건조 피해는 가장 늦게 받고, 침수 피해는 제일 먼저 받는다.)

건조하게 자란 나무는 뿌리가 수관폭 바깥으로 멀리 뻗어 있어서 끌어모으는 물의 양이 많고, 잦은 관수로 습하게 자란 나무는 뿌리가 수관폭 1/3 이내에 머물러 있어서 물 부족이 더 심하다. 또한 지력이 좋은 토양은 균사들이 발달하여 식물의 뿌리가 들어갈 수 없는 작은 공극의 물까지 끌어올 수 있어 나무의 내건성을 높여 준다. 정원사가 어떻게 가꾸느냐에 따라 나무의 체질이 달라지는 것이다.

관수 시점의 결정은, 수분측정기가 있을 때는 토양수분장력이 pF 3.8 (8 bar)이 되면 관수를 시작하고 pF 1.8의 포장용수량이 되면 정지한다. 함수율을 기준으로 할 때는 함수율이 5%가 되면 관수를 시작하고, 30%

나무가 꼭대기에서부터 가지가 말라 내려오는 건 전형적인 물 부족 현상이다. 관수를 했는데도 이 모양이라면 이식목이 미처 뿌리를 내리지 못한 것이다.

가 되면 정지한다. 때로는 경험에 의한 판단도 필요한데, 손으로 흙을 쥐었을 때 덩어리로 뭉쳐지면 과습, 뭉쳐지지는 않고 촉촉한 습기가 느껴지면 적습, 부스러지거나 돌처럼 단단하면 건조 상태다. 좀 더 정확히 하려면 지표 25 cm 아래의 흙을 파내서 물기를 확인한다.

식물의 잎이 안쪽으로 말리면서 시들고 조기 낙엽까지 생긴다면 이미 초기위조점이 지났다는 증거이다. 같은 잎 말림이라도 잎이 뒤쪽으로 말리는 것은 과습이므로 주의한다. 초기위조점에서는 물에 빠진 사람을 구하듯이 촌각을 다퉈야 한다. 내건성이 약한 천근성 수종들은 물이 떨어진 지 불과 수 시간 만에 세상을 등지기도 한다. 인공토양으로 조성된 옥상정원일 때는 사태가 더욱 심각하다.

관수할 때를 놓쳐서 영구위조점을 넘어서게 되면 작은 나무나 침엽수들은 단번에 숨이 끊어지지만, 내건성이 강한 키 큰 활엽수들은 여러 개의 가지 중에서 하나둘씩 포기하며, 빨래가 위에서부터 마르듯이 고사도 위에서부터 아래로 진행된다. 이렇게 한 번 죽은 가지는 다시 물을 준다고 살아나지 못하므로 살아남은 부분만 남기고 절단 전정으로 끊어 내다 보면, 나무의 수형은 무참히 파괴되고 만다.

'하늘의 힘'을 빌리는 관수 방법

관수량은 초화는 5 cm, 관목은 10 cm, 잔디는 20 cm, 교목은 30 cm 이상 토양이 젖도록 한다. 교목을 위해 땅 밑 30 cm를 적시기 위해서는 앞서 계산한 대로 39 mm의 물이 필요하다. 이는 자동화된 관수설비가 갖추어져 있다면 모르지만, 인력관수로는 현실적으로 불가능한 양이다.

이 불가능을 가능하게 하는 길이 바로 〈하늘의 힘〉을 빌리는 방법으로, 간밤에 비가 20 mm 왔다면 다음 날 관수를 19 mm를 해서 목표 관수량을 채우는 것이다. 비 온 직후에 물을 준다고 처음에는 '미친놈' 소리를 듣겠지만, 설명을 듣고 나면 작업자에 대한 신뢰는 더욱 두터워질 것이다.

나무의 정상적인 발육을 위한 적정 관수량을 40 mm라고 할 때, 2018년도 서울지방 기상자료를 보면 총 104일의 강수일 중 적정 강수량인 40 mm를 충족시킨 날은 10일, 30 mm 이상으로 기준을 낮춰 잡아도 13일에 불과하다. 목표의 절반에도 못 미치는 20 mm 이하로 내린 날이 86일로, 연간 강수일의 80%가 기준 미달의 비를 뿌리고 있는 것이다.

더구나 빗물의 60%는 유실, 5%는 증발, 35%만 토양에 유입된다는 연구발표가 있고 보면 '빗물이 나무의 천근성을 부채질시켜 건조에 취약

표 3-4 ● 강수량과 토양수분 지속기간

강수량(mm)	0~5 미만	5~10	10~15	15~20	20~25	25~30	30~35	35 mm 이상
강수 유효기간	없음	2일	4일	6일	8일	10일	12일	15일

용존산소가 풍부한 계류에서는 건조를 좋아하는 소나무도 뿌리를 내리고 살 수 있다.

범례 강우 기준 미달 유효수분 지속기간 관수일 비 오기 전날(시비, 배토작업일)

	1월	2월	3월	4월	5월	6월	7월	8월	9월	10월	11월	12월
1일			0.5				83.5					
2일					12	40	59.5					10
3일		0.5		0.1	1		0.1		34.5			9.5
4일			11.5	18.5								5
5일			3.5	10.5	잔디배토		0.5	2		36.5		
6일			20	6.5	22			6.5	1	55.5		
7일			0.5	0.2					0.5		2	
8일	0.9		4	3							64	
9일	0.5					0.5	14	2			1	
10일	0.3			5		0.5	16.5			7		
11일						5	3	30				
12일				32			1	5				
13일	0.4			0.5				1				1.3
14일				9		29			0.5			
15일	0.2		27		0	16.5		1	0.2			
16일	15				45			2				0.3
17일					83				0.1			0.3
18일			0.5		6.5							
19일			1						0.2			
20일									5		0.2	
21일			1					5	18		1	
22일	3.3	0.4		15.5	12.5				6.5			
23일		3.7		59	6.5			3		5		
24일		15		3				7.5		20	10.9	
25일										20		
26일						71.5		2		11		
27일			30			1	30	19.5				
28일		25				26.5	7.5	96.5		5.5		
29일		—			1	6.5		42				
30일	2.9	—				14.5		9.5				
31일		—		—	—			0.1	—		—	—
합계	8.5	29.6	49.5	130.3	222	171.5	185.6	202.6	68.5	120.5	79.1	16.4

한 생태계를 만들고 있다'고 해도 과언이 아니다. 설상가상으로 비마저 없는 가문 날, 사람이 주는 관수량이 보통 1회에 5 mm, 많아 봐야 10 mm 이내이므로 도시에서 나무뿌리의 천근화는 막을 길이 없는 것이다.

뒤에 다시 설명하겠지만, 토양은 말라 있을 때보다 젖어 있을 때 물의 흡수가 더 빠르고 유실률도 적다. 그러므로 비가 온 다음 날 젖어 있는 땅에 부족한 강수량을 채워 넣는 〈보충 관수법〉이 토양 깊숙이까지 물을 침투시키는 방법이며, 관수 효율을 높이는 지름길이 된다.

앞의 표 3-5는 기상청 발표 〈2018년도 서울지방의 강수량〉을 놓고서 수립한 관수 시점과 관수량을 연구 삼아 표시해 본 것이다. ■ 파란색으로 칠한 부분은 비가 온 뒤에 토양습도가 유지되는 기간으로 보았고 ■ 주황색 부분은 인공관수로 부족한 관수량을 채운 날이다. 과거의 기상자료는 언제든 구할 수 있고, 열흘 이내의 중기예보도 항상 제공되므로 관수 일정을 잡는 데 문제는 없다고 본다. 여러분들도 한번 연습해 보면 관수에 대한 감각이 많이 달라질 것이다.

일반적으로 30 mm 정도 비가 오면, 나무는 2주 정도는 관수 없이 지낼 수 있다. 관수는 지하수 유입이 없는 도시에서 하는 것이므로 여러분의 정원은 이보다 빨리 마를 것이다. 5 mm 미만의 강수량은 산림에서와 마찬가지로 자연 증발과 나뭇잎이나 낙엽 등에 의해 차단되어 나무가 이용하지 못하는 것으로 분류하였으며, 강수량에 따른 토양습도 유지기간은 필자의 '개인적인 견해'로 작성하였다. 그리고 보니 토양수분측정기도 나와 있다는데, 나는 아직 옛날 방식 그대로다.

표 3-6 ● 서울지방 강수량 분석 (2018년 기상청 자료로 작성됨.)

강우량/ 강수일	1월	2월	3월	4월	5월	6월	7월	8월	9월	10월	11월	12월	합계	유효수분 지속기간
	7	4	9	11	11	10	9	15	11	6	6	5	104	
0~4.9 mm	7	3	7	5	3	3	4	7	7		4	3	53	0일
5~10 mm				2	2	2	1	5	2	3	1	2	20	2일
10~20 mm			1	3	2	2	2	1	1	1			13	5일
20~30 mm		1	1		1	2							5	10일
30~40 mm					1				1	1			3	15일
40 mm 이상				1	2	1	2	2		1	1		10	20일

※ 주: 토양수분 지속시간은 식물의 식생, 토성, 기온, 일사량, 답압, 유기물, 멀칭 등의 영향을 받으며, 위의 지속시간 설정은 개인적인 견해임을 밝힌다.

표 3-7 ● 관수계획 연구 사례 (2018년 기상청 자료로 작성됨.)

1월 16일	1차 관수	지온은 아직 영하권이지만 겨울비가 지면을 적실 때, 겨울에도 증산작용을 하는 상록수와 서양잔디를 대상으로 겨울 관수를 한다.
2월 24일	2차 관수	낮 기온이 영상을 기록한 지 12일째, 전날 4 mm 강수 직후, 보충 관수를 실시한다.
3월 6일	3차 관수	3월 4~8일 사이의 예상 강우량이 20 mm 정도이므로, 중간에 비가 오지 않는 3월 6일 보충 관수로 20 mm 정도 채운다.
3월 27일	4차 관수	직전 강우일이 3월 15일 27 mm를 기록하고 12일 정도 지나 초기위조점에 가까웠으므로 관수를 해야 한다.
4월 21일		4월 건기이지만 4~6일 사이에 35.5 mm의 비가 왔고, 10일과 14일 비가 더 왔으므로, 21일 이후에 관수가 필요하나 22일부터 비가 와서 가뭄이 해결되었다.
5월 5일		5월 6일 22 mm 예보. 5월 중 비 오기 전날을 잡아 잔디밭 배토작업을 실시한다.
6월 2일	5차 관수	5월 23일 19 mm의 비가 오고 1주일 이상 지났다. 당분간 일기예보에 비 소식이 없으므로 충분한 관수를 한다.
7월 27일	6차 관수	장마가 끝나고 마지막으로 30 mm 이상 비가 온 지 12일이 지나 관수가 필요하다. 일기예보를 확인하고, 이번에는 관수 날짜를 비 오기 전날로 잡았다.
8월 11일	7차 관수	6차 관수 이후 2주일이 지난 시점, 비 예보를 전후해서 보충 관수를 한다.
9월 15일	8차 관수	9월 3일 35 mm의 비가 온 후 12일 정도 지난 시점이 관수시점이 된다.
10월 24일	9차 관수	10월 6일 90 mm가 넘는 비와 4일 뒤 7 mm의 비가 더 왔기 때문에 보름 정도 관수 여유가 있다. 10월 23일 비 예보를 전후로 보충 관수를 한다.
11월 25일	10차 관수	11월 8일 64 mm의 강우로 보름 이상 관수 간격이 생겼다. 11월 24일 비 온 직후 보충 관수를 한 다음, 스프링클러 등의 호스에 들어 있던 물을 뺀다.
12월 4일	11차 관수	마지막 겨울비가 내렸다. 상록수나 서양잔디를 중심으로 물차를 이용한 보충 관수를 한다.

물 손실을 줄이는 관수 방법

물은 두 번에 나누어 주는 게 좋다. 그렇지 않으면 초기에 준 물의 절반은 그냥 흘려버리게 된다. 젖은 땅, 젖은 풀밭보다 마른 땅, 마른 풀밭이 물의 흡수가 어렵기 때문이다. 생활 주변에서도 스펀지나 밀가루에 물을 뿌려보면, 말라 있을수록 물이 흡수되지 못하고 또르르 구르거나 뭉쳐 있고, 젖어 있을 때는 물 흡수가 쉬워지는 것을 볼 수 있다.

이는 흙도 마찬가지. 메마른 대지 위에 맨 처음 뿌린 물은 물의 표면장력 때문에 절대로 흙 밑으로 흘러 들어가지 못한다. 더구나 내려앉은 흙먼지나 유기물들이 물방울들을 밀어내는 소수성疏水性을 발휘한다. 초기의 물은 그렇게 해서 60%가 넘는 상당량의 물이 흙에 침투되지 못하고 배수로를 따라 버려진다. 그러나 30분쯤 뒤 표면이 젖었을 때 다시 물을

관수는 두 번에 나눠서 준다. 첫 번째 물은 흙 표면만 적셔주고, 두 번째 물이 본격적인 관수가 된다. 물차 없이 인력으로 호스를 끌고 다니며 관수를 할 때는 먼 곳에서부터 물을 주면서 오는 것이 능률이 좋다.

주면, 확실히 아까보다는 물이 빠른 속도로 흙에 스며드는 것을 볼 수 있다. 그러므로 조경지역을 빠르게 한 바퀴 돌며 가볍게 물을 뿌린 뒤에, 원점으로 돌아와 정식으로 물을 주는 것이 절수節水 비결이다. 만약 20 mm의 물을 준다면 처음에는 5 mm, 두 번째는 15 mm로 나누어 주면, 한 번에 20 mm를 준 것보다 10 mm는 벌 수 있으니 아니할 이유가 없다. 둘 사이의 시간 차는 90분까지는 벌어져도 된다.

관수는 동이 틀 때 시작해서 오전에 끝낸다

東 조경을 하게 되면서부터 한자의 동녘 동東자를 의미심장하게 바라보게 되었다. 나무 木자와 날 日자가 합쳐져 만든 '東'자는 떠오르는 해를 향해 나무가 팔을 벌리고 서 있는 모습이다. 이제 막 지평선 상을 오르는 일출 무렵이어서 해는 산등성이 나뭇가지 사이에 걸려

식물에게 관수를 해야 하는 최적의 시간대는 광합성이 시작되는 동트는 여명이다(남이섬).

있다. 밤사이 휴식을 마치고 생명의 근원인 햇님을 맞이하는 나무들의 모습은 환희로 가득 차 있다. 일출을 바라보는 나무의 해맞이 자세, 동녘 동東자는 신성하다.

물은 광합성이 시작되는 이른 아침에 주기 시작해서 오전 중에 관수를 마치도록 한다. 한낮의 관수는 50% 이상이 증발하므로 손해가 막심하고, 석양의 관수는 식물을 도장시킬 수 있어 피한다. 또한 밤 물은 습도를 높여서 곰팡이병이 많아진다. 저녁 관수는 열대야일 때만 시행한다.

식물은 호흡작용만 하는 밤이 계속된다면 살아갈 수가 없다. 햇빛을 받아 물을 포도당으로 바꾸는 광합성 작용은 식물이 수억 년 동안 해 온 생존방식으로, 먼동이 틀 무렵부터 식물 공장은 해맞이 준비작업으로 분주해진다. 광합성은 해가 떠오르는 것과 동시에 시작하여 태양의 고도에 따라 포물선처럼 상승곡선을 그리며 올라가다가 정오 무렵에 정점에 달한다.

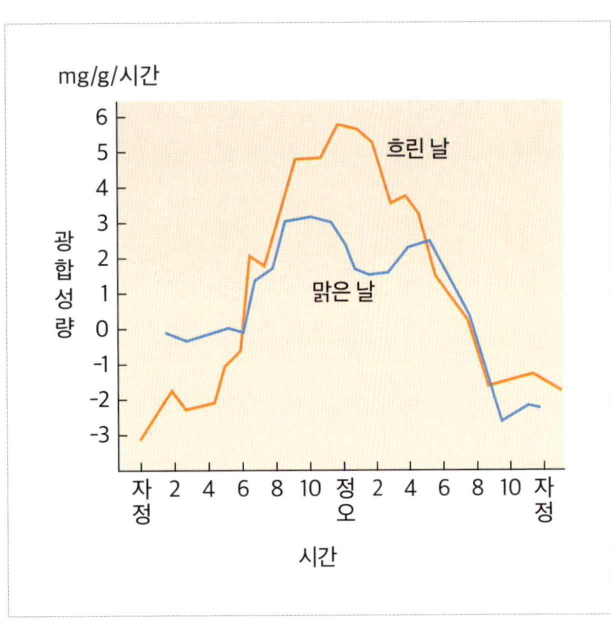

그림 3-4 ● 하루 중 전나무의 광합성량의 변화

광합성 기작은 물이 없으면 가동되지 않으므로 뿌리들은 해 뜨기 전부터 물을 길어 올리는 활동을 시작한다. 소나무의 경우 시간당 20 cm, 물푸레나무는 70 cm, 보편적으로 나무들의 수액 이동속도는 시간당 55 cm라고 한다. 뿌리가 물을 흡수하는 속도가 토양 속 물이 이동하는 속도보다 더 빠르기 때문에 오후 무렵 뿌리 주변의 흙이 마르게 되면 나무들도 몸속의 수분 부족으로 광합성을 하지 못하고, 오후는 해가 있어도 쉬게 되는 경우가 많다. 밤 사이에 토양 속에 물이 다시 차 올라야 나무들은 이튿날 광합성을 다시 할 수 있게 된다. 이쯤에서 짐작하셨겠지만 모든 식물에게 동일하게 적용되는 최적의 관수 시간대는 일출 전후이다.

아침 관수가 좋은 이유로는 ●광합성 시작에 때를 맞춰 물이 공급되며 ●잎에 붙었던 아침이슬 제거로 질병 환경이 제거되고 ●선선한 아침은 증발로 인한 물 손실이 적다. ●또한 잎 표면이 젖어 있는 시간을 최소화하여 기공 활동을 돕고 ●토양 온도와 물의 온도 차가 크지 않으므로 식물이 쇼크 없이 물을 마실 수 있다.

하지만 관수 면적이 넓어 하루 종일 관수해도 다 못 끝나는 규모의 정원에서는 오전만의 관수는 꿈같은 얘기일 수 있다. 이런 때는 차선의 방법으로 흐린 날 관수를 하거나 이삼일에 걸쳐 오전만 관수를 한다. 흐린 날은 물이 증발되기 전에 토양에 침투하는 시간을 벌어 주며, 낮시간대의 온도 차도 적기 때문이다. 필요하다면 〈음영분석〉을 통해서 그늘진 곳과 내건성이 강한 수종에 대한 관수는 이따금 건너뛰는 것도 방법이다. 부득이하게 오후에 관수를 해야 한다면, 저녁 무렵까지는 잎이 말라 있을 수 있게 지면地面 관수로 물을 공급한다. 이불이 보송보송 말라 있어야 쾌적한 잠을 이루는 것은 사람만이 아닌 것 같다. 가장 이상적인 관수 시간대에 맞춰 급수 타이머를 오전 6시부터 오전 10시 사이로 설정해 둔다.

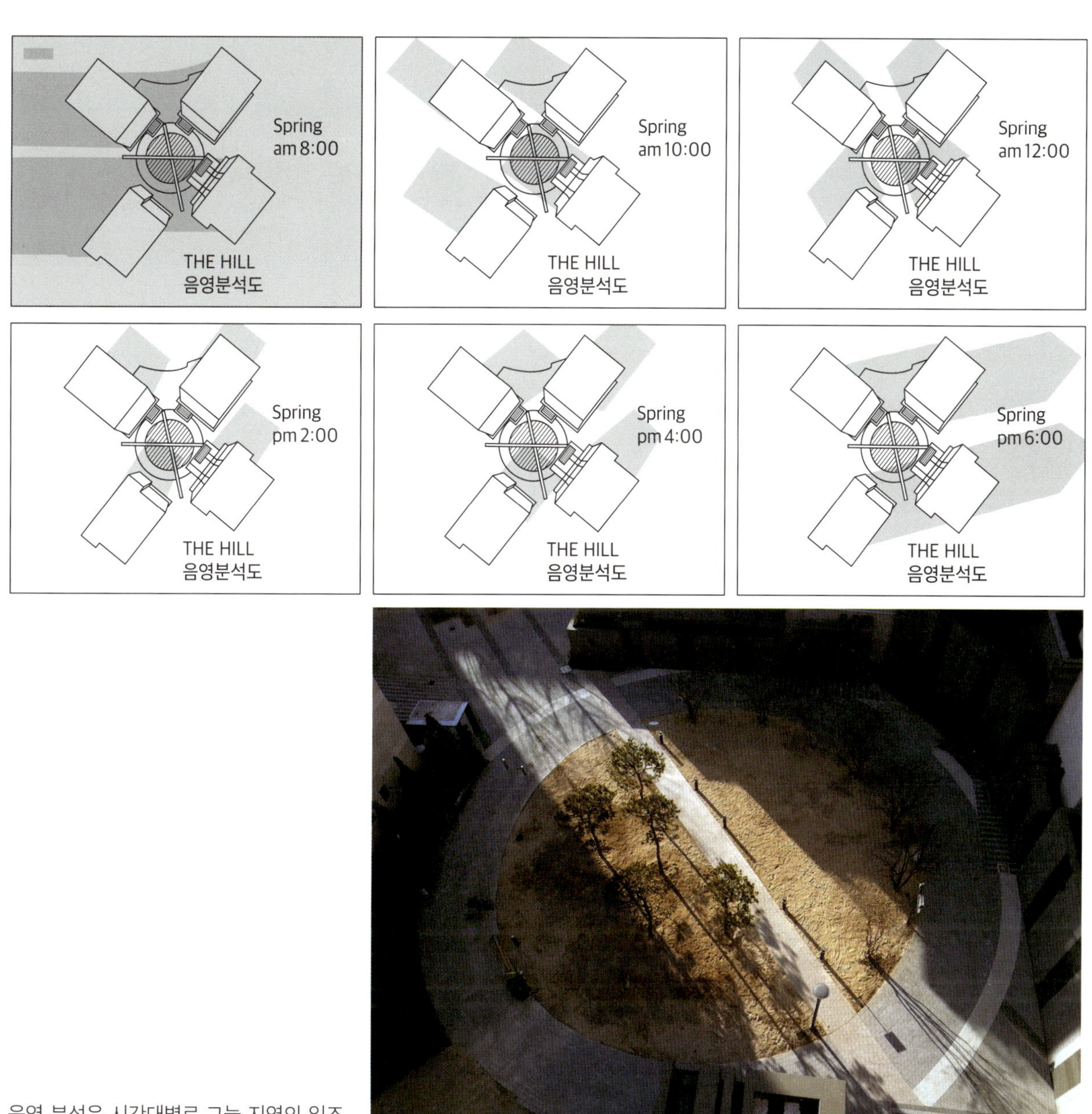

음영 분석은 시간대별로 그늘 지역의 일조량 변화를 확인할 수 있다.

물은 필요량의 80%만, 미지근한 물로

인공관수를 하면서 지하로 흘러 내려가는 중력수까지 책임질 필요는 없다. 과습은 물 자원을 낭비시키고, 토양 산소는 부족해지며, 지온을 떨어뜨려 뿌리 발달에 악영향을 준다. 물은 나무에게 필요한 양의 80%만 줄 때 광합성이 가장 활발한 것으로 조사되었다. 많이 준다고 능사가 아닌 것이다. 다시 한번 강조하지만 물은 한 번을 주더라도 충분히 주고, 대신에 관수 간격은 멀리 두어야 한다. 처음에는 식물들이 가뭄에 적응하느

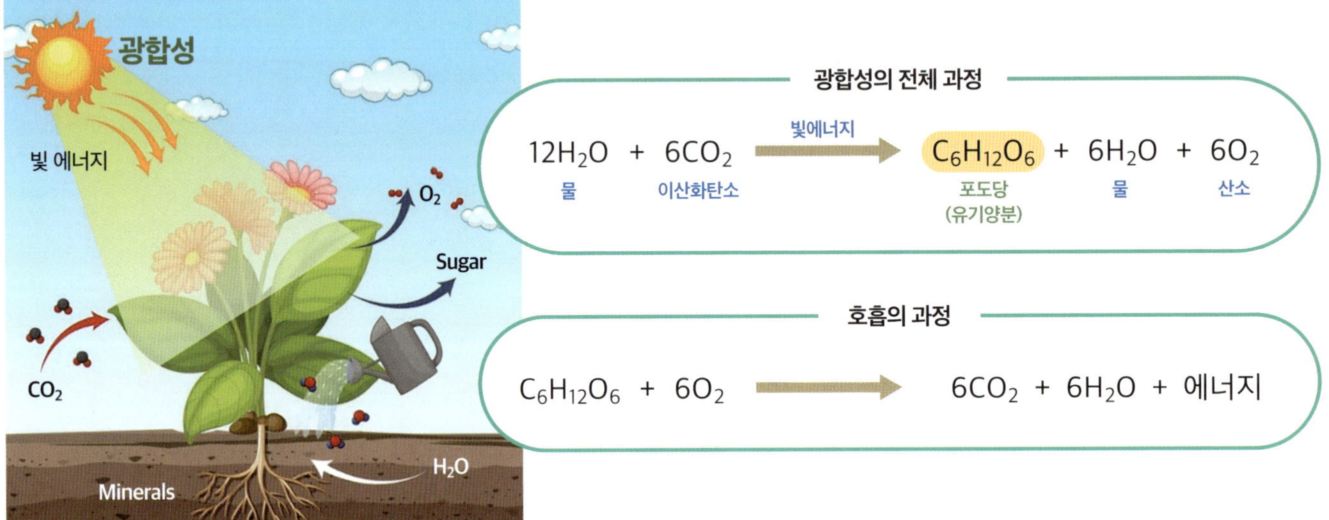

식물은 물과 이산화탄소와 햇빛으로 포도당을 만드는 광합성 과정에서 부산물로 산소와 물을 배출한다. 밤에 호흡할 때는 산소와 물을 사용하여 포도당을 태우며, 부산물로 광합성의 재료가 되는 이산화탄소와 물을 뱉어낸다.
한치의 낭비도 없이 영속적으로 순환되는 이 과정은 신이 창조한 것 중 가장 경이로운 발명품이 아닐 수 없다.

라 까칠하고 품질이 떨어지지만, 시간이 지나면서 뿌리 발달을 촉진해 건조에 강한 튼튼한 나무로 자라게 되는 것을 볼 수 있다. 한편, 산의 경사면에서 땅 표면 온도를 재보았더니, 남향 양지가 34℃일 때 북향 음지는 17℃를 기록했다는 자료가 있다. 당연히 물의 증발량이 차이가 있으므로 양지와 음지의 관수량은 달리해야 할 것이다.

앞서 나는 오전 관수를 주장했는데, 반대 이론도 있어서 소개한다. 페터 볼라벤이 지은 책『나무의 긴 숨결』244쪽을 보면 '저녁 관수는 뿌려 준 물이 금세 증발하지 않고 땅에 천천히 스며들고, 다음 날 아침 식물은 이를 완벽하게 사용할 수 있다.'는 글이 나오는데, 지구 반대편의 환경이라 내게 반박할 자료는 없다.

그러나 예외가 한 가지 있다. 한여름밤 25℃가 넘는 열대야에서는 식물의 호흡량이 늘어나 체력이 감소하는데, 이때 지온을 낮춰서 식물을 돕고 싶다면 관수를 나무의 잎에 하지 말고 지면만 적시는 방법을 택한다. 잎이 밤새도록 젖어 있다는 건 대기 중을 떠도는 곰팡이들에게 둥지를 틀어 주는 꼴이다.

또한 물은 뿌리에 주는 것이지 잎에 주는 것이 아니다. 잎에 물을 뿌려 주면 기공이 막혀서 숨 쉬기가 갑갑해진다. 여기에도 예외로 잎에 물을 뿌려주어야 할 때가 있다. 잎에 먼지가 앉아 씻어 주어야 할 때와 응애나 진딧물 같은 해충이 많이 보일 때다. 잎에 물을 쏘아 주면 응애의 40% 정도가 터져서 죽는다. 이는 장마 뒤 한동안 벌레가 안 보이는 이유이다. 월동 직후에 고압 세척기로 나무줄기를 씻으면 지저분한 수피를 제거하는 동시에, 수피 사이에서 월동하던 해충들을 구제하는 데 아주 효과가 있다. 통상적인 관수 간격은 여름은 3일에 한 번, 봄가을은 1주일에 한 번, 겨울은 2주일에 한 번 주는 것으로 나와 있지만, 물을 주는 간격을 공식처럼 정해 놓는 것처럼 어리석은 일도 없다. 물은 흙이 마를 때 주는 것이다.

겨울이라도 가뭄이라고 생각되면 따뜻한 날을 골라 관수를 해야 한다. 특히 겨울비가 온 날은 관수량을 보태 주기에 더없이 좋은 날이다. 해빙기 관수는 이론적으로 토양온도 10℃ 이상, 낮 기온 5℃ 이상인 날이 10일 이상 지속된 뒤에 주라고 하지만, 경험적으로는 언 땅이 녹아 질척거릴 때 주면 무난하다. 동절기의 수돗물은 4℃ 수준인데, 더운물을 희석해서 20℃ 정도의 미지근한 물로 관수할 수만 있다면, 뿌리의 생육에 더없이 좋을 것이다. 땅에 닿는 순간 수온은 내려가겠지만, 물이 토양으로 침투하기 쉬워지고, 미지근한 물은 뿌리를 잠에서 깨어나게 한다. 미지근한 물은 여름에도 마찬가지. 시원해지라고 4℃의 지하수를 콸콸 쏟아 부으면 뿌리는 충격을 받는다.

한편 늦가을에 심어 첫겨울을 나는 상록수들은 관수에 각별히 힘을

비탈지에서 자란 나무를 캐면 뿌리가 짝분으로 나온다. 대부분 토양관주는 평면 1단으로 물집을 내는데, 교육이 잘된 조경회사는 이 경우 높이에 맞춰 물집을 2단으로 나누어 관수하는 걸 보게 된다. (장원조경)

쏟아야 한다. 상록수는 겨울에도 증산작용을 하고 있어서 계속 물이 필요하며, 주목류의 나무는 수형을 살리기 위해 전정을 거의 하지 않고 심어서 겨울철 고사율이 아주 높다. 땅이 얼어 관수로 해결이 안 될 경우가 많으므로, 증산억제제 살포와 방풍막 설치를 잊지 말아야 한다. 수분 손실을 최대 40%까지 막아 주는 증산억제제의 효과는 2주. 휴면에 들어가 있는 초겨울에 주는 것은 아무 효과가 없고, 기온은 따뜻한데 토양은 아직 얼어 있는 초봄에 효과가 있다.

가끔 건조 수종인 소나무 밑에 건조에 취약한 수국을 함께 심어 놓은 경우를 본다. 이럴 때 소나무에 대한 관수는 따로 하지 않아야 하며, 수국을 살리려다 소나무를 죽이는 일이 없도록 해야 한다. 길게 내다보고 지나치게 수분을 요구하는 수종은 교체해 나가며 〈내건조경제리스케이프 Xeriscape〉을 추구한다.

활착된 나무는 잔뿌리가 낙수선 주변에 발달해 있지만, 새로 이식한 나무는 잔뿌리가 없고, 뿌리분 속에 있는 물로 겨우 생명을 유지한다. 분이 마르면 나무의 고사로 이어지므로 이식목은 분에 집중적으로 관수하는 것이 중요하다. 뿌리분을 중심으로 물받이를 설치하고, 물이 다른 곳으로 흐르지 않도록 한다.

초화류는 꽃에 물을 주면 빨리 시든다

꽃은 나무에 비해 물 주는 양이 적긴 하지만, 그 대신 관수 빈도가 잦다. 고온 건조기인 여름에는 '어제 물을 줬으니 오늘은 괜찮겠지' 하는 방심은 금물. 하루라도 관수를 거르면 낭패를 보기 쉽다. 만약 관수 간격을 격일로 늘리고 싶다면 바이오차나 질석, 테라코템 같은 토양 보습제를 첨가한다. 야생화보다 화원에서 기른 원예종이 가뭄에 더 취약하고, 일년초 중에는 가을에 씨를 뿌려서 이듬해 봄에 꽃이 피는 식물들이 건조에 약하므로 관수관리를 배려하여 설계한다.

개화 중인 꽃에 물이 닿으면 꽃이 빨리 시들므로, 꽃이 물에 젖지 않도록 꽃을 젖히고 잎과 흙에만 관수한다. 절대로 화분 위에다 비가 오듯이 물을 뿌리지 말아야 한다.

초화류의 1회 관수량은 토양이 최소한 5 cm 이상 젖는 것을 기본으로 하는데, 화단에 물을 주고 난 뒤 흙을 직접 파 보면 5 cm까지 적시는 게 보기보다 간단치 않다는 것을 알게 될 것이다. 특히 도로변에 설치한 큰 화분들은 가운데 흙을 높게 돋우므로 물이 화분 안쪽 벽을 타고 곧바로 흘러내리기 때문에 화분 중앙은 그냥 건조한 상태로 있기 쉽다. 이때 화분 밑으로 물이 흘러나온 것을 보고 '충분히 물을 주었다'고 판단하면 오산이다. 화분의 물도 두 번에 나누어 주어야 물 손실이 적으면서 충분히 젖게 된다.

화분의 중앙을 백록담처럼 만들면 문제가 해결된다.

관수의 종류

침수법 나무의 뿌리 주위를 둥그렇게 파서 물을 채운 뒤 천천히 스며들도록 하는 것으로, 산울타리의 경우는 울타리를 따라 길게 물집을 만들어 관수하기도 한다. 지면을 고르게 해야 하며, 표토 유실 방지를 위해 자갈 등으로 피복하면 효과적이다.

도랑 관수법 논에 물을 대듯이 도랑을 파서 물을 흘려보내는 관수법이다. 도랑을 통해 물이 흘러 들어갈 수 있도록, 수분 침투가 좋은 자갈이나 잔디를 깔면 비교적 균일하게 관수가 된다. 기존의 수경시설 중에서 바닥 재질을 바꾸어 도랑관수로 활용할 수 있는 사례들을 많이 찾아볼 수 있다. 빗물 침투를 높이기 위해 도랑의 경사는 1%가 넘지 않도록 설계한다. 범람에 대비해서 도랑의 끝부분에 침투정을 설치해야 한다. 잔디 수로의 폭은 30~50 cm 이내, 깊이는 10 cm 정도가 알맞다.

스프링클러 관수 토양 내로의 정상적인 투수 속도보다 물 분사가 빠르므로 유량을 조절해야 한다. 시간당 10 mm의 살수강도가 적당하다. 스프링클러에 의한 관수는 큰 면적을 동시에 균일한 상태로 관수할 수 있다는 이점이 있지만, 사각지대가 생길 수 있으므로 관수 반경을 겹치게 배치한다.

점적 관수 수목의 뿌리 부분에 서서히 물이 스며들게 하는 방법으로 땅속 5~10 cm 깊이에 점적 호스를 설치한다. 스프링클러에 비해 수목은 60%, 초화는 30% 정도 절수節水할 수 있으며, 관수시간에 영향을 받지 않는다는 장점이 크다. 초기 투자비용이 많이 들지만, 노동력 절감을 따지면 2~3년 안에 투자비용이 빠진다. 지중地中 시설이 없을 때는 눈에 다소 거슬리지만 지면 위에 노출시키는 점적 호스를 설치한다. 단점이라면 스프링클러에 비해서 관수 범위가 좁으므로 호스의 배열이 촘촘해야 한다.

호스 인력 관수 가장 일반적인 물주기 방식이지만 가장 손실이 많은 관수법이다. 물살에 의한 토양 침식이 심하고, 물의 유실량이 많으며, 인건비가 많이 든다. 물살에 의해서 튀어 오른 흙은 잎 뒷면에 붙어 질병을 일으킨다. 소낙비가 온 뒤에 병이 많아지는 이유이다. 수도전이 부족한 곳에서 호스를 몇 개씩 연결해서 관수하는 것을 보게 되는데, 호스를 끌고 다니느라 두 사람이 붙어야 하고 능률도 나오지 않으므로, 주요 지점마다 QC Quick Coupler 밸브를 설치해서 관수 능률을 높이도록 설계과정에서부터 반영해야 한다.

물을 가까운 곳부터 주면서 호수를 이어가며 끌고 가는 것보다, 먼 곳부터 물을 주면서 가까운 곳으로 호수를 회수해 가며 물을 주는 게, 노동력과 시간을 절반으로 줄여 준다.

저면 관수 화분을 대야의 물에 담가 밑으로부터 물이 스며 올라오게 하는 것이 저면 관수이지만, 조경지역에서는 경사진 위쪽에서 지면에 물을 주어 아래로 흘러 내려가도록 저면 관수법을 응용한다. 물살에 의한 흙 튀김이 없고, 호스처럼 사람이 들고 서 있지 않아도 된다. 단, 시간을 재어가며 위치를 이동하는 것이 필요하다.

유공관 관수 유공관은 배수 불량지에 빗물을 배수하기 위해 화단 밑에 묻는 관으로, 물이 자유롭게 드나들 수 있게 만들었다. 이를 거꾸로 활용해서 받아두었던 빗물이나 계류를 유공관으로 흘려보내면, 증발의 염려가 없는 훌륭한 점적 관수시설이 된다. 관수용 유공관은 유공관 끝을 막아 놓는다.

화단 사이로 계류를 흘려보내는 자연형 수로

유공관을 묻고 역으로 물을 보내 화단에 지중地中 관수할 수 있다.

자연형 도랑 관수

도쿄 사찰의 자갈수로

건축물 외벽에 마련된 식재 플랜터에 물차를 동원한 인력 관수

스프링클러의 살수반경을 좁게 하여 점적관수처럼 응용한 사례

빗물을 잔디밭으로 유도하는 플라스틱 홈통

가로수에 물주머니를 매단 점적 관수

서울 남산식물원의 침투형 사고석 수로

순천만 국가정원의 잔디 수로

수로에 습지식물을 심어 빗물 침투와 정원의 개성을 살린 지킬 거투르트 정원. 우측은 영국의 부르턴 그랜지 가든

계류 바닥을 침투형으로 설계한 수로. 물도 사람처럼 계단으로 내려간다.

수생식물을 심어 물을 정수하는 생태 수영장(독일)

조경 관리지역이 넓은 곳에는 일정 간격으로 물을 꺼내 쓸 수 있는 QC밸브를 배치한다. QC밸브가 있으면 고가의 물차를 부르지 않고도 필요한 때 손쉽게 관수를 할 수 있게 된다. (왼쪽: 파리, 오른쪽: 서울식물원)

점적 관수시설을 한 화단

빗물을 끌어들이는 치수 治水 전략

물 부족국가에서 매년 반복되는 가뭄을, 사서 쓰는 물로 해결하려는 것은 좋은 생각이 아니다. 주어진 물을 남김없이 활용하는 사막의 선인장처럼, 물의 효율을 높이고 낭비를 막는 지혜를 모아야 한다. 하늘에서 내리는 비는 35% 정도밖에 토양에 흡수되지 않는다고 한다. 증발열로 사라지는 5%는 어쩔 수 없다고 하더라도 60%는 지표면에서 흘러넘쳐 유실되는 물이라고 하니, 임자 없이 버려지는 이 아까운 빗물을 가두어 토양 침투를 증가시키고, 표면 유거량을 감소시키는 것은 물 관리의 주요 목표가 된다. 다음은 빗물을 붙잡는 전략이다.

- 배수로 바닥에 잔디나 자갈을 사용하면 투수량이 늘어날 뿐만 아니라 정수 효과도 얻게 된다. 수로의 기울기는 느린 유속으로 침투가 촉진될 수 있도록 1~2%로 한다.
- 오목한 지형을 이용한 빗물정원(레인가든)은 빗물을 땅속으로 침투시켜 지표면 유거수를 감소시키고 지하수를 풍부하게 하여 땅의 생산력을 높여준다.
- 지붕에서 홈통을 타고 내려온 물이나 도로에 내린 빗물이 수로를 타고 빗물정원으로 흘러드는 구조를 만든다.
- 잔디와 지피는 지표에서의 물의 이동을 더디게 함으로써 더 많은 물이 침투되도록 한다.
- 지표면을 우드칩으로 멀칭하거나, 나지裸地에 지피식물을 심으면 토양에서의 수분 증발이 억제된다.
- 토양 유기물은 일반 흙보다 6배의 보수력을 가지며 토양의 입단화로 토양 공극률을 높인다. 따라서 벌목하고 토양 속에 남은 나무뿌리를 일부러 제거하지 않는다.
- 바이오차나 피트모스, 펄라이트와 같은 토양개량제를 적절히 활용하면 침투된 빗물을 오랫동안 보유할 수 있다.
- 토양 표면에 모래나 마사토를 1~2 mm 두께로 깔아 주면 물의 표면장력을 약화시켜 수분 침투가 쉬워진다. 또한 토양 표면을 긁어서 표면적을 넓히면 빗물 침투량이 증대되고, 침식을 방지한다.

빗물정원Rain Garden이란?

항상 물을 담아두는 연못과 달리, 빗물정원이란 말 그대로 비가 올 때만 빗물이 모여 형성되는 일시적인 수경정원이다. 사실 인공적으로 만든 연못은 물이 새지 못하게 콘크리트나 벤토나이트 방수로 밑바닥을 철저하게 막아 놓은 구조라, 겉보기에는 친환경적인 것처럼 보이지만 밑의 지반과는 물 한 방울 통하지 않는 '욕조'와 같다. 반면에 빗물정원은 건물의 지붕에서 홈통을 타고 내려온 빗물을 비롯해서 마당에 내린 비를 정원의 저지대 오목한 지형으로 모이게 해서 토양 속으로 서서히 빗물이 스며들게 하는 구조이기 때문에 친환경적이며 누구나 쉽게 만들 수 있다.

가정에서 쓰다 버리는 허드렛물 특히 비눗기가 있는 샤워 물이나 목욕물은 식물에게 이로우므로 빗물정원으로 모을 수 있는 구조를 만들어 보자. 이렇게 수로로 연결된 빗물정원을 만들면, 연간 700 mm 이상 유거수流去水로 버려지던 물의 80% 이상을 재활용할 수 있다고 한다. 빗물이 태초부터 해왔던, 대지를 적시고 지하수가 되며 습지식물을 연출하는 일들이 빗물정원으로 가능해진다. 빗물정원과 수로에는 꽃창포, 골풀, 갈대, 부처꽃 같은 식물을 심어 물을 정수하도록 한다.

주택정원에서 관리하기에 알맞은 빗물정원의 규모는 지붕과 포장된 마당을 비롯한 불투수 면적의 5~10%를 권장한다.(예: 지붕면적이 100 m²이고 10%를 적용한다면 빗물정원의 면적은 10 m²가 된다.) 대규모 빗물정원

비가 온 뒤 자연적으로 생긴 물웅덩이를 무턱대고 메꿀 것이 아니라 공사비를 들이지 않고, 빗물정원으로 활용해 보자. (고양생태공원)

한 곳보다 소규모 빗물정원 여러 곳이 더 효과적이라고 한다. 담수심은 10~20 cm가 적당하고, 길이와 폭은 2:1 정도의 타원형 구조, 바닥은 안전사고에 대비해서 평평하게 만든다. 빗물정원은 빗물이 '24~48시간' 내로 빠지는 게 알맞다. 그러기 위해서는 논바닥처럼 진흙이어서는 안 되고, 방수공사는 더구나 하면 안 된다. 폭우가 왔을 때 넘치는 물이 빠져나갈 수 있는 출수구出水口도 필요하다.

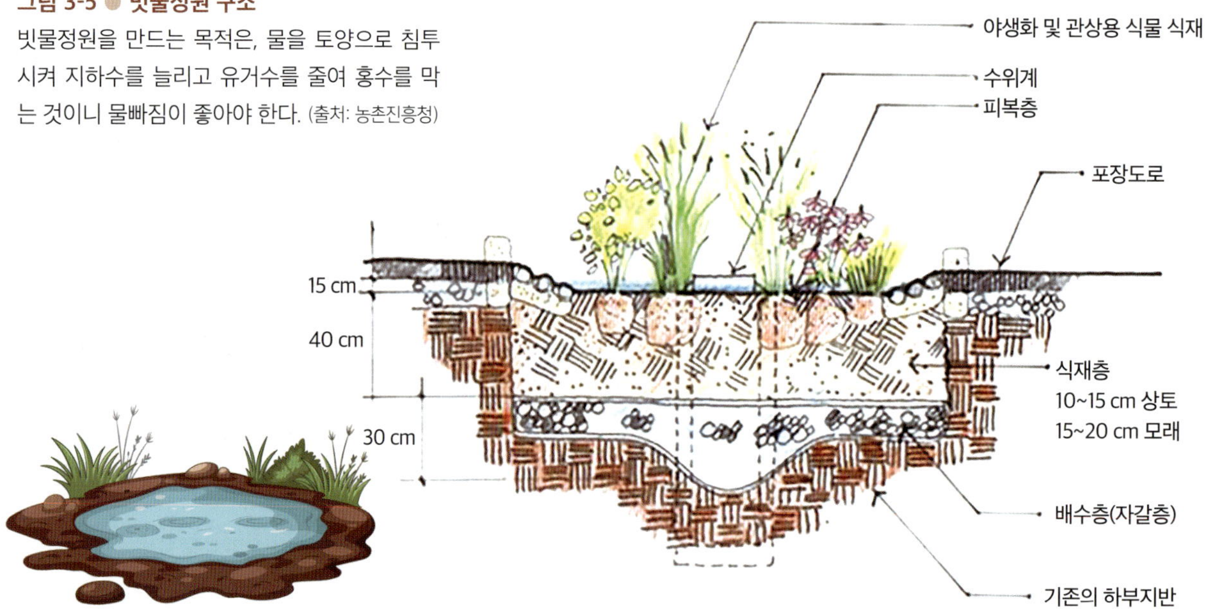

그림 3-5 ● 빗물정원 구조
빗물정원을 만드는 목적은, 물을 토양으로 침투시켜 지하수를 늘리고 유거수를 줄여 홍수를 막는 것이니 물빠짐이 좋아야 한다. (출처: 농촌진흥청)

수직으로 처리된 빗물정원은 주변의 빗물이 고이는 구조가 아니다.

보도의 물이 유입되게 만들어진 빗물정원

기본 수심이 있는 빗물정원은 습지식물원 역할을 겸한다. (파리)

고양시 생태공원의 '손바닥 웅덩이' … 어느 쪽 울타리가 더 예쁜가?

2022년 재개장한 광화문 광장은 빗물정원의 훌륭한 모범사례가 되고 있다.

수원시의 가로수길 빗물정원

인도보다 낮게 시공하여 비가 오면 물이 고이게 만든 고양시 빗물정원

식물의 수분 스트레스를 줄이는 법

토양의 수분 침투량을 증가시키고, 표면 유거량을 감소시키는 것은 식물 생육과 물 관리의 주요한 목적이 된다. 머지않아 온난화로 심각하게 닥쳐올 물 부족 시대에 대비해서 절수節水 방법을 모아보았다.

① 건조지역에 시비량을 줄인다.

② 잡초를 제거하고 수목 주위를 멀칭한다. 멀칭은 땅에서 수분이 증발되는 낭비를 막는다.

③ 작물 잔재물을 토양 표면에 남겨 둔다. 토양의 노출된 표면을 줄여 주는 게 답이다.

④ 잔디나 지피식물은 1차적으로 지표에서의 물의 이동을 더디게 함으로써 토양의 수분 침투력을 향상시키고, 2차적으로는 지면을 덮어 증발률을 35% 정도 감소시킨다.

⑤ 잔디 수로, 빗물정원, 얕은 저지대 웅덩이 등은 유거량을 감소시키고 빗물의 사용량을 증대시킨다.

⑥ 유기물을 포함해서 수분 보유 능력이 높은 토양개량제를 도입한다.

⑦ 지나치게 잦은 관수를 필요로 하는 수목은 제거해 나가고, 내건성 식물로 대체한다.

⑧ 침투성 포장도로를 도입한다.

⑨ 흙을 양토로 관리한다. 점토질 토양은 수분이 침투하기 힘들어 지표면을 따라 흐르는 유거수流去水가 많고, 모래질 토양은 물이 너무 빨리

지하수로 빠져나가 식물이 먹을 물이 부족하다.

❿ 최초의 위조현상이 나타날 때까지 기다렸다가 관수한다.

⓫ 관수는 낙수선 안의 면적에 대해 약 40 mm의 물을 적용한다.

⓬ 필요시엔 증산억제제를 적용한다. 증산억제제는 효과가 2주 정도 지속되지만, 기공을 막기 때문에 반복적인 사용은 심각한 광합성 감소를 일으키므로 1회 사용으로 제한한다.

⓭ 증산량을 줄이는 전정을 25% 내에서 할 수 있다.

나무는 누가 죽이는가

"나무는 누가 죽이는가?" 이 물음에 명쾌하게 답변을 한 책이 있다.

"나무는 사람이 죽인다." 서울대학교 식물병원에 자문위원으로 계신 이규화 님이 쓰신 책이다. 전정하기 전에 반드시 읽어야 할 책이 아닐 수 없다.

살려고 몸부림치는 나무들의 아우성이 들리는가? 사람이 한 짓이라고는 믿고 싶지 않은 일들이 전정이라는 이름 아래 도처에서 함부로 벌어지고 있다. 망나니 난도질에 가까운 이런 짓을 하는 이유를 조경업체 사장에게 물으니 엉뚱한 평계를 댄다.

"이렇게 강전정을 하지 않으면 발주처에서 인정하지 않아 대금을 받지 못해요."

정녕 큰 나무가 주는 이득을 몰라서 하는 소리인가? 물론 감독관의 승인이 났으니 이런 작업이 계속될 수 있을 것이다. 모든 작업지시에는 대가가 지급된다. 시키는 대로, 시방서대로 하는 일이라니 할 말은 없다. 관에서 앞장서서 자른 것을 보고, 민간 아파트에서도 강전정이 유행한다. 하지만 눈이 있고 귀가 있다면 나무들의 소리 없는 아우성을 들을 수 있어야 한다. 적어도 조경을 하는 사람이라면!

머리가 잘린 나무를 두절목頭切木이라 부르는데, 나무 꼭대기 선단에서 옥신 호르몬을 통해 아래 가지들을 통제하던 시스템이 일시에 무너져, 온몸 구석구석에 잠복해 있던 잠아들이 소름이 돋듯이 깨어나 저마다 살겠다고 가지를 낸다. 은행나무는 창을 찌르듯이 도장지가 솟아오르고, 느티나무는 물에 빠진 사람이 허우적대듯이 발버둥을 친다. 삼일운동의 만세 소리가 저와 같던가? 살아도 산 것 같지 않은, 인간이 만든 좀비 나무다. 모두 다 전정을 체인톱으로 하고 부터 생긴 일이다.

나무를 자르면 자른 부위로 햇살이 들어오게 되고, 수피 밑에서 잠들어 있던 잠아가 깨어난다. 어떤 분은 잠아를 잠들은 눈이 아니고 5분 대기조처럼 '잠복'해 있던 눈이라고도 한다. 아무튼 이 잠아가 깨어나 잘려진 절단면 주변에 도장지를 낸다. 전정이 강전정일수록 깨어나는 잠아는 줄기 아래로 더 멀리까지 확산되어 의병義兵 활동을 한다.

문제는 잠아에서 나온 가지는 줄기의 뼈대('수髓'라고 한다)와 연결된

그림 4-1

❶ 우리 눈에는 보이지 않지만 나무의 줄기 속에는 골격을 이루는 뼈대가 있다. 흔히 판재에서 옹이가 박혔다고 하는 그 부분이다.

❷ 잘못된 전정으로 잠아에서 깨어나 생기는 도장지는, 나무 중심의 골격과 연결되어 있지 않다.

❸ 나무의 골격지는 태어날 때의 간격이 평생 그대로인 채 직경만 굵어져서(황토색 부분), 자라는 동안 가지 사이의 간격이 점점 좁아지게 된다. 간격이 좁은 골격지는 넓은 간격의 골격지보다 눈보라에 더 쉽게 찢어진다. 교목에서 골격지 사이의 간격은 최소 45 cm, 가능하면 60 cm 이상이 되어야 한다.

수피가 벗겨진 나무에서 죽은 가지가 줄기 속까지 연결된 것이 보인다.

영구 골격지가 아니고, 잘려나간 가지가 감당했던 광합성량을 응급 복구하기 위해 임시로 설치되는 부교浮橋에 해당한다. 이런 도장지는 수피가 부풀어 올라 자라 나온 것이라, 정상적인 가지가 갖는 몸통과 연결된 힘줄과 근육이 없고 그냥 물렁살이다. 따라서 시간이 지나 가지에 무게가 실리면 언제 찢어져도 이상하지 않은 위해수목이 된다. 평절을 하거나 가지터기를 남긴 전정일수록 도장지가 많이 나오는데, 그렇다고 바로 제거해 버리면 물속에서 숨 쉬던 사람의 빨대를 제거하는 꼴이라 응급 복구가 진행되는 2년 정도의 기간은 살려 두어야 한다.

올바른 가지치기 작업은 조경수의 안전, 건강, 위생, 미관 그리고 경제적 가치를 증진시키지만, 가지치기를 잘못하게 되면 나무의 미관을 해칠뿐 아니라, 나무에게 평생 피해를 주고 생명까지 단축시키는 결과를 초래한다. 1979년 미국의 알렉스 L. 사이고 박사가 〈자연표적 가지치기 Natural Target Pruning, NTP〉라는 방법을 발표함으로써 전정 기술의 새로운 표준이 되었다. 사이고 박사가 제안한 〈자연표적 가지치기 방법〉은 가지가 분지된 곳에 생기는 지피융기선과 가지 밑에 면역물질로 부풀어 오른 지룡을 보호하는 전정법이다. 그동안 일제 강점기부터 전수되어 왔던 평절平切, flush cut(밀착 절단)이나 그루터기를 남기고 자르는 전정이 모두 나무 가지를 부패시키는 원인인 것이 판명되었지만, 아직도 국내 현장에서는 NTP 방법이 정착되지 않고 있다.

과도한 전정이 주는 피해

물은 증발할 때 증발열을 빼앗아 간다. 우리 몸이 땀을 흘려서 체온을 조절하는 것도 같은 원리다. 식물 역시 기공을 통해 수분을 방출하는 증산작용을 통해서 잎의 온도 상승을 억제한다. 그러나 과도한 전정을 하게 되면 수분을 끌어올리는 힘이 약해져 수액의 이동이 느려지고, 직사광선에 노출된 줄기는 쉽게 뜨거워져서 세로로 길게 수피가 찢어지는 일소日燒 피해를 당하게 된다. 방치했던 나무를 강전정하면 수세 회복을 하는 데 보통 3년이 걸린다. 과도한 전정이 가져오는 폐해를 알아두자.

❶ 과도한 전정으로 에너지를 생산하는 잎이 줄어들면 영양실조를 초래하여 수세가 약화되고, 수명이 단축된다.

❷ 광합성과 옥신 생산이 줄어 뿌리가 약화되고, 뿌리병이 시작된다.

❸ 도장지와 맹아지 발생이 시작된다.

❹ 증산작용이 약해져 체온 조절이 안 되므로 수피가 화상을 입는다.

❺ 수세 회복을 위한 영양제와 퇴비 시비량을 늘려야 된다.

❻ 천공성 해충이 몰려와 농약 방제를 자주 해야 하는 악순환을 가져온다.

❼ 나무의 수형이 파괴되어 회복될 수 없으며, 이를 바로잡는 전정작업이 뒤따르게 된다.

❽ 조경 유지관리 비용이 증대된다. 미국 지자체에서는 수목조례에서 두절頭切 작업을 불법으로 규정하여 금지하고 있다.

전정의 1차 목적은 나무의 위험요소 제거와 안전

전정에서 나무의 수형을 교정하는 것이 화장이라면, 위험한 나무를 교정하는 것은 재난 방제에 해당된다. 정원사의 기능 중에 어느 것이 더 중요하냐고 묻는다면, 두말할 것도 없이 멋을 부리는 화장보다 생명을 지키

강전정으로 수액의 이동이 늦어져 생긴 피소

상식적이지 않은 전정

두절을 당한 줄기는 썩은 상태

선주목, 서양측백을 비롯해서 산울타리 관목들의 내부에는 죽은 가지가 많다. 일을 할 줄 아는 정원사는 얼굴이나 어깨는 안 보이고, 나무 밖으로 엉덩이만 보이는 사람이다. 죽거나 병든 가지를 솎아 주어 위생 상태를 개선하는 것은 전정의 기본이자 의무이다.

는 안전이 먼저라고 할 것이다.

128쪽 위의 왼쪽에 보이는 칠엽수는 두 가지의 직립 각도가 너무 좁고, 지피융기선이 함몰되어 있어서 결합이 매우 약하므로 구입해서는 안 되는 위해수목에 해당한다. 이런 가지는 어릴 때는 별문제가 없지만 노령목이 되어갈수록 가지가 찢어져 건물이나 사람을 다치게 할 수 있다. 수목 검수에서 이런 나무를 발견하게 되면 되도록 받지 말아야 하며, 이미 갖고 있는 나무라면 약한 쪽 가지를 지피융기선을 기준으로 제거해서 사고를 미리 방지해야 한다.

오른쪽 느티나무는 상렬 피해인 것 같아 다가갔더니, 수피에만 싸여 있지 완전히 분리된 동일 세력의 두 줄기가 들어 있었다. 왕대나무 두 개가 포장된 것 같은 이런 나무를 합체목이라고 하며 역시 위해수목이다. 나무는 다간보다 단간으로 키울수록 건강하니, 수형에 지장이 없다면 어릴 때부터 외대로 키운다.

전정의 2차 목적은 나무의 '위생 관리'

나무는 대기 중 0.04%에 불과한 이산화탄소로 광합성을 한다. 그러나 수관 내부의 정체된 공기는 나무가 소비한 관계로 이산화탄소 함량이 0.01%까지 내려가게 된다. 이 상태가 오래가면 나무는 쇠약해지지 않을 수 없다. 다행히 바람이 불어 새로운 공기가 이산화탄소를 채워주지만, 죽은 가지들로 내부가 막혀 있으면 바람이 차단된다. 전정은 죽은 가지, 병든 가지, 부러진 가지, 안으로 찔러 들어오는 가지, 쓸모없는 가지들을 제거해서 나무가 그토록 바라는 〈통풍〉을 해결해 주는 것이다. 통풍이 해결되면 채광은 저절로 따라온다. 가지가 없어졌는데 그림자가 설 자리는 없다. 채광과 통풍을 개선하면 수관 내부의 습도를 낮추게 되어 탄저병이나 흰가루병의 발생도 줄어든다. 간혹 생태공원이라고 해서 나무에게 비위생적인 환경을 방치하는 것을 보는데, 생태계가 건강하면 안되는 것인가? 병원과 소방서의 역할도 정원사의 몫이다.

국립수목원에서 일러주는 〈전정해야 할 가지〉를 살펴보자.

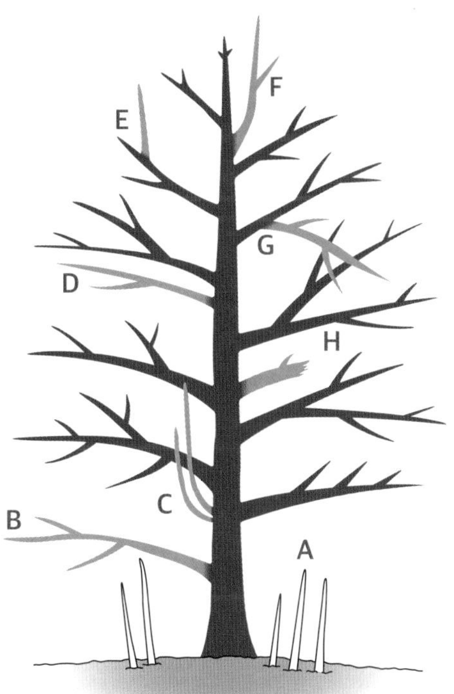

130쪽 사진 수세가 좋은 나무를 두절하면 성질이 머리 끝까지 뻗쳐, 가지가 평소의 몇 배 길이로 수직 상승한다.

나무가 칼을 맞는 것은 그들의 사전에 없다. 외적의 침입에 맞서기 위해 총궐기하는 나무들의 아우성이 들리는가?

왼쪽 두절된 나무에서 긴급하게 돋아난 가지들이 싹을 틔우고 있다.
오른쪽 서울 북한산 인근에서 본 가로수. 두절작업 이후 수형이 뭉개졌다.

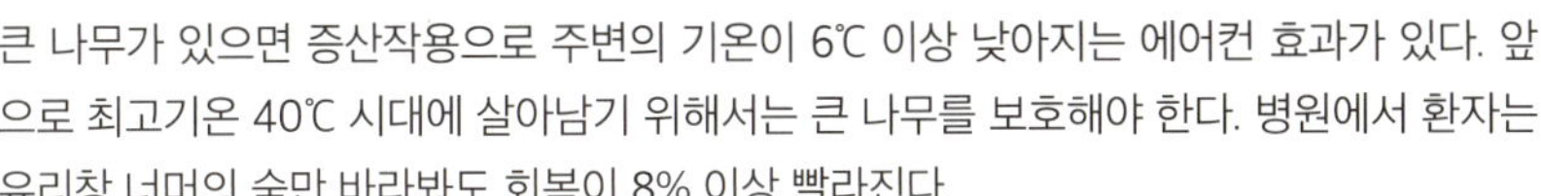

큰 나무가 있으면 증산작용으로 주변의 기온이 6℃ 이상 낮아지는 에어컨 효과가 있다. 앞
으로 최고기온 40℃ 시대에 살아남기 위해서는 큰 나무를 보호해야 한다. 병원에서 환자는
유리창 너머의 숲만 바라봐도 회복이 8% 이상 빨라진다.

강전정이 나무에는 불이익을 주지만 인간한테는 이익을 준다는 근거는 어디에도 없다. 나무를 해치는 건 생태계를 해치는 것이고, 수억 년 동안 나무가 지구를 위해 일해 온 것을 부정하는 것으로, 기후 위기를 더욱 부채질하게 된다.

나무를 축소하려고 자른 강전정은 정반대의 결과를 가져온다. 도장지는 정상적인 가지보다 3배 이상 빠르고, 옆 가지가 없이 일직선으로 자라, 2~3년 안에 가만히 둔 것보다 더 자라 있다. 사진은 강전정된 감나무로 감나무 본연의 수형을 찾을 수 없다.

절단된 나무 밑동에서 맹아지가 나오고 있다. 단면 맹아에서 자라난 가지들은 성목으로 자란 뒤에는 뿌리들이 결합하지 못하고 분리되어 쪼개질 위험이 크다. 사진 가운데는 2025년 3월 초의 은행나무, 오른쪽은 4월 말의 싹이 돋은 모습.

상처 난 가지를 치료받지 못한 나무들은 목재부후균의 밥이다. 상처를 통해 침투한 부후균이 버섯이 되어 사람 눈에 보일 때쯤이면, 나무 속은 이미 썩을 대로 썩은 뒤라 치료할 수 없다.

나무 중에 가장 잘 썩는 나무는 왕벚나무. 병충해가 많고 목재가 약해서 평균수명이 고작 80년에 불과하고, 그마저도 단근을 하여 도시로 이식하면 수명이 20~30년 단축된다. 그러므로 벚나무를 심는 건 자원의 낭비가 된다.

가지터기를 남겨 놓지 말고 잘라야 한다. 남은 가지에 새살이 나오다 막히고, 가지터기는 썩어 들어간다.

왼쪽 한 나무 안에서도 전정 각도에 따라 상처가 아무는 곳과 썩는 곳으로 나뉜다.
오른쪽 위 썩은 가지를 잡아 빼면 무 뽑히듯이 빠지면서 구멍이 생긴다.
오른쪽 아래 평절로 아래쪽 가지 밑살이 도려진 예

● 잘 된 전정은 상처를 깨끗하게 아물게 한다

지피융기선을 기준으로 가지밑살을 살려서 전정하는 NPT전정법을 준수하면, 나무에서 새살이 돋아 목재부후로부터 안전해진다.

상록수는 겨울에 전정하지 않는다

낙엽수는 겨울철이 다가오면 잎을 떨어뜨리고 겨울잠을 준비한다. 수액 내 수분 함량은 감소하고, 광합성으로 만든 설탕은 수액 내에서 부동액 역할을 하여 얼음 결정이 형성되는 것을 방지하여 세포 조직의 손상을 막는다. 이렇게 함으로써 나무는 추운 겨울에도 체내 수분을 보호하며 동결 피해 없이 생존할 수 있다. 이를 위해 가을에 낙엽 질 무렵, 나무는 탄수화물 농도가 최고에 달하며 내한성을 높인다.

이처럼 낙엽수들은 가을에 영양분을 체내에 비축해서 겨울철의 엄동설한에 대비하지만, 침엽수들의 상황은 다르다. 상록 침엽수들은 겨울에도 광합성을 하는 까닭에 영양분을 비축할 이유가 하등 없으며, 방한 대책을 세우지 않는다. 오히려 침엽수들은 겨울에도 증산작용을 하므로, 토양이 얼기 전에 충분한 관수를 해 수분 부족을 예방해야 한다.

이런 침엽수들을 가을에 두절頭切 작업을 하면 겨울을 버틸 영양분이 없어 십중팔구 죽음을 맞이한다. 나무의 머리를 자르는 두절 작업은, 전정에 강한 것이 입증되어 가로수로 선발된 플라타너스나 중국단풍 같은 극히 제한된 수종을 제외하고는 해서는 안 되는 작업이다. 키가 크다는 이유만으로 메타세쿼이아, 스트로브 잣나무, 전나무 같은 수종의 주두를 자르는 건 나무에 대한 무지를 나타낸다. 고사가 진행되어 벌목된 나무의 밑동은 나무의 잘못으로 생긴 게 아니다.

두절 작업으로 죽은 메타세쿼이아와 스트로브 잣나무. 여름이 와도 싹이 돋지 않아 베어진 밑동들이 허망하다.

유월 전정의 두 얼굴

나무는 잎이 왕성하게 자라기 시작하는 시기에서 3~4주 전에 전정하면 새살 형성이 가장 왕성해 상처가 빨리 아문다. 그때가 일 년에 두 번 있는데 2월 말과 5월 말이 된다. 이때의 전정은 절단된 신초의 기부에 있는 노화된 잎을 부활시켜 수세를 약화하지 않는다. 그러므로 유월 초의 약전정은 권할 만하다. 그러나 유월 중순 이후의 강전정은 전혀 다른 상황을 낳는다. 왜 그럴까?

어린이날이 있는 오월이 지나 유월이 오면 나무의 몸속에서는 신체 변화가 일어난다. 3월부터 5월까지 봄 동안은 뿌리에 있던 비축미로 새싹과 새 가지를 만들었기에 6월에 와서는 뿌리의 비축미가 바닥이 난다. 이제부터는 새로 나온 가지들이 스스로 밥벌이를 해서 가정을 꾸리고 세력을 키워나가야 한다. 젊음의 계절 유월은 생장의 계절이다.

신입사원처럼 혈기왕성한 새 가지들은 이 시절 받은 월급은 아직 부모님께 드리지 못하고 자기 계발에 쓴다. 광합성으로 만든 탄수화물 대부분이 생장에 쓰이고, 뿌리로 보내지는 양분은 극히 미미하다. 겉모습은 건강하지만 통장의 잔고가 비어 있는 이때, 누군가 가벼운 전정이 아니고 몸통을 베는 강전정을 하면, 뿌리와 줄기에 있던 탄수화물을 모두 소진한 나무는 견딜 재간이 없다.

그러므로 유월의 약전정은 나무의 오기를 살리는 약이 되지만, 유월의 강전정은 나무를 죽이는 독이 된다. 혹시라도 주변에 나무를 없애고 싶어 하는 사람이 있다면 6월이 적기라고 일러주어라. 이때의 적기는 敵機로 쓴다.

뿌리에서 흡지吸枝 = 근맹아가 올라오는 건 강전정 때문이다. 흡지의 흡은 '빨아들일 흡'이다. 오징어 빨판처럼 나무의 '양분을 빨아먹는 가지'라는 뜻으로 영어에서도 sucker라고 부른다. 흡지는 나무를 쇠약하게 하므로 보이는 즉시 잘라 주도록 한다. 방치하면 오른쪽 벚나무처럼 수형을 망친다.

이식하는 나무도 잎을 25% 이내에서 제거하는 게 원칙. 그러나 한여름에는 25%만 남기기도 한다.

매화나무는 유난히 도장지가 많다. 도장지는 꽃이 피지 않지만 많은 잎을 내어 광합성으로 에너지를 생산하는 중요한 역할을 한다. 오른쪽은 회양목 도장지

철쭉과 회양목을 계단식으로 깎은 일본풍 정원은 제식훈련을 보는 것처럼 사람을 긴장시킨다. 나무는 깎아놓은 연필처럼 가만히 있지 않고 계속 자라기 때문에, 수시로 기계톱으로 시끄럽게 깎아야 하는 것은 인건비를 떠나서 주민 생활을 불편하게 한다.

화살나무를 인위적으로 물결 모양으로 다듬었는데, 옆의 환삼덩굴 우거진 숲과 다를 바 없으니 토피어리를 도입하는 것은 신중해야 한다.

유실수는 사람이 수확하기 쉬운 높이로 수고를 낮춘다.

옛 어른들은 가지에 돌멩이를 매달아 수형을 자연스럽게 낮추었다.

아주 가녀린 넝쿨이 감았는데도 상처가 깊다.

고사한 느티나무에 올린 능소화. 죽은 가지들을 다듬지 않아서 귀신 같은 형상이다.

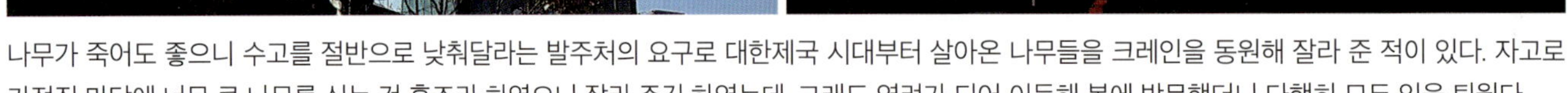

나무가 죽어도 좋으니 수고를 절반으로 낮춰달라는 발주처의 요구로 대한제국 시대부터 살아온 나무들을 크레인을 동원해 잘라 준 적이 있다. 자고로 가정집 마당에 너무 큰 나무를 심는 건 흉조라 하였으니 잘라 주긴 하였는데, 그래도 염려가 되어 이듬해 봄에 방문했더니 다행히 모두 잎을 틔웠다.

삼색 버드나무 전정 전과 후

국립수목원 산림박물관에 전시되어 있는 이 느티나무는 안동 임하댐 건설 당시 수몰 지역에서 가져온 것이다. 느티나무 다섯 그루가 합체목으로 붙어 자란 희귀목으로 수령 150살, 수고 18 m, 둘레 6.2 m라는 설명문이 붙어 있다. 그러나 이 나무를 죽여서 가져오진 않았을 것이다. 내노라하는 산림 전문가들이 총력을 기울였겠지만, 결국 이러한 노거수를 이식한다는 건 쉬운 일이 아니라는 것을 일깨워 주는 산 교육장이 되었다.

상가의 간판을 가린다고 두절을 당한 은행나무 가로수. 나무는 톱을 들고 나타난 인간에게 저항할 방법이 없다.

왼쪽 순식간에 모양을 잡아 주는 노련한 조경공의 손놀림이 믿음직하다.

오른쪽 선주목의 좌우 비대칭을 교정하기 전과 후. 오른쪽 면에 맞추어 왼쪽 면을 한 번에 깎아내면, 속의 빈 가지들이 노출되어 보기 흉하고, 또한 침엽수들은 잎이 없는 가지는 말라 죽게 된다. 그러므로 2~3년을 두고 조금씩 수형을 잡아나간다.

주목은 이식할 때, 수형을 살리느라 전정을 거의 하지 못하는 수종. 이로 인해 증산 과다로 고사율이 높다.

대부분 증산억제제를 뿌려주지만 단기간일 뿐 장기적인 대책이 못 되는데, 이처럼 차광막을 치는 것은 수고스럽겠지만 고마운 일이다.

(서울식물원)

이식한 감나무의 전정 전과 후. 어디를 잘랐는지 모르게 전정이 자연스럽게 잘 되었다. 스카이를 타고 이 정도 전정하기는 쉽지 않다.

소나무를 곡간으로 만들기 위해 자른 절단면이 눈에 거슬린다. 다른 곳도 아 닌 유네스코 세계문화유산인 조선왕릉에서 찍은 사진이다.

어느 책에서 읽었는지는 생각나지 않지만, 같은 일본 내에서도 수도인 도쿄와 고도古都인 교토는 전정 방식이 다르다고 한다. 도쿄의 나무들은 전정한 것을 멀리서도 금방 알아볼 수 있고, 교토의 나무들은 관찰하지 않으면 알 수 없도록 흔적이 남지 않는다는 것이다. 흔적 없는 전정은 노련한 성형외과 의사처럼 오랜 경륜이 있어야 가능한 법. 모처럼 마음먹고 성형수술을 하였는데, 칼자국이 보인다면 누가 좋아하겠는가? 그래서 교토의 정원사들은 도쿄의 정원사들을 내리깔고 본다고 하니, 백 번 수긍이 간다.

전정 위치

나무를 치유하는 올바른 나무 전정

자르는 순서: 2 → 1 → 3

전정 가위로는 직경 2 cm(손이 큰 사람은 2.5 cm)까지만 자르고 그 이상은 톱으로 자른다. 가지 직경이 5 cm가 넘어가면 수피가 찢어지는 것을 막기 위해 세 번에 나눠서 자른다.

10 cm가 넘는 가지는 자르지 않는 것이 원칙. 가지를 자르면 바로 상처도포제를 가볍게 바른다. 두텁게 바르면 오히려 도포제가 마르면서 찢어져 빗물이 스며들고 부후균이 침투한다. 도포제는 2주 간격으로 한두 번 더 발라주면 안심이 된다.

자르는 방향: B → A

- A-C 사이의 지점에서 E까지 내려온 선이 지피융기선이다.
- B에서 D까지 보이는 볼록한 부분이 가지밑살 혹은 가지깃으로 불리는 면역물질 방어벽이다. 이 방어벽이 일부라도 잘려 나가면, 잘린 쪽으로는 상처 융합이 되지 않고 기다렸다는 듯이 부후균이 침투한다. 가지밑살이 두드러지지 않은 수종도 많아 톱질하기 전에 세심한 관찰이 필요하다.
- A는 지피융기선의 바깥쪽이고, C는 안쪽이다. 절대로 지피융기선을 넘어간 C에서 자르면 안 된다.
- B에서 A 방향으로 위를 향해 톱질을 한다. 톱질을 반대 방향에서 하면 수피에 상처를 입히게 된다.
- C에서 D 방향으로 나무줄기에 바짝 부쳐 자르는 밀착 전정은 위-아래쪽 방어벽이 뚫려 가장 빨리 썩어 들어온다.
- 1번 위치에서 자르고 가지터기를 남겨 두면 가지가 마르면서 부후균이 침투한다. 마른 가지는 새살이 나오는 것을 막고, 부후균을 먹여 살리는 군량미 역할을 한다. 부후가 진행된 가지는 잡아빼면 쉽게 쑥 빠지며 밑으로 구멍이 보인다. 줄기 속까지 썩어들어간 것을 확인하는 순간이다.

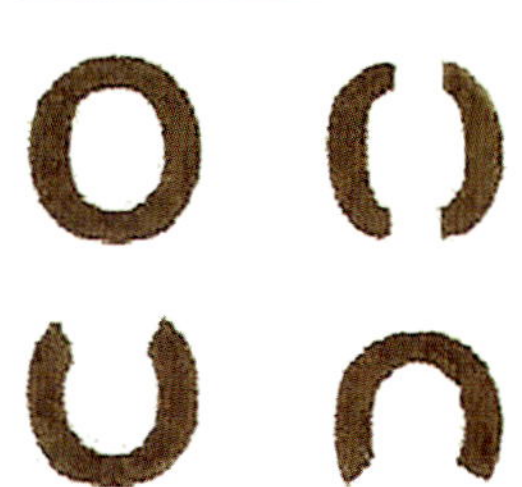

전정 위치에 따라 새살이 나오는 모양이 다르다. 방어벽이 잘려나간 부분은 새살이 나오지 못하고 끊어진다.

물푸레나무 지피융기선

자작나무 지피융기선

층층나무 가지밑살

관련이 없는 것 같아 보이지만, 전정이 잘못되면 뿌리도 상해 버섯이 피기 시작한다.

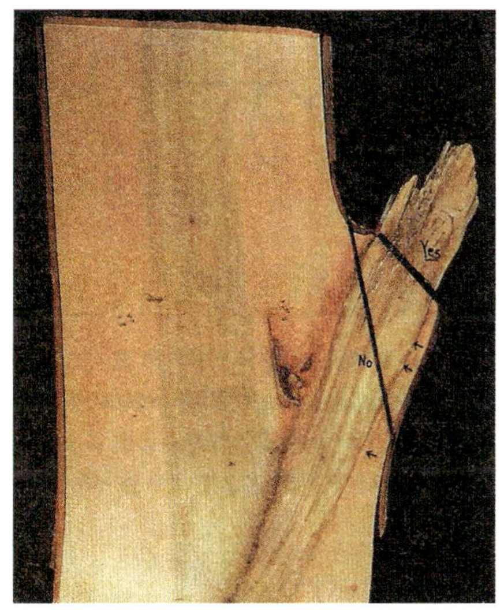

가지밑살을 보호하는 전정을 설명하는 단면도

지피융기선이 볼록할수록 가지의 결합이 튼튼하다.

누구나 하고 있지만 틀리기 쉬운 전정의 기초, 가지 자르기

길게 자란 가지를 짧게 축소 전정하고 싶을 때는, 수형을 관찰해서 가지가 뻗어 나가기를 원하는 곳의 '눈' 위에서 전정하게 된다. 여기서 잠시 나무의 수액 이동에 대해 생각해 보자. 수액이란 뿌리에서 수관 위로 중력을 거스르며 밀어 올리는 물이다. 물은 물길을 따라 물길이 열린 방향으로 이동하면서 에너지를 실어 나른다. 전정은 단순히 가지만 자르는 게 아니라 나무의 물길을 바꾸는 행위가 된다. 전정 위치로 눈을 선택하는 이유는, 눈이 물을 끌어 올리는 양수기 역할을 하기 때문이다.

아래는 이해를 돕고자 그린 전정 위치와 각도 그림이다.
(그림 설명 왼쪽부터)

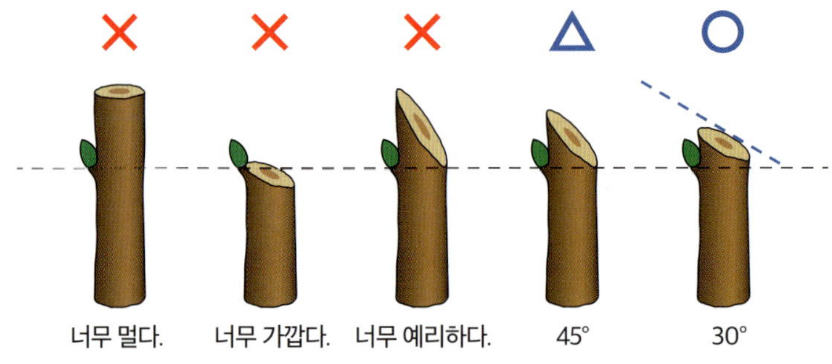

- 가지터기를 너무 길게 남기고 자르면, 출구가 막혀 돌아 나오려는 물(수액)과 밑에서 올라오는 물이 맞부딪쳐서 물이 정체된다. 정체된 물은 활력을 잃으므로 눈 위의 가지는 말라 죽게 된다.
- 눈에 붙여서 너무 가까이 절단하면, 절단면이 마르면서 눈도 같이 말라 죽는다.
- 절단 각도가 예리할수록 절단 면적이 넓어져서, 상처 유합이 더디 되고, 부후균이 침공하는 시간을 벌어 준다.
- 가지의 직경에 따라 다르겠지만, 눈에서 7~10 mm 위를 자르는 게 가장 알맞은 절단 위치다. 절단 각도는 45°면 양호.
- 그러나 나는 절단면을 작게 하려고 '30°'를 적극 추천한다. 자르는 면이 수평이지 않고 사선인 것은, 눈 쪽으로 수액의 흐름을 보내는 교통 신호가 된다.
- PRO의 절단 각도는 30°! 눈 위 7 mm

1 전정은 잎을 배치하는 나무들의 계획을 망쳐놓는다. 도장지든, 흡지든 자르기 전에 왜 이 가지들이 생기게 되었는지, 원인을 먼저 살펴야 한다.

2 나무도 사람처럼, 모든 생명은 죽고 싶어 하지 않는다. 가지를 자르면 잠아가, 밑동을 베면 근맹아가 나와 기를 쓰고 살고자 한다. 나무의 생명과 품위를 존중하는 전정이 되어야 한다.

3 한 번 잘려진 전정은 돌이킬 수 없다. 해부학을 모르는 사람이 감으로 수술하는 것처럼 나무의 생리와 수목의학을 모르고 전정을 하는 돌팔이가 되어서는 안 된다. 최소한 전정 표준으로 정립된 사이고 박사의 자연 표적 전정(NPT)을 숙지하고 신중하게 집도한다.

4 가지터기를 남기지 않고 전정한다. 전정하다 남긴 가지터기는 곰팡이의 영양분이며, 부후균의 출입구가 된다.

5 가지밑살을 파괴하는 수직, 수평의 평절을 하지 않는다. 평절은 상처를 크게 만들어 면역체계를 파괴하고, 조직을 괴사시켜 목재 부후가 시작된다.

6 이식목을 T/R율에 맞춰 강전정한다는 것은 근거없는 관행이다. 어느 가지가 죽을지 알 수 없으므로, 가지 절단은 고사지 발생 이후에 해야 하며, 전정은 수관의 25%를 넘기지 않도록 한다.

7 전정은 올바른 도구를 사용한다. 직경 20 mm 미만의 가지는 바이패스 전정가위, 20 mm 이상은 톱, 50 mm 이상의 가지는 3번에 나눠 전정을 실시하고, 벌목이 아닌 한, 체인톱 전정을 하지 않는다.

8 전정 도구는 나무의 수술칼이다. 반드시 소독하여 사용하고, 절단면은 즉시 상처도포제를 바른다.

9 이식수목일지라도 어떤 전정이든 나무 본연의 수형을 보전하는 것이 중요하다. 전정을 했는지 설명하지 않으면 모를 정도가 되어야 진정한 프로라고 할 수 있다.

10 올바른 전정은 나무를 살리는 정원사의 가장 강력한 의술이자 금지이다. 전정에 자신의 명예를 걸어라.

집중분석 1

소나무 적심은 필요한가?

잎이 무성한 나무일수록 건강한 나무로 자란다. 수목의 입장에서 잎은 많을수록 좋다. 강제로 잎을 제거하면 나무는 당糖을 만들지 못해 굶주리게 되고 쇠약해질 수밖에 없다. 나무는 가지치기 당하는 것이 두렵기만 하다. 광합성을 못하면 죽게 되니까, 나무는 가지가 잘리면 즉시 휴면아를 깨워 도장지를 내고 잎을 만들려 한다. 도장지든 움돋이든, 모두 필요에 의해서 살려고 만드는 것이다. 그래서 단근을 하고 나무를 이식할 때도, 잎의 제거가 수관의 25%를 넘지 않도록 하는 게 정석이다.

그런데 이식한 소나무도 아니고, 이미 활착이 된 소나무에 대해서 적심(=순자르기)이라는 이름 아래 잎을 과반 이상 제거하는 것이 아주 당연한 듯이 매년 되풀이되고 있는 것은, 조경인들이 나무의 입장에서 한 번도 생각을 해 보지 않았기 때문이다.

조경공들이 소나무 전정하는 것을 보면, 한결같이 새로 나온 순을 2/3는 싹둑 잘라 내고 1/3 이내로 남기는 것을 보게 된다. 다시 말해서 30 cm쯤 되는 새순을 5~10 cm로 짧게 만드는 것이다. 당장은 깜찍해 보이는 이 작업이 평생을 후회하게 되는 작업인 줄 아는 조경공은 없어 보였다. 다만, 그렇게 하면 매년 손질하지 않으면 소나무가 못쓰게 되므로 조경회사의 일거리는 계속될 수 있을 것이다.

무엇이 문제인지 풀어보자. 동물은 자라면서 어릴 때의 체격이 비례해서 커진다. 그러나 식물은 비례해서 자라지 않고 처음 나온 위치에 가지가 고정되어 있고, 새 가지가 그 위로 자라 나와 수형이 크게 되는 구조다. 즉 태어날 때 첫 가지가 지면 30 cm 위에서 나왔다면 100년 뒤에도 이 높이는 변하지 않고, 단지 가지만 굵어지게 된다.

산에서 자란 소나무 성목을 보면 가지 배치가 시원시원하게 떨어져 있음을 볼 수 있는데, 이는 유목일 때부터 유지되어 온 간격으로, 소나무의 DNA가 일찌감치 새순을 길게 내어 대비하는 것이다. 그런데 키가 1~2 m인 어린 소나무가 새순이 30 cm 이상 50 cm 정도로 길게 자라 나오면 불균형하게 보여, 사람들이 새순을 10 cm이내로 잘라 놓는다. 그 결과 성목이 되었을 때 윗가지와 아랫가지가 간격이 없이 붙어 버려 통풍과 채광이 안 되면, … 그다음은 바글거리는 〈응애 지옥〉을 보게 된다.

소나무 적심은 절간을 짧게 만들어 태풍이 와도 솔 낙엽이 빠지지 않으니, 사람이 일일이 올라가서 뽑아 주어야 하고, 잎을 절반 이상 줄였으니 광합성량이 부족하여 시비를 하지 않으면 건강을 유지하기 힘들다. 결국 수형을 줄이고, 낙엽을 털어 내고, 시비하느라 애꿎은 예산만 낭비하고, 나무의 기대수명은 절반으로 줄어드니 어리석기 그지없는 악순환의 연속이다.

이를 되짚어 보면 해결 방안이 보인다. 소나무 순자르기 작업을 하지 않으면, 정상적인 절간이 되어 사람이 낙엽을 털어줄 일이 없으며, 잎이 많으니 광합성이 잘 되어 시비할 일이 없어지고, 전정 작업을 하지 않으니 고가 사다리차를 부르지 않아도 되고, 자른 것이 없으니 폐기물 처리 비용도 들지 않는다. 나무가 천수를 누리는 여건이 마련된 것이다.

소나무 적심에 대한 잘못된 인식은, 학교 교육을 잘못 받아들인 수강생들에게도 원인이 있다고 나는 본다. 서울대학교 출판부에서 펴낸 『조경수 식재관리기술』 85쪽을 보면, 소나무 적심을 설명하면서 '적심을 하면 가지 끝에 눈이 두 개 이상 생겨서 짧은 가지의 숫자가 늘어나 수관이 한층 치밀해지고 빈 공간을 채우게 된다'고 설명하고 있다.

나도 초년병 시절인 2006년에 이 책을 사서 밑줄을 그어가며 공부하고, 정원의 어린 소나무들을 적심한 적이 있다. 그러나 이는 소나무 가지가 폭설로 부러졌거나 그늘로 가지가 죽어서 수관이 엉성해졌을 경우에는 합당한 조치이나, 건강한 소나무 모두에게 일률적으로 적용하는 데에는 적지 않은 문제가 있다.

소나무든 철쭉이든 대부분의 나무는 적심을 하면, 하나였던 가지가 보통 3개 정도 자라 나온다. 나는 이것을 알기 쉽게 '1타 3매'라고 설명하는데, 상인들은 이 방법을 통해서 철쭉이나 국화를 꽃이 빽빽하게 만들어서 판다. 그러나 이를 소나무에 적용하면 어찌 되는가? 아래의 사진이 답변을 대신할 것으로 본다.

가지 중간을 잘라 가짓수를 늘리는 것은 원예시장에서 자주 볼 수 있다.

소나무 새순을 이파리로 보지 마라. 새순은 모두 소나무의 가지가 된다. 이 수많은 가지를 어찌 감당하려 하나? 지난해 순자르기를 해서 순이 폭증한 것이다. 쓸데없는 순자르기로 일을 만들었으니 반복되는 이 악순환을 끊으려면, 소나무는 바퀴살로 나오는 너무 많은 순은 솎아 주되, 순의 중간을 자르지 말아야 한다.

순자르기를 한 소나무는 솔 낙엽이 자연적으로는 빠지지 않아, 매년 사람이 나무 위로 올라가 강제로 뽑아내지 않으면 안 된다.

분재처럼 순자르기를 하여 앙상해진 소나무. 다음 순서는 빈약해진 나무를 살리기 위한 영양제 수간주사

가지터기를 자르는 전·중·후 시범

적심으로 빽빽했던 소나무를 너무 과하지 않게 수관을 교정하는 숙련공

소나무를 건강하게 키우는 시작은 순자르기를 하지 않고 자연 수형으로 키우는 것이라 할 수 있는데, 순자르기에 익숙해진 사람들이 오히려 수긍을 안 하는 게 문제다. 잘못된 미美의 척도. ―어린 소녀의 발가락을 발밑에 묶어서 인위적으로 성장하지 못하게 한 전족纏足이 예쁘다고 했던 나라도 있었다.

일부러 순자르기를 했을 때의 결과가 어떻게 되는지 알 수 있도록 사진들을 준비해 보았다.

소나무는 1년에 한 마디씩만 자라는 고정생장이다. 한 마디의 길이는 대략 30~50 cm가 된다.

왼쪽 소나무는 지면으로부터 네 번째까지의 가지는 제거되었다. 사족을 달면, 나무는 아랫가지가 많을수록 가격이 올라가고, 무게 중심이 아래에 있어 태풍에도 안전하다. 차량이 통행하는 가로수가 아니라면 아랫가지를 쳐내는 어리석은 짓을 하지 마라.
오른쪽 아래 길게 자란 새순을 누군가 장난으로 잘라 놓았다. 새순은 솎아낼 순 있어도 길이를 자르면 안 된다. 잘려지고 남은 새순의 길이가 이듬해에 소나무의 마디 간격이 되기 때문이다.

아랫가지는 자연수형이라 40 cm 이상 길고, 솔잎을 달고 있는 윗가지는 순자르기(적심)를 하여 솔잎보다 가지가 짧은 기형이다.

이 소나무 유목은 농장에서 순자르기를 해서 키운 것으로 보인다.

정상적으로 자란 소나무의 순과 절간 모양

천연상태에서의 소나무 자연수형
(2025. 6. 남설악 주전골)

소나무 가지터기는 남길 이유가 있는가?

내로라하는 조경공들도 소나무 가지치기를 할 때면 당연한 듯이 가지터기를 남긴다. 아마 멋으로 알고 그러는 모양인데, 잘못 배운 것이다. 소나무는 수관의 바깥쪽에 있는 1~2년생 가지에만 잎이 있고, 3년생 가지에 있던 잎은 낙엽이 지므로, 수간이 비어 있다. 그래서 본의 아니게 수피를 감상하는 수종으로 정착되었다.

나무줄기에 잎이 없으므로 가지를 자르면 비어 있는 공간이 유난히 눈에 띄고, 균형이 맞지 않는 경우가 자주 생긴다. 소나무는 송진이 있어 가지터기를 남기고 잘라도 썩지 않으므로, 이때 가지터기를 남겨서 나무의 균형미를 살리는 것은 눈썰미 있는 전정공의 특별한 기술이다. 그러나 가지터기가 수형과는 아무 상관없는 곳에 남겨졌다면 이는 잘못된 전정이다.

예를 들어 가지가 꺾이는 팔꿈치 바깥쪽으로 나가는 가지는 가지터기를 살리되, 팔꿈치 안쪽으로 들어오는 가지는 평절로 깔끔하게 다듬어야 하고, 쌍간이 갈라지는 곳에 나온 가지도 그루터기를 남겨서는 안 되는 대표적인 장소다. 더구나 아래 오른쪽 사진처럼 가지가 창같이 날카로운 것은, 반대편에 있는 작업자가 움직이기 싫어서 팔을 뻗어 자른 것이므로 이런 사람한테서는 전정톱을 빼앗아야 마땅하다.

관리되는 장송의 수관폭은 이상하게 일정하다. 고지가위 밖으로 나간 가지는 작업하기 위험해서 끊어 버리기 때문이다.

기울어 자란 나무와 기울여 심은 나무

한국사람들은 출입문 근처나 연못가에 90° 각도로 깍듯하게 인사하는 나무들을 선호한다. 오고 가며 절을 받고 싶은 것이다. 일본 말로 '가브리'나무라고 해서 고가에 거래되는데, 그런 나무들을 찾아 옮겨심기가 쉽지 않다. 강산에 재고가 이제는 거의 바닥이 났기 때문이다. 그래서 나온 차선책이 똑바로 자라던 나무들을 일부러 눕혀서 심는 것이다. 수형이 자연스럽지 않고 무리가 따른다.

자연에서 기울어 자란 나무에는 버팀목이 필요 없다. 그런데 인간이 걱정이 돼서 버팀목을 대면, 힘을 주고 있던 나무의 근육이 풀려 다시는 버팀목 없이는 버틸 수 없게 되고, 오히려 버팀목을 댄 위치에서 줄기가 꺾어지며 부러지는 현상을 보인다.

자연에서 나무는 수간이 기울어지면 넘어지지 않기 위해 근육을 키우는데 이를 이상재異常材라고 한다. 이상재의 특징 중 재미있는 것은 침엽수는 넘어지는 비탈진 쪽에 뿌리로 쐐기를 박고, 활엽수는 수간이 기울어진 반대편 흙을 움켜쥐는 형식으로 뿌리를 뻗는다. 정원에 있는 기울어진 나무의 뿌리목에 이상재가 발달하지 않았다면 심식으로 봐도 틀림이 없다.

　다음은 학술논문전문 AI인 '라이너'가 답변한 나무뿌리 이상재의 설명이다. 내가 수년에 걸쳐서 알아낸 것을 순식간에 뚝딱 해답을 내놓으니 신기하기도 하지만 억울한 생각이 든다. 그러나 AI들의 답변 중에는 엉터리도 많아서, 질문자가 지식이 없으면 잘못 인용했다가 바보가 된다.

이상재의 정의와 형성 원리　이상재는 나무가 기울어지거나 바람에 의해 한쪽으로 힘을 받으면 형성층의 세포분열이 비정상적으로 편심 생장하여 만들어지는 반응조직으로, 영어로는 'reaction wood' 또는 'stress wood'라고 불립니다. 이는 나무가 중력 자극에 반응하여 형성호르몬의 편향으로 인해 생기며, 나무의 기울어짐이나 외부 압력에 저항하기 위해 발생하는 구조적 변화입니다.

이상재의 종류와 특징　이상재는 나무의 종류에 따라 다르게 나타나는데, 침엽수와 활엽수에서 그 형성과 역할이 반대입니다. 침엽수에서는 바람이 불어가는 쪽이나 경사의 아래쪽에 '압축이상재(압축받침재)'가 형성되어 나무를 밀어 올리는 역할을 하여 몸을 지탱합니다. 반대로 활엽수에서는 바람이 불어오는 쪽이나 경사의 위쪽에 '신장이상재(인장받침재)'가 형성되며, 이는 나무를 잡아당기는 역할을 하는 조직입니다.

낭떠러지 쪽으로 쐐기 뿌리를 내린 소나무

기울어진 반대 방향으로 밧줄을 당기듯 뿌리를 뻗은 신갈나무

낙엽수에서 기울어진 쪽으로도 이상재가 발달한 것이 보인다.

때로는 한 가지 이론으로 설명할 수 없는 뿌리도 많다.

버팀목 없이 스스로 일어선 소나무

나무가 쓰러지면 가지들이 하늘로 치솟는다. 생명력이 강한 버드나무 모습

159쪽 아래에 보이는 기울어진 단풍나무 사진은 내가 자문을 맡았던 정원에서 겪은 일이다. 초여름인데도 나무가 하루가 다르게 잎이 마르고 낙엽이 져서 살펴보았더니, 산비탈에서 자란 단풍나무를 가져와 억지로 뉘어 심고는 쓰러지는 것을 막기 위해 버팀목을 세웠다. 버팀목을 세우면 나무는 이상재를 만들 이유가 없으므로 생장에만 에너지를 집중하게 된다. 그 결과 지상부 수관이 더욱 커지면서 이 나무는 죽기 전에는 버팀목을 제거할 수 없게 된다. 앞으로 10년, 20년, 100년, 두고두고 버팀목을 보아야 하는 정원은 품위도 없고 보는 이를 짜증나게 한다.

똑바로 자란 나무를 기울여 심으면 어떻게 되는지 검토해 보자.

- 우선 뿌리분이 노출되지 않으려면 한쪽을 깊게 파묻지 않으면 안 된다.
- 둘, 나무가 넘어지는 것을 방지하기 위해 심식이 필요하고, 넘어가는 쪽으로는 버팀목을 받치게 된다.
- 셋, 뿌리는 심식으로 숨 쉬기가 힘들어져 쇠약해지고, 지상부는 조기 낙엽이 진다.
- 넷, 흙에 묻힌 줄기는 토양 미생물에 의해서 수피가 썩는 목재부후가 시작된다.
- 다섯, 수평 방향으로 뻗었던 나무의 가지들이 하늘을 향해 수직 방향으로 자라기 시작한다.
- 여섯, 나무가 천수를 누리지 못하고 일찍 돌아가신다.

기울여 심어 심식된 나무를 발견했을 때는 ❶ 복토된 흙을 걷어 내고 경량토를 채워 숨통을 열어 주고 ❷ 나무가 쓰러지는 반대편 방향의 뿌리분 위에 운치 있는 조경석을 올려놓아 무게 중심을 잡아준 뒤 ❸ 나무를 받치고 있던 버팀목은 제거한다. ❹ 조경석 대신 지중地中 지주목을 설치해도 된다.

쓰러져 가는 가지에 쇠막대를 받칠 게 아니라, 위험 요소만 제거하고 있는 그대로 자라게 하는 게, 더 합리적이고 깊은 울림이 있는 정원을 만드는 길이 아닐까 생각해 본다.

위 왼쪽 고양시 생태공원
위 오른쪽 남해군 천연기념물 王后
박나무
가운데 춘천시 제이드가든수목원
아래 프랑스 쇼몽 성

안동 하회마을 신목 보호수

나무의 외과수술, 어디까지 왔는가?

외과수술은 필요하다. 그러나 단서가 붙는다. 잘 되었을 경우! 외과수술은 수목 치료기술자나 나무의사들이 필수적으로 치러야 하는 시험과목이고, 강의실에서는 나무병원장들이 목에 힘을 주는 대목이 된다. 그러나 나는 외과수술로 외관이 말쑥해진 나무보다, 속이 더 망가진 나무들을 숱하게 보아 왔다. 심지어 안동 하회마을의 신목으로 보호수 지정을 받은 600년 수령의 느티나무도 외과수술 뒤에 갈라진 틈으로 나무 속이 썩어들어가고 있었다. 모두 비싼 수고비를 받은 나무병원

부안 내소사의 벚나무. 줄기 속의 부패한 목질부를 제거한 뒤, 충진재를 채우는 외과수술을 하지 않았지만 건강하게 꽃을 피우며 사랑받고 있다.

일산 호수공원의 산사나무. 나무 속이 비었다고 흉이 되진 않는다.

들 솜씨다. 수술자들의 정성이 모자라서가 아니라, 아직 제대로 된 수술 방법이나 수술재료를 찾지 못한 결과일 것이다.

그럼 방치할 것이냐? 대안은 하나. 부후가 된 부분을 말끔히 긁어 내고, 방부처리를 한 다음, 속이 보이도록 전시하는 것이다. 그것이 나무가 위험해지고 있는지 알 수 있게 하고, 나무의 생리를 이해하는 자연학습이 될 것이다. 외과수술로 공동空洞 속을 채우지 않고도 건강하게 잘 살고 있는 내소사 벚나무를 소개한다.

소나무는 가로수로 적절한가?

나는 2006년 6월 서울대학교 식물병원의 제12회 조경수관리교육 과정을 이수한 학생이다. 그때 이경준 교수님이 식물병원장으로 계시면서 직접 강의하셨는데, 강의를 들으면서 '저분처럼 되고 싶다'는 생각을 많이 했다. 아래 글은 식물병원 병충해 상담 코너에 내가 문의한 글에 대한 교수님의 회신이 감사해서 간직했던 것인데, 가로수로서의 소나무 단점에 아주 좋은 교육자료라고 생각되어 첨부한다.

1568번 글의 답장글: 소나무는 가로수로 적절하지 못합니다.

글쓴이: 이경준 교수 | 등록: 2009-03-05 21:02:44 | 조회: 69

소나무는 다음과 같은 단점이 있어서 가로수로 부적절합니다.

1. 가지치기 후 맹아가 나오지 않음.
2. 따라서 수형을 조절하기가 힘듬.
3. 잎의 량이 적어 그늘을 잘 만들지 못함.
4. 잎의 량이 적어서 이산화탄소 흡수량과 산소발생량이 적어 공기정화 능력이 낮음.
5. 대기오염에 약함.
6. 그늘을 제대로 만들지 못하여 여름철 온도를 낮추는 기상완화 능력이 적음.
7. 생장이 느려서 도시 녹화에 시간이 걸림.
8. 낙랑장송을 심으면 지상부와 지하부의 비율이 높아서 바람에 잘 쓰러짐.
9. 솔나방, 솔잎혹파리, 솔껍질깍지벌레, 소나무재선충 등의 각종 해충피해에 유난히 약함.
10. 묵은 가지에서 새싹이 나지 않고, 가지를 자르면 그 밑의 가지가 곧 죽음
11. 흙이나 콘크리트로 덮으면 죽는 등 여러 가지 심각한 단점을 가지고 있으며
12. 값이 상당히 비싸다는 또 다른 큰 단점을 가지고 있습니다.

이러한 전문적인 분석에 근거한다면, 소나무는 공원에 일부 심어 한국인의 애틋한 정서를 만족시키는 데 만족해야 하며, 대대적으로 심는 것은 부적합하다는 결론입니다.

소나무가 가로수로서는 부적합하다는 교수님의 일관된 지적에도 불구하고, 서울 종로구를 시작으로 많은 지자체가 소나무를 가로수로 채택하는 경향은 늘고만 있다. 그러하나 소나무는 더운 날씨에는 탈진해서 송진 생산이 줄어들고, 그러면 좀벌레나 재선충병에 취약해지지 않을 수 없다. 산림청에 따르면 2014년 소나무 재선충과 관련해서 남부지방에서만 218만 그루의 소나무가 베어졌고, 2023년에는 78만 그루가 베어져서 방제 효과를 거두고 있다고 한다. 그러나 대구안실련과 같은 시민단체에서 산림기술사를 대동하고 현장 조사한 것은 3배나 많은 220만여 그루라며, 통계가 조작되었다고 반박한다. 옳고 그르고를 떠나서, 기후가 더워지는데 소나무 재선충병이 줄어든다는 것은 희망사항이지 실제상황은 아닐 것이라고 본다.

앞으로 10년 안에 한여름 최고기온이 40℃를 오르내리면 소나무는 에어컨을 달아 주기 전에는 남한에서 살기 어려울 것이다. 수목에 관한 한 국내 최고의 전문가이신 노교수님의 경고에 지자체들은 귀를 기울여야 한다. 한편 교수님의 답장 글에 함께 보관된 소나무 관련 메모가 있어 같이 소개한다.

소나무의 특징과 잔디

- 소나무는 뿌리가 먼저 죽고 잎이 나중 죽는다. 잎이 노랗게 변할 때에는 이미 회생 불가능할 때가 많다.
- 소나무는 어느 수종보다 뿌리의 산소요구도가 높아 햇빛에 드러나야 건강하게 산다.
- 소나무의 뿌리 호흡량은 25% 이상, 일반 나무들은 8% 미만으로 3배 이상 많다. 소나무는 위의 조건이 충족되어야 물 흡수 → 양분 흡수 → 광합성이 진행된다.
- 소나무는 심근성 수종이어서 정상적인 생육토심은 120 cm. 최소 생존토심은 90 cm가 필요하다.
- 소나무는 햇빛을 좋아하는 극양수이다. 소나무 지하고에 바람이 통하지 않고, 남쪽에 활엽수를 심어 그늘이 지면 죽는다.
- 소나무는 습한 땅을 싫어하므로 봉분처럼 50 cm 이상 높여 심는다.

- 소나무에는 토양 미생물인 외생근균이 먹고 살 수 있는 유기물 영양 분이 필요하다.
- 소나무 그늘 밑에는 솔잎과 뿌리가 내뿜는 타감물질로 잔디가 죽게 되므로, 원형으로 잔디를 제거하고 마사토가 드러나게 관리하는 것이 바람직하다.
- 소나무에게는 솔잎으로 멀칭하는 것이 가장 좋은 방법이다.
- 원래 소나무 밑에는 다른 식물을 심지 않고, 잔디밭에는 나무를 심지 않는다.
- 여름철에 소나무는 건조하게 열흘에 한 번, 잔디는 매일 관수해야 하는 품종이라 둘 사이의 균형에 관한 연구가 필요하다.
- 이는 비료 요구도에서도 같은 고민을 안고 있는데, 잔디를 위한 질소 비료는 소나무를 과잉 생장시켜 수피가 얇아지고, 해충의 피해를 보게 된다.

그동안 메모했던 노트북을 공개하며

사람마다 다르겠지만 정원을 관리하면서 내가 가장 즐거워하는 때는 나무를 전정할 때다. 내가 손을 댐으로써 나무의 건강이 좋아지고, 수형이 달라지며, 정원의 풍경 또한 정돈되어 가는 것을 바라보는 것만큼 기쁜 일도 없다. 그래서 명품과는 거리가 먼 나도, 전정 도구만큼은 여러 벌을 사서 절삭력이나 인체공학적인 면 등을 비교하며 애지중지한다.

전정을 공부하며 그동안 정리해 두었던 자칭 〈전정 비급〉을 차제에 독자들에게 전수하는 것도 작은 보람이 될 것이라고 여겨져, 가지고 있던 노트 그대로를 가감없이 공개한다.

물론 거칠거나 틀린 부분이 있을 것이나 배우는 과정에서 나온 것이니, 이를 딛고 청출어람할 후배들을 기대한다. 책이 출판된 뒤 독자들의 의견을 경청하여 개정판에 반영하고자 한다.

전정 비급 秘笈

전정은 나무에 미치는 영향을 최소화하기 위해, 작업량을 장기간에 걸쳐 분산하여 수행하는 것이 중요하다. 할 수만 있다면 수령이 30년이 되기 전까지 장기적으로 전정 계획을 수립한다.

가지치기는 원예 분야 중에서도 과학적이면서 체계적인 학습이 가장 많이 필요한 부분으로 식물의 수종에 따라, 품종에 따라 전정 방법이 다를 수 있다.

미국의 경우 가로수 관리비 중 가지치기에 전체 예산의 40%가 쓰인다. 미국 수목관리업체의 매출액에서도 전정이 차지하는 비중은 37%로 병해충 방제 18%, 벌목 16%에 비해 월등히 높다.

가지치기의 목적

❶ 오래된 가지를 새 가지로 대체하여 나무를 젊게 한다.

❷ 통풍과 채광을 개선하여 병충해를 예방한다.

❸ 고사지, 잔가지를 다듬어 단정한 수형을 유지한다.

❹ 위험한 가지를 제거하여 안전을 도모한다.

전정에서 순자르기는 금물

나무는 어릴 때의 절간이 커서도 길이에 변함이 없다. 오히려 가지가 굵어지므로 틈새는 더 좁아지게 된다. 어린 나무에서는 절간이 길어 보이지만, 나무의 전 생애를 통해서 보면 처음부터 적정한 간격으로 나온 것이므로, 마디 길이를 줄이는 순자르기는 해서는 안 되는 작업이다.

강한 가지결합과 올바른 전정

새 가지가 어미 가지에서 자라 나올 때 보면, 새끼 가지가 나오는 부분을 에워싸는 근육이 형성되어 가지밑살 주변이 두툼하게 부풀어 오른다. 가지의 각도는 90°에 가까울수록, 직경 비율이 낮을수록, 줄기가 가지 깃을 에워싸는 힘이 강해서 연결부위의 부착 강도가 강하다.

그러나 가지의 각도가 좁거나 쌍간처럼 굵기가 비슷하면 가지밑살의 연결 근육branch coller이 발달하지 않고 제각각 자라기 때문에, 겉보기에는 하나여도 커가면서 어느 날 강풍을 만나게 되면 찢어지게 된다. 그러므로 V자형으로 자라는 쌍간은 일찍 외대로 키우는 것이 좋다.

또한 나무가 위급한 상황에서 잠아를 깨워 내보내는 맹아지는 수간과 골격이 연결되지 않은 임시 가지이므로, 나무가 활력을 되찾은 뒤에는 제거하여 위험요소를 줄인다.

| **나무와 지지대** | 나무는 한번 지지대를 받쳐 주면 지지력에 사용할 에너지를 줄기 신장에 사용하여, 가지의 길이가 계속 늘어나므로 지지대를 영구히 제거할 수 없다. 또한 지지대를 하중이 걸린 곳에 받치면, 받친 곳이 지랫대가 되어 오히려 꺾이게 된다. 그러므로 지지대를 받치는 대신 가지 솎기로 무게를 줄여 주고, 가지의 진행방향을 전정으로 고쳐주는 것이 낫다. |

| **전정 순서** | ★ 굵은 가지부터 ★ 위에서 아래로 ★ 밖에서 안으로
활엽수가 침엽수보다 전정에 강하다. 상부는 강전정, 하부는 약전정한다. 그러나 생울타리는 아래에서 위로 전정하는 것이 수형을 잡기에 좋고, 인체공학적으로도 편하다. |

| **도장지 처리** | 전정은, 뿌리의 양은 변하지 않으므로 흡수된 수분과 양분이 남은 눈에 집중되어 새 가지가 강하게 성장한다. 고사지가 많으면 맹아지가 많아지는 것도 같은 원인이다.
도장지를 한번에 자르면 다시 세력이 강한 가지가 나오므로, 여름에 1/2 정도 자르고, 겨울이나 봄에 나머지를 기부에서 잘라야 도장지 발생이 없다. |

| **가지 솎기** | 가지터기와 눈을 하나도 남기지 않고 분지점에서 흔적없이 절단하는 전정을 말한다. |

계절별 전정의 특징

| **겨울 휴면기 전정** | 낙엽수는 겨울이 본격적인 가지치기 계절이다. 낙엽기 전정에서 주의할 점은, 잎이 떨어지는 동안은 잎에 있던 양분을 체내에 회수하는 기간이므로 낙엽이 다 질 때까지 전정을 기다려야 한다. 그러나 12월의 이른 전정은 아직 휴면이 부족하여 가지에 수분이 많다. 광합성도 완전히 끝나고 휴면도 충분한 2월 중순이 겨울 전정의 적기가 된다. |

| **봄 전정** | 생장이 시작되기 전인 3월은 모든 나무의 전정이 가능하다. 에너지가 비축되어 있어 전정을 해도 잘 아물고 나무에도 지장이 적다. 그러나 곧 새순이 나오는 시기이므로 겨울 같은 강전정은 피한다. 매실, 산수유처럼 새순이 빠른 수종은 전정을 서두르고, 대추나무, 배롱나무처럼 새순이 늦은 수종은 전정을 늦게해도 된다.
봄 전정은 여름 전정보다 도장지가 많다. 햇가지에서 꽃눈이 나와 여름에 꽃을 피우는 배롱나무, 무궁화, 능소화, 싸리나무 등이 봄 전정 대상이고, 상록수도 포함된다. 새순이 나오는 4월부터 한 달 동안은 전정 금지기간이니, 봄 전정기간은 짧다. |

5월 말부터 6월 초 사이의 전정은 유상 조직과 새살 형성이 가장 빠른 시기여서 상처가 빨리 아문다. 나무의 억제가 필요하다면 이 시기에 약전정을 한다. 6월의 가지치기는 햇가지가 억세지 않아 도장지가 없으므로 수형이 흐트러지지 않는다. 그러나 나무를 빨리 키우고 싶다면, 여름에는 2차 생장을 위한 양분이 많이 필요하므로 광합성을 하는 잎을 많이 살려두도록 한다.

소나무와 잣나무는 6~7월에 전정하면 송진이 많이 나와 수액을 뺏기므로 좋지 않다.

단풍나무는 잎이 완전히 나온 6월 이후에 전정해야 수액이 나오지 않는다.

상록수나 남부수종은 장마기 이후 새잎이 충분히 굳어졌을 때 전정이 가능하다.

한편, 여름은 피고 진 꽃을 분주히 따는 계절. 관상가치가 없는 열매는 따 주어서 양분 손실을 막는다.

여름의 광합성은 나무 자신의 성장에 쓰지만, 가을의 광합성은 뿌리와 줄기에 영양분으로 저장되어 겨울잠을 자는 체지방이 되고, 내년 봄의 새싹을 만드는 자양분으로 쓰인다. 즉 모든 생명의 근원인 번식과 생존이 달렸으니, 잎 한 장이라도 아껴야 한다. 가을 전정은 새로운 생장을 촉진시켜 서리 피해를 불러올 수 있으므로 이래저래 수형을 다듬는 약전정으로 그친다. 또한 가을은 목재부후균의 포자가 대기 중으로 왕성하게 방출되는 시기이니, 전정 즉시 상처도포제를 발라 감염을 막는다. 톱신 도포제가 없을 때는 바세린도 괜찮다.

강전정을 하면 새 가지의 세력이 강해져 생장이 늦게까지 계속되므로, 수체 내의 양분 축적이 적어 꽃눈 형성이 불량하고 뿌리 발달도 줄게 된다. 가장 큰 단점은 나무 본연의 수형을 잃게 된다는 것. 수세가 약한 나무는 강전정에 새순이 약하게 나오고, 수세가 강한 것은 여름에 도장지를 많이 내는 피해가 발생한다.

약전정을 하면 새 가지 생육은 약해지지만, 초기 잎 면적이 많아지고, 꽃눈 형성이 좋다는 장점이 있다. 약전정도 가지 수를 늘리는 자름전정보다는, 가지의 분지점에서 자르는 솎음전정이 수관 안의 채광과 통풍을 좋게 하여 꽃눈 형성이나 과일 품질이 좋아진다.

소나무

어린 나무를 전정하면 발육이 나빠진다. 10년 정도 키워서 골격을 키운 후에 전정을 시작한다. 열 살이 지나 소나무 순자르기를 하려면, 5월에 새순이 10 cm쯤 자랐을 때, 새순 중 2~3개만 남기고 나머지를 제거한다.

소나무를 분재형으로 작게 기르고 싶을 때에는 남겨둔 새순을 절반 혹은 원하는 길이에서 자르는데, 이렇게 하면 이후에 품이 많이 들어가는 유지관리를 계속해야 한다.

주목

고정생장으로 한 번만 새순을 내는 소나무와 달리, 주목은 봄 가을로 잎을 두 번 내는 자유생장 수종이다. 주목은 나무에 동전을 던졌을 때 동전이 튕겨나올 정도로 잎이 치밀하도록 가꾸는 게 기술인데, 그렇게 하려면 연 6회 정도까지 전정을 해야 된다. 일반적으로 주목 전정은 새순이 나와 굳어진 뒤에 자른다. 주목은 고산수종이라 따뜻한 지방에서는 좋은 정원수가 되기 어렵다.

가문비나무

자연수형 유지. 전정은 전나무에 준한다.

가문비나무는 북위 50~70°, 춥고 눈이 많이 내리는 북부 침엽수림 지대에 서식한다. 타이가 지대는 평균기온이 10℃ 이상을 넘는 달이 2~4개월에 불과해서 무척 더디게 자란다. 20년이면 2 m쯤 자라고, 100년이 지나도 20 m를 넘기 어렵다. 이런 나무를 생장기간이 긴 온대지방에 심으면 6개월 내내 성장할 수 있으므로 크기가 완전히 달라지고 재앙이 시작된다. 몸집은 커졌지만 다져진 토양에서 뿌리가 힘이 없어 폭풍만 불면 처참하게 쓰러진다. 전나무, 잣나무, 구상나무와 함께 한대 고산수종들은 온대지방에 맞는 측백나무류나 상록활엽수로 대체식재되어야 한다.

스트로브잣나무

전정에 강해 수형 조절이 자유롭지만 굳이 그러지 않아도 자연수형이 아름답다. 늦겨울~이른 봄에 죽은 가지, 병든 가지 정도만 제거하고 강전정은 피한다. 특히 주간 및 초두가 절단되지 않아야 한다. 이식에 강하나, 여름철 식재는 가지 꼭대기가 휘어지므로 피한다. 오존 등 공해에 약해서 도시조경에는 부적합하다.

전나무

침엽수 중에서 가장 크게 자라는 나무로 멀리서 수직미를 감상하는 나무다. 한냉 수종이므로 고온건조한 기후에서는 생육이 불량하다. 가지는 아래로 처지지 않고 옆이나 위로 뻗어 있으며, 따가운 잎이 줄기에까지 잔뜩 나 있다. 오래 자라면 잔가지가 거의 없이 매끈하게 자란다. 공해에 약하여 도시 조경수로는 부적당하다.

참나무나 전나무는 아주 깊은 땅속에 뿌리를 내린다. 그래서 물을 더 많이 저장할 수 있고, 폭풍에도 강하다. 맹아력이 약하므로 통행에 방해되는 하단부만 약전정을 한다.

<table>
<tr><td>은행나무</td><td>자연수형으로 기른다. 좁은 장소에 심었을 경우, 목표 크기에 도달하면 주간을 수평으로 자르고 매년 낙엽기에 일정한 크기로 수관폭 정리를 한다.
뿌리가 깊어 바람에 강한 방풍수로, 또 화재에도 강한 방화수로 이용할 수 있다.</td></tr>
</table>

매실나무

매실나무는 가지를 다듬어 줄수록 모양이 좋아진다. 춘분이 지난 3월 하순경 잎보다 먼저 꽃이 피는데, 지난해에 잎이 붙어 있던 자리에서 1~2송이씩 거의 가지에 들러붙은 상태로 핀다. 매실나무 전정은 연 2회 작업한다.

★ 6~7월 여름 전정: 가지 길이가 15 cm 이내인 단과지가 꽃이 많고 도장지에는 꽃이 없다. 그러나 꽃이 피는 단과지는 양분을 소모하고, 도장지는 잎이 많아 양분을 생산하는 기능을 하므로 도장지를 없애는 것은 수세를 약화시킨다. 더구나 도장지를 모두 제거하면 다른 가지들이 도장지로 돌변하므로, 여름 전정 때는 절반만 자르고, 겨울 전정 때 나머지를 자르도록 한다. 7~8월 화아분화 이후의 강전정은 피한다.

★ 11월~1월 겨울 전정: 꽃눈 위치를 보면서 수형을 조절하는 전정. 지난해에 꽃이 피었던 단과지는 이듬해 꽃이 피지 않으므로 제거한다. 묵은 가지에는 잔가지가 가시로 변한 것이 있다.

꽃보다 열매 수확이 목적인 과수원에서의 매실나무 기본 수형은 개심자연형이다. 마티니 술잔처럼 속은 비우고 바깥으로만 가지를 배치하여 매실 수확을 손쉽게 하려는 것이 주목적이지만, 그만큼 수관 내부에 햇빛이 잘 들어야 한다는 것을 의미한다.

살구

4월에 벚나무처럼 잎보다 꽃이 먼저 핀다. 농약 없이도 열매가 잘 열리며 매실나무보다 크게 자란다. 꽃은 개화기간이 1주일로 짧은 게 흠. 심은 지 4~5년부터 살구가 열리고 10년이 지나면 살구가 많이 열린다. 짧은 가지에서 개화하고 결실한다. 긴 가지는 개화하기 전에 1/3을 잘라 준다. 살구는 어릴 때는 세력이 강하나, 성목이 되면서 급격히 세력이 떨어지므로 수세에 따라 전정 강도를 맞춘다.

대추나무

당년에 발생한 햇가지에서 열매를 맺는다. 가지가 많아 내부에 그늘이 지면, 가지가 햇빛을 찾아 밖으로만 뻗으므로 수형도 나빠지고 결실도 나빠진다.
대추나무의 표준 수형은 '변칙주간형'으로, 완성하는 데 10여 년 정도 걸린다. 충분한 잎 면적이 확보되어야 대추가 많이 열리므로 강전정은 하지 않는다.

호랑가시나무	자웅이주. 암나무보다 수나무가 꽃은 작지만 향기가 좋다. 내한성 면에서 동백, 목서류와 비슷하지만 호랑가시가 조금 더 강하다. 서울은 건물의 남향받이에서 월동 가능. 열매는 10월부터 4월까지 6개월 동안 붉은빛을 뽐낸다. 새들이 좋아한다. 전정에 강하지만 심하게 전정하지 않으면 크게 자라는 나무다. 아깝긴 하지만 생울타리 최고의 나무. 구골나무나 구골목서와 잎이 비슷하고 조경 측면에서 같은 용도로 이용된다. 자연수형으로 기르지만, 필요하다면 6월 하순, 2월 초 전정 실시. 음지에서는 가지가 엉성해지므로 약전정으로 가지 수를 늘린다.

사람주나무	제주도 단풍나무. 서해안은 백령도, 동해안은 속초까지, 내륙은 날이 더워져서 서울지방도 식재가 가능해졌다. 음양을 가리지 않고 잘 자라나 예쁜 단풍을 보려면 양지에 심는다. 비옥하고 습기가 있는 땅을 좋아한다. 매끈한 회백색 수피와 가을의 붉은 단풍이 관상 포인트. 봄에 돋는 새순도 붉은색을 띠며 수형이 단아하여 고급스러운 느낌을 준다. 무지무지하게 늦게 자라므로, 키 큰 나무를 원치 않는 정원에 심으면 좋다. 2월에 평형지는 잘라내고 상향지 위주로 남겨 쭉쭉 상승하는 수형을 만드는 게 좋다.

팽나무	자연수형이 좋은 나무. 전정은 2월이 적기. 남부 해안수종이지만 환경적응력이 커서 전국 어디서나 잘 자란다. 땅이 깊고 평평한 곳을 좋아한다. 수성이 강해서 1,000살까지 사는 장수목이다. 조상들은 줄기, 잎, 열매가 아름다워 숲 조성에 많이 사용했다. 해풍이 강한 곳에서 자란 팽나무는 가지가 더욱 치밀하고 마디 사이가 짧아 더욱 아름다운 수형이 된다. 최근 들어 아파트 조경에 필수 식재품목이 되어, 제주도의 팽나무는 거의 동이 나고 해남지방의 팽나무들이 올라온다. 예전엔 팽나무가 크면 통째로 베어다 속을 파서 통나무배를 만들었다. 목재는 조금이라도 음식찌꺼기가 묻어 있으면 금새 검푸른 곰팡이가 슬면서 썩기 때문에 오히려 최고의 도마로 쳤다.

구골나무	연중 녹색을 자랑하는 상록수로 수형이 정연하고 아름다워 정원의 주목으로 손색이 없다. 한국 남부 해안지대에서 자라며 일본, 대만에서도 자란다. 이 나무의 특징은 높이가 3 m 이내로 매우 작다는 것이다. 잎이 호랑가시나무와 흡사하여 혼동하기 쉽다. 11월에 피는 흰색의 작은 꽃은 향기가 아주 좋고 매력적이다. 같은 물푸레나무과인 금목서, 은목서, 구골목서보다 추위에 강해 중부에서도 볕이 좋으면 노지월동이 가능하다. 전정은 1차 생장이 멈춘 6월 이후 실시. 강전정에 강해서 산울타리는 물론 다양한 수형이 가능하다. 반그늘에서도 양호한 생장을 보인다. 높이 6 m까지 자라는 소교목이지만 생장이 느려 조경에서는 관목으로 간주한다. 전정에 견디는 힘이 막강하여 토피어리도 견딘다. 전정 적기는 6~8월.

화살나무	단풍관목의 대표 수종. 자연수형이 아름답다. 사철나무와 같은 노박덩굴과여서 열매가 아주 비슷하게 생겼다. 천근성 수종으로 세근이 많고 맹아력이 강하여 이식이 쉽다. 토양에 대한 적응력이 넓으며, 건조에 매우 강해서 다른 나무가 살 수 없는 척박지에서도 잘 산다. 독립수로 3 m 높이로 자란 화살나무는 기품이 있고 작아도 요점 식재가 된다. 20여 년 전부터 갑자기 생울타리로 사용되고 있는데, 화살나무에겐 그런 모욕이 없다. 강전정을 하면 도장지 등이 나와 수형이 망가지므로 전정은 휴면기에만 한다(2월). 가지치기한 가지와 잎에는 항암성분이 많아 차로 다려 마신다.
화목류	꽃 지자마자 전정해야 하는 나무: 철쭉, 수국, 동백, 서향, 치자, 매실, 복숭아, 개나리, 히어리 … 그러나 이들 모두 워낙 꽃눈이 많아 꽃눈이 형성된 뒤에 수형 위주의 전정을 해도 크게 문제되지 않는다.
장미	관목장미는 덩굴장미보다 줄기가 더 굵다. 키를 50 cm 이하로 낮춰야 꽃이 탐스럽다. 2월의 겨울 가지치기를 기본으로 하고, 사계장미는 여름 가지치기를 추가한다. 겨울 가지치기는 나무 전체를 1/3~1/2 정도에서 자르고, 약한 가지는 모두 제거, 가지를 수평으로 유인한다. 3월에 동해를 입은 가지와 3년생 이상 묵은 가지를 밑동에서 잘라 준다. 꽃이 지고 난 6월부터는 시든 꽃을 따 주는 데드 헤딩을 한다. 데드 헤딩을 할 때 씨방만 따서는 안 된다. 장미는 꽃봉오리 바로 아래는 잎이 3장. 그 아래쪽부터는 5장 이상이다. 전정은 최소한 첫 번째 5장 잎 아래에서 따내도록 한다. 여름 가지치기는 8월 하순~9월 상순 사이에 길게 자란 가지를 절반으로 잘라 수형을 정리하면, 그곳에서 다시 자란 가지에서 가을에 또 한번 아름다운 꽃을 볼 수 있다. 움돋이는 제거한다.
관목 전정 공통	관목의 오래된 가지는 꽃을 피우기 어려우므로 하나씩 골라서 제거해도 되지만, 3~4년에 한 번씩 지상 10 cm 정도 높이에서 모두 잘라서 주를 갱신하면 좋은 수형을 유지할 수 있다. (모든 관목 해당)
생울타리 전정	생울타리는 식재 후 2년이 지난 뒤에 전정한다. 생울타리는 연 2회 이상 깎는 게 기본. 많게는 6번도 깎는다. 안 그러면 가지가 굵어져 가위질이 힘들다. 새순이 나오기 전이나, 새순이 나온 뒤의 5~6월에 한 번 잘라 주고, 8월 즈음에 한 번 더 자를 수 있다. 잎이 없는 선까지 깊게 깎으면 깎고난 뒤에 맨가지만 보여서 흉하고, 특히 회양목은 가지가 말라 죽어 회복되지 않는다. 서양측백 같은 침엽수의 생울타리는 식재 3~4년차까지는 주간의 초두부를 날리지 않고 기다렸다가, 5년 이상 지나 원하는 높이까지 자란 뒤에 원줄기를 자른다.

전정을 하고나서 상처도포제를 바르지 않는 건, 개복수술을 하고 봉합을 하지 않은 것과 같다. 오른쪽 사진은 주를 갱신해서 가지를 새로 받은 부용의 모습

노목의 전정	노목의 가지 끝을 짧게 잘라 주면, 이듬해 부정아가 많이 싹트게 되므로, 새롭고 세력이 강한 가지가 나와 나무의 노쇠현상을 막을 수 있다. 이는 맹아력이 강한 활엽수에만 해당되며, 잠아가 없는 침엽수는 해당되지 않는다.
이식목 전정	잘못된 가지를 우선 전정하고 나서, 수목의 발근력을 감안하여 전정 양을 결정하되, 전체 가지의 25%를 넘지 않는 선에서 가지치기를 한다. 나무의 뿌리는 각각 연결된 가지가 있는데, 이식하느라 잘린 뿌리가 고사하면 연결된 가지도 같이 고사하게 된다. 그러나 어느 뿌리가 죽게 될 지 알 수 없으므로, 이식목은 가지가 죽고 나서 사후에 자르는 게 서양의 방식이다.
침엽수 전정	수간은 외대를 유지하고, 수관 밖으로 튀어나온 가지는 일찍 제거한다. 침엽수는 1~2년 이내의 신초는 중간에서 전정해도 잠아가 나와 옆가지가 촉진되지만, 속에 있는 즉 잎이 이미 떨어진 3년생 묵은 가지를 자르면 가지 전체가 죽는다. 침엽수는 2~3년마다 수형을 다듬어야 하며, 한 번에 수형을 바꾸려고 해서는 안 된다.
묘목 전정	회초리로 자란 묘목을 심을 때는 지상부 60~70 cm에서 절단한다.
서양의 가로수벽 수종	마로니에, 피나무, 주목, 포플러, 유럽서어나무 Carpinus betulus (자작잎서어나무)

계절별 전정 적기와 부적기

2022.03

월		계절	낙엽수	상록수	적기 수종	비고
1	상	한겨울	**전정 부적기**	**전정 부적기**		도장지, 움돋이 제거 같은 가벼운 전정은 언제든 할 수 있다. 병들고, 죽고, 부러지고, 가냘프고, 볼썽사나운 가지는 생장에 방해가 되므로 보이는 대로 즉시 제거한다. 한겨울 전정은 상처를 통해 동해를 입는다. 순집기로 마디가 짧아진 소나무는 습설 피해가 심하므로 눈 털기를 해 준다.
	중					
	하					
2	상				매실	
	중	늦겨울	**전정 최적기**	**전정 최적기**	만경류 1차	모든 수종 전정 가능. 관목은 지상부 주 갱신 시기. 생장이 시작되기 직전인 2월 말 전정은 새살이 잘 나와 상처가 잘 아문다. 상록 침엽수는 초겨울보다 늦겨울 전정이 동해 피해를 줄일 수 있고, 나무좀의 공격에도 안전하다.
	하		★	★	서양측백	
3	상	이른 봄			주목	
	중				배롱나무	
	하	봄	**전정 부적기**		무궁화	새 움이 틀 때부터 최소 한 달 열흘간은 나무를 건드리지 않는다. 이 기간은 축적된 양분의 여유가 없어, 어린 잎을 자르면 뿌리가 전정 쇼크로 며칠씩 활동을 멈춘다. 더욱이 나무에 물이 오르는 봄철은 수피가 잘 찢어지고 부후 위험도 크다.
4	상				남부수종	
	중				목련	
	하					
5	상	늦봄				자작나무 수액 분출은 봄잎이 나오면 멈춘다.
	중		**전정 2차 적기**		소나무 적심	잎이 굳어진 6월 초까지의 전정은 노화된 가지가 활력을 받아 광합성이 촉진된다. 축소 전정이 필요한 나무를 대상으로 약전정을 한다.
	하	초여름	★		사철나무	
6	상				단풍나무	6월은 생육기가 끝난 때이므로 전정을 해도 도장지가 없는 게 장점. 그러나 여름 전정은 상처를 유합하는 시간이 봄 전정보다 짧아서 상처가 덜 아물고, 강전정은 나무를 위태롭게 한다.
	중				만경류 2차	
	하		**전정 부적기**		매실 수확 후	
7	상	한여름				한여름은 나무들도 바캉스 휴식기이다. 이때 전정을 하면 가지와 줄기가 햇빛에 화상을 입는다. 통풍과 채광, 도장지를 개선하는 정도의 약전정만 시행한다. 장마철 이후의 고온다습한 여름은 목재부후균 포자가 비산하는 시기이다. 전정을 할 경우, 즉시 톱신 도포제를 바른다.
	중				수국	
	하					
8	상					
	중					
	하	늦여름				
9	상				매실	
	중	초가을			주목 약전정	자유생장 수종 대상(2차 생장 후)
	하					
10	상	가을	**전정 부적기**		10월부터 4월까지 단풍나무, 자작나무 전정금지	낙엽이 지고 있는 동안에는 전정을 금지한다. 여름 이후에 꽃이 피는 수종은 가을 전정. 단풍나무, 자작나무처럼 겨울과 봄 사이에 수액이 유출하는 나무는 여름~가을 전정. 이 시기는 여름에 침투했던 목재부후균 균사들이 자실체가 되어 수피에 버섯으로 보이기 시작한다.
	중					
	하					
11	상	늦가을				
	중					
	하	초겨울	**전정 3차 적기**			낙엽이 모두 진 후 전정 시작. 나무는 월동을 위해 많은 양분을 몸에 축적한 후에 휴면에 들어간다. 휴면 중에는 수액 이동이 멈춰 가지치기를 해도 체력이 고갈되지 않고 안전하다. 굵은 가지 강전정을 할 수 있다. 그러나 상록수는 겨울에도 광합성을 하기 때문에 체내에 양분 저장을 따로 하지 않아 겨울 강전정에 고사한다.
12	상		★	**전정 부적기**	유실수, 벚나무	
	중				장미	
	하	한겨울	**전정 부적기**			

범례 ● 개화   ● 꽃눈형성   ● 전정시기

성상	수목명	1월	2월	3월	4월	5월	6월	7월	8월	9월	10월	11월	12월	비고
														침엽수는 봄의 새싹이 나오기 전인 3~4월이 가지치기에 가장 안전한 시기. 휴면을 하지 않으므로 겨울은 안 되고, 여름에는 햇가지가 거의 자라지 않으므로 초여름 가지치기도 적합하지 않다. 침엽수들은 맹아력이 약해 잎을 남기지 않고 전정을 하면 가지 전체가 말라 죽으니 가지 중간을 자르지 않는다.
상록 침엽수	가이즈카 향나무			●		●					●			일본에서 향나무를 개량한 것으로 잎이 부드러운 게 특징. 사철 어느 때나 전정이 가능하지만, 강전정을 하거나 겨울에 전정을 하면, 본래의 바늘잎이 되살아나 따가워서 나무를 만질 수 없다. 전정을 해 오다 몇 년 방치하면, 수형이 회오리치는 불꽃 모양으로 변한다.
	나한송			●		●(개화)				열매				잎이 미인의 눈썹처럼 갸름하고 부드러워 활엽수인 것 같지만, 침엽수로 분류된다. 관리가 비교적 쉬우며, 오랜 세월 아름다운 형태를 유지할 수 있는 고급 수목이다. 성장 속도가 느린 식물이라 자주 전정할 필요는 없다. 전정 시기는 생장이 시작되기 전인 봄철이 가장 적합하다. 독특하게 생긴 붉은 열매는 푸른 잎과 대비되어 뛰어난 관상미를 보인다. 소나무류이므로 꽃눈보다 수형 유지 중심으로 가꾼다. 잎과 열매, 수피를 모두 약재로 쓴다.
	소나무 금강소나무 곰솔				×	●(순)		×	×			●(잎)	×	양수인 소나무는 그늘 속의 가지는 말라 죽는 특징을 보인다. 그러므로 5월에 바퀴살로 많이 나오는 가지의 수를 줄여서 내부의 채광을 개선시키는 게 전정의 포인트다. 7~8월에는 송진이 많이 나오므로 6월 전에 전정을 끝낸다. 5월에 축소전정을 하지 않고 자연수형으로 가지치기를 하였다면, 11월의 잎솎기 작업은 할 필요가 없다.
	섬잣나무 (오엽송)		●			●								수형이 아름답고 크게 자라지 않아 가정집의 좁은 공간에 독립수로 심기 좋다. 5월 전후 순자르기로 잔가지를 유도한다. 끝부분에 가지 2개 정도 배치. 양수지만 내음성이 있다.
	스카이로켓 향나무			●	●	●				●				로켓처럼 뾰족하게 하늘을 찌를듯이 자라는 나무다. 수형이 잘 망가지므로 약전정을 권한다. 묵은가지를 자를 때도 수형을 해치지 않는 선에서 선택한다. 잔가지는 5 cm 길이로 약전정하면 잎이 무성해진다.
	전나무 독일가문비 은청가문비			●	●									소나무과 나무들은 가지의 안쪽에 잠아가 없어 가지 중간을 자르면 새 가지가 나오지 못하고 말라 죽는다. 그러므로 수관 바깥에 나온 가지 중에서 방해되는 가지만 정리한다. 키가 커졌다고 침엽수를 두목 전정하면, 절반 정도는 사망한다. 침엽수는 주간과 초두가 절단되지 않아야 한다.

성상	수목명	1월	2월	3월	4월	5월	6월	7월	8월	9월	10월	11월	12월	비고
	주목			●전정	●새순		●전정	●새순		●전정				봄, 가을로 연 2회 이상 새싹을 내는 자유생장 수종이다. 주목나무의 약전정은 언제든지 가능하나 기본 전정을 연 3회 실시한다. 먼저, 새싹이 돋기 전인 2~3월경이 1차 전정, 봄에 나온 새순이 굳어진 5월 중순~6월이 2차 전정, 초여름에 두 번째 나온 새순이 굳어진 9~10월이 3차 전정 시기가 된다. 원추형으로 자라야 하므로 주지와 경쟁하는 측지는 과감히 제거하고 단간으로 기른다.
	측백나무 서양측백					●전정	●전정			●전정				측백나무는 잎 수가 적고 가지가 흐느적 거리는 게, 모시적삼을 입은 나무 같다. 독립수로는 운치가 있지만, 차폐용으로는 단정하지 못하다. 단정한 수형을 얻으려면 서양측백을 식재한다. 측백류는 해마다 5월에 혼잡한 가지를 솎아 내고 6월과 9월에는 선단에 튀어나온 가지를 잘라 준다. 생울타리로 밀식하면 통풍이 되지 않아 속에 있던 잎들이 무참히 말라 죽는데, 바로바로 털어내어 통풍을 개선한다.
	황금실화백			●전정			●전정			●전정				잎이 실처럼 가늘다고 해서 실화백. 강전정은 나무의 수형을 망가뜨린다. 빛이 들지 않는 부분은 황금색이 사라지므로 얽힌 부분을 솎아 준다.
상록 교목	가시나무 종가시나무				●개화			●전정				●전정		남부지방에서 자라는 상록 도토리나무를 가시나무라고 한다. 맹아력이 강해서 차폐용 생울타리로 이용된다. 가지 끝이 왕성하게 자라 밑가지가 부실해질 때는, 너무 크게 자라지 않도록 선단부를 전정으로 억제한다. 연 2회, 7월과 11월 전정.
	동백나무	●개화	●개화	●개화	●개화	●전정		●꽃눈	●전정	열매				묵은가지 개화. 꽃이 통째로 떨어지는 것이 특징. 꽃이 지면 바로 전정에 들어간다. 전정 적기는 낙화 직후인 5월. 가지 끝만 자르는 것은 좋지 못하다. 원하는 크기가 되면 주간을 두목전정하고 이후 매년 전정한다. 늦가을에 피는 일본산 애기동백은 꽃잎이 한 장 한 장 떨어져서 쉽게 구분이 가능하다.
	병솔나무					●개화	●전정	●꽃눈	●꽃눈			●전정		햇가지 끝 개화. 붉은 수술이 꽃방망이를 닮았다. 가지가 늘어지는 특성이 있어서 손이 많이 간다. 꽃이 진 후에 빽빽한 가지를 기부에서 정리하여 통풍을 개선한다.
	올리브나무				●전정	●개화	●개화	●꽃눈		열매				햇가지 개화. 지중해의 연안이 자생지. 꽤 빠르게 오래된 고목처럼 보이는 식물이다. 크게 자라지 않기 때문에 좁은 공간에 심을 수 있다. 단식보다 2그루를 함께 심는 게 열매를 얻기 쉽고, 보통은 여러 줄기가 자라지만 외대로 가꿀 수도 있다. 꽃샘 추위가 지난 4월에 기부 전정. 가임 연령은 15살.

성상	수목명	1월	2월	3월	4월	5월	6월	7월	8월	9월	10월	11월	12월	비고
	월계수				개화	개화	전정	꽃눈	꽃눈		열매			묵은 가지 개화. 지중해 원산. 한국의 남부 해안과 제주도 재배. 나무가 크게 자라지 않고 수형이 정연하므로 가정집 정원에 심기 좋다. 월계수 잎은 냄새를 없애는 향신료. 생장이 느려서 공급이 많지 않다. 전정에 대한 회복력이 좋아 꽃 지고 1/3 정도 강전정. 약전정은 아무 때나 된다. 통풍이 잘 되지 않으면 벌레가 많아진다.
	태산목				전정		개화	전정	꽃눈					묵은가지 개화. 목련류이므로 전정은 약하게. 화아분화가 빠르므로 낙화 직후 전정.
	황칠나무		전정				개화	전정	진액채취	꽃눈	열매			햇가지 개화. 한국 특산종으로 남부 도서 자생. 옻나무처럼 수피에 상처를 내어 수액을 채취하는데, 금속에 칠하면 순금보다 더 색이 아름답다. 맹아력도 좋고 관리도 쉽다. 줄기가 상향해서 아래쪽의 수형이 비는 특성이 있으므로, 이때는 위를 전정해서 원형 수형으로 만든다. 조선시대에는 황칠이 중국에 보내는 조공품이어서 수확하는 지역 백성들의 고통이 심해, 황칠나무가 자라면 백성들이 몰래 베어 버렸다는 기록도 있다.
	협죽도				전정	꽃눈	꽃눈	개화	개화	개화				햇가지 개화. 강전정에 잘 견딘다. 남부수종은 추위에 약하므로 겨울 전정은 피한다.
	홍가시나무			전정		개화	전정			전정				가시는 없다. 전정에 강해서 생울타리에 적합. 잎이 새로 자랄 때와 단풍이 들 때 붉은빛이 장관을 이룬다. 잎은 자라면서 녹색으로 변하는데, 가지치기를 하면 항상 붉은색의 새순을 즐길 수 있다. 남부수종이나 레드로빈 홍가시는 중부지방에서도 월동이 가능하다. 생울타리로 쓰일 때는 연 3회 전정.
	후박나무					개화	전정	꽃눈	열매					햇가지 잎겨드랑이 개화. 난대 수종으로 어촌마을의 당산목. 수형이 우람하지만 단정하므로 자연수형으로 둔다. 전정에 강하여 생울타리도 가능하지만 그러기엔 아까운 수종이다. 내한력은 동백보다 약하고, 참식나무와 비슷하다. 후박, 즉 두꺼운 수피를 귀한 약재로 이용한다.
	후피향나무			전정			개화				전정	열매		햇가지 잎겨드랑이 개화. 수형과 잎이 예쁜 남부지방 3대 조경수 중 왕자. 교목이지만 성장이 느려 관목처럼 관리한다. 성목이 되기 전에 수형을 잡아 준다. 음지에서 기르면 수형이 엉성해지고 개화 결실도 빈약하다. 성장이 느려 조경적 가치를 지니려면 10년 정도 걸리므로 나무 값이 비싸다. 내한성은 동백보다 약하고 돈나무와 비슷하다. 큰 나무는 내한성이 길러져 대전까지 식재 가능. 잔가지가 치솟는 경향이 있으므로 전정을 하지 않으면 수형이 산만하다.

낙엽수는 다량의 양분을 몸에 축적한 후에 낙엽을 떨구고 휴면에 들어간다.
휴면 중에는 수액이동이 멈춰 가지치기를 해도 체력이 고갈되지 않아 굵은 가지를 처내도 안전하다.

성상	수목명	1월	2월	3월	4월	5월	6월	7월	8월	9월	10월	11월	12월	비고
낙엽교목	감나무		전정			개화	전정	전정		꽃눈형성	열매			묵은가지 개화. 6~7월에 열매를 솎아 줄 겸 약전정을 하고, 강전정은 휴면기에 한다. 꽃눈은 선단부에만 있고 중간에는 없으므로 전정 시 기부 전정. 도시공원의 조경수로는 열매가 작고 많이 달리는 돌감이 좋다. 가지가 잘 부러지니 나무에 올라가지 말고, 사다리 전정을 한다.
	귀룽나무					개화	전정	꽃눈형성	꽃눈형성			전정		햇가지 끝에 개화. 꽃눈 형성기에 가지치기 주의. 이른 봄 제일 먼저 싹을 틔우는 귀중한 나무. 병해에 강하고 벚나무 중 가장 빠르게 성장한다. 내공해성이 강해 도시조경에 적합하다. 벚꽃이 질 무렵인 5월에 피는 순백색 꽃은 향기도 좋고 꿀도 많은 밀원식물. 관목처럼 가지가 많이 나와 낙엽기에 가지 솎기가 필요하다. 가지가 넓게 퍼지므로 처음부터 식재 간격을 넓게 한다.
	금사슬나무			전정		개화	개화		꽃눈형성					묵은가지 개화. 전정을 하면 사망. 전정 금지 수종. 고사지, 통풍 개선 정도로 가볍게. 동해를 피해서 경칩 이후 작업한다. 노란색 꽃이 사슬처럼 아래로 주렁주렁 열리는 게 아름답다. 전신이 독성 식물이므로 나무를 만진 뒤에는 반드시 손을 씻도록 한다.
	노각나무		전정				개화	개화	꽃눈형성			전정		묵은가지 개화. 전정은 반드시 가지 중간이 아닌 기부에서 잘라야 부패를 방지한다. 도포제 필수. 단식이 보기 좋으나 뿌리 부분에 그늘이 지지 않으면 잘 고사하는 까닭에 다른 낙엽수와 혼식해야 활착에 유리하다. 성장이 느려 농가에서 재배를 기피한다. 가지 수도 적고 전정을 싫어하므로 자연수형으로 기른다.
	느티나무		전정	전정								전정		자연수형. 채광 위주로 안쪽의 복잡한 가지를 솎아 내는 정도가 좋다. 가지의 분지점에서 자르되, 가지터기를 남기지 않아야 한다.
	단풍나무	수액분출					전정	전정				전정	×	전정을 하면 오히려 수형이 망가지므로 자연수형으로 기른다. 겨울철에는 수액이 왕성하게 나오므로 가지치기 금지. 새 가지가 굳어진 6~7월은 수액이 흐르지 않아 전정하기 좋다. 도장지는 기부에서 원천 제거. 중간에서 자르면 다시 도장지가 나온다. 11월 전정이 도장지가 적다. 흉고 12~15 cm 사이의 단풍나무는 서향볕에 줄기가 터지므로 수간을 감싸 준다. 홍단풍은 청단풍을 대목으로 쓰기 때문에 이따금 청단풍 가지들이 나와 당황스럽게 한다. 비옥하고 다습할 때 발생. 기부 전정으로 제거한다.

성상	수목명	1월	2월	3월	4월	5월	6월	7월	8월	9월	10월	11월	12월	비고
	대추나무		●전정	●전정		새싹	●개화	●꽃눈			열매			햇가지 겨드랑이 개화. 죽은 듯이 가만히 있다가 다른 나무들이 다 싹을 틔운 초여름이 되어서야 눈이 나와, 양반나무라는 별명을 얻었다. 높이 4 m 정도에서 적심, 키를 낮추고 엉킨 가지만 전정한다. 강전정을 하면 빗자루병에 잘 걸린다. 2~3월에 가지마다 10 cm 정도씩 순자르기를 실시하고, 부실한 가지는 제거한다. 나무가 어릴 때부터 주가지 3개를 360도로 고르게 배치시켜 충분한 잎 면적을 확보하도록 한다. 수세가 약할 때는 여름 전정을 하지 않는다.
	때죽나무		●전정			●개화	●개화	●전정	●꽃눈					햇가지 겨드랑이 개화. 되도록 가지치기를 하지 않고 자연수형으로 감상하며, 억세고 굵은 가지 정도만 솎아 준다. 조그만 바나나 모양으로 열매처럼 보이는 것은 때죽나무 납작진딧물 충영이므로 보이는 대로 따서 소각한다.
	마가목					●개화	●전정		●꽃눈	●꽃눈	열매			햇가지 끝에 개화. 깊은 산중턱 서늘한 곳을 좋아한다. 공해에 강해 도시에서도 잘 살지만 단풍은 산만 못하다. 수령 200년. 유목일 때 뿌리에서 맹아지가 많이 발생한다. 전정 상처가 잘 아물지 않으니 톱신 필요. 묘목일 때 수형을 잡고, 이후 자연수형으로 키운다. 뿌리 쪽의 건조를 싫어하므로 직사광선이 닿지 않도록 지피식물을 심어 건조를 방지한다.
	매실	●전정		●개화		열매	●전정	●전정 ●꽃눈	●꽃눈			●전정	●전정	묵은가지 개화. 꽃이 짧은 가지에서만 피므로, 세력이 강하고 직립한 가지를 제거한다. 6~7월 전정은 열매 수확 후에 도장지를 2/3가량 잘라 채광을 개선하고, 겨울에 나머지를 기부에서 흔적없이 자른다. (전정 비급 매실편 참조)
	모감주나무		●전정	●전정			●개화	●개화	●전정	●꽃눈	열매			햇가지 끝에 개화. 자연 수형. 중부 서남해안 바닷가에 자생. 벼랑 끝에서도 사는 나무로, 토심이 얕고 수분 스트레스가 많은 아파트 조경에 적합하다. 한여름 비 오듯이 쏟아지는 노란꽃(영명: golden rain tree), 독특한 열매 모양, 가을 단풍, 3박자가 어울려 세계적으로 유명한 조경수이다. 식재 2년이면 한여름에 20~30일 동안 개화한다. 배롱나무 대체 수종으로 좋다.
	물푸레나무		●전정			●개화	●전정	●꽃눈				●전정		묵은가지 끝 개화. 자연 수형. 생명력이 강한 나무. 탄력이 좋아서 야구방망이를 만든다. 5월에 가지 끝에서 흰 꽃이 흰 구름처럼 피어나고 가을 노란색 단풍이 무척 아름답다. 가지를 물에 담그면 물이 푸르게 변하기 때문에 물푸레나무라고 부른다. 꽃눈이 작아서 잎눈과 구분이 잘 안가므로, 6월 전정이 안전하다.

성상	수목명	1월	2월	3월	4월	5월	6월	7월	8월	9월	10월	11월	12월	비고
	모과나무		🔵		🔴	🔴 🔵	🟣	🟣			열매		🔵	전년도 짧은 가지 개화. 모과나무는 기르기 쉽다. 직사광선이 너무 센 곳은 줄기가 죽으니 조심. 5월에 분홍색 꽃이 꾸준히 피어난다. 햇가지는 항상 도장하기 때문에 5월 초순에 2~3마디만 남기고 강전정. 긴 가지를 5~10개의 눈을 남기고 자르면 아래쪽 눈들이 단지短枝가 되면서 단지 끝에 꽃눈이 생긴다. 맹아력이 강해서 가지를 완전히 쳐도 다시 살아난다. 잎이 많지 않아서 그늘이 깊지 않다. 무늬가 아름답고 결이 부드러운 목재는 '화류목'이라고 한다. 모과는 무엇보다 목에 이롭다. 12~2월은 기본 수형. 5월에 햇가지 강전정.

꽃나무는 꽃이 진 후 화아분화 시기까지의 시간이 충분하면 충실한 꽃눈을 만들지만, 전정이 늦어지면 꽃눈을 만드는 시간이 촉박하여 꽃눈을 만들지 못한다. 따라서 꽃이 진 후 곧바로 전정을 하는 것이 좋다. 나무가 잎만 무성하고 키만 성장한다면, 결실의 시기가 아니라 생장의 시기라고 보면 된다.

성상	수목명	1월	2월	3월	4월	5월	6월	7월	8월	9월	10월	11월	12월	비고
	목련 백목련 자목련			🔴	🔵	🔵	🟣	🟣					🔵	묵은가지 끝 개화. 가지에 상처가 생기면 치유하는 데 오랜 시간이 걸리므로 가급적 전정을 지양한다. 뿌리가 매우 약하여 다른 나무와 근계경쟁을 피해야 하며, 뿌리 주변의 강한 답압을 피한다. 목련류는 가지수가 적은 수종인데, 꽃눈 바로 위에서 전정해야 이듬해 꽃눈의 수가 늘어나서 많은 꽃을 피운다. 5월 중순, 곁가지가 될 수 있는 눈의 바로 위를 전지한다. 백목련은 수형이 크기 때문에 좁은 장소에 식재한 경우는 4~5년에 한 번씩 굵은 가지를 강전정하여 수고를 제한한다.
	백합나무					🔴	🔴	🔵	🟣					귀족풍의 나무. 전정금지 수종, 2월과 7월에 손상된 가지를 정리한다. 재배 적지는 강수량이 많고 토심이 아주 깊은 평탄지여야 한다. 어린나무는 이식이 가능하나 큰 나무는 직근이 잘려나가 이식이 어렵고 잘 쓰러진다. 5~6월 개화. 밀원수종. 가지가 약해서 눈이나 바람에 잘 부러지므로 바람이 많은 풍충지는 적합하지 않다. 수명이 길다. 꽃이 피는 가임 연령이 18세 정도로 늦다.
	배롱나무			🔵	🔵		🟣	🔴 🟣	🔴 🟣	🔴				햇가지 겨드랑이 개화. 넓게 퍼져서 자라는 폭목. 군식을 싫어한다. 늦게 잎이 나온다. 6월 초부터 화아분화, 7월부터 9월까지 핀다. 따라서 11월과 3~4월이 전정 적기. 매년 같은 곳을 반복해서 전정하면 가지 끝이 혹처럼 뭉툭해지므로 조금씩 위로 비켜서 잘라준다. 꽃이 일찍 핀 가지는 전정하면 한번 더 꽃을 피운다. 약전정을 하면 꽃이 많지만 작고, 강전정을 하면 꽃이 적지만 크다. 어린나무는 수고가 나올 때까지 약전정으로 기른다.

범례 ● 개화 ● 꽃눈형성 ● 전정시기

성상	수목명	1월	2월	3월	4월	5월	6월	7월	8월	9월	10월	11월	12월	비고
	복숭아나무 (복사나무)		● 전정시기		● 개화	● 전정시기		● 꽃눈형성					• 전정시기	전년도 짧은 가지 개화. 복숭아나무는 수명이 짧다. 10년이 지나면 나무가 늙어서 열매가 작고 수량도 적어지므로 강전정으로 새 가지를 받는다. 자생수종인 산복숭아는 개화기간이 길고, 병충해에 강해서 관리하기도 쉽다.
	산딸나무 무늬 서양산딸 wolf eyes		● 전정시기			● 개화	● 전정시기	● 꽃눈형성	● 꽃눈형성		열매		• 전정시기	묵은가지 개화. 자연 수형. 가지 끝에서 꽃이 피므로 가지 중간을 자르면 꽃이 없다. 꽃이 하늘을 향해 피므로 위에서 내려다 보는 위치에 식재한다. 꽃은 서양산딸이 4월에 먼저 핀다. 서양산딸나무는 잎이 무성하지 않아 관리하기 쉬운 대표적인 수목. 수분이 많아서 가지치기에는 약하다. 희망하는 수고에서 심을 잘라주고 옆가지를 뻗게 하면 아름다운 수형이 나온다. 초여름 가지치기는 흰가루병 억제에 도움이 되며, 굵은 가지는 겨울에 자른다.
	산사나무		● 전정시기			● 개화		● 꽃눈형성					● 전정시기	전년도 짧은 가지 개화. 장미과답게 가는 가지에 가시가 많고 목질은 단단하다. 양지에서는 정연한 수형을 보이지만, 음지에서는 도장하고 개화와 결실이 빈약해진다. 그간 서양산사나무를 많이 심어왔으니 근자에 토종 산사나무를 심는 곳이 많아졌다. 가지가 구불구불하는 나무로 자연수형으로 키우는 게 가장 좋다. 조경수로 관심이 증가하는 수종. 도장지는 10 cm 정도를 남기고 자른다.
	산수유	● 전정시기	● 전정시기	● 개화	● 개화		● 꽃눈형성	● 꽃눈형성	열매					전년도 짧은 가지 개화. 열매 채취를 위해서는 2~3 m 높이에서 심을 잘라 수고를 낮춘다. 개화 전, 1~3월이 밀생한 가지를 정리하는 전정 적기이다. 4~5년에 한 번씩 굵은 가지를 잘라 크기를 조정한다. 가지치기를 너무 심하게 하면 도장지만 내놓기 때문에 2번에 나누어서 정리한다. 열매를 얻기 위해 심는 나무이므로 낙화 직후의 전정은 하지 않는다.
	아그배나무		● 전정시기		● 개화			● 꽃눈형성	● 전정시기		열매			전년도 짧은 가지 개화. 도장지를 짧게 잘라 꽃이 피는 가지를 받는 게 요점. 밑동에서 올라오는 흡지는 수세를 약화시키므로 보이는 대로 잘라준다. 봄에는 도장지 전정, 여름에는 그늘에 있는 밀집한 가지를 솎아낸다. 열매로 술을 담그기도 하나 떫은 맛이 강하다.
	안개나무		● 전정시기			● 개화	● 개화	● 전정시기	● 꽃눈형성					묵은가지 개화. 몽환적 분위기의 솜사탕 같은 꽃이 열리는 나무. 옻나무과라 단풍이 좋다. 암수딴그루. 안개꽃을 즐기려면 암나무를 심어야 한다. 하부의 잔가지는 모두 없애고, 묵은 가지는 2/3쯤 잘라 회춘시킨다. 위로 자라는 가지는 세력이 강하므로 잘라주어 높이를 제한하고 가지를 분산시킨다. 평균 수명이 20년 정도로 짧다.

성상	수목명	1월	2월	3월	4월	5월	6월	7월	8월	9월	10월	11월	12월	비고
	오동나무		●전정			●개화	●개화	●꽃눈					●전정	햇가지 끝에 개화. 개화 전 전정 금지. 커다란 잎과 순식간에 생장하는 모습이 열대적인 분위기를 연출한다. 5~6월 피는 꽃은 항기 좋은 밀원수. 묘목을 심고 5년 동안은 1.5 m 아래의 하단부 가지는 매년 친다.(곧은 목재를 얻는 방법) 그 후 상단부는 자연 수형으로 키운다. 봄에 피는 큼직한 보라빛 꽃은 유럽의 가로수인 자카란다와 흡사한 분위기. 실제로 북경에는 오동나무 가로수길이 있다.
	왕벚나무				●개화	●전정		●꽃눈	●꽃눈		×	×	●전정	묵은가지 개화. 전정을 하면 잘린 부위가 썩어들어가는 특성이 있으므로 목재부후균이 왕성한 여름 전정은 피한다. 생장이 매우 빠르고 크게 자라기 때문에 보기보다 나무가 약해서 병충해가 많다. 평균 수명이 불과 80년. 그러나 구례 화엄사의 올벚나무는 300살이 넘었다. 움돋이나 도장지는 보이는 대로 일찍 제거해주고 그밖의 전정은 하지 않는다. 상처에는 반드시 부패 방지 톱신 처리. 벚나무류는 농약에 민감하여 약해로 조기낙엽이 생긴다.
	윤노리나무					●개화	●전정	●꽃눈	●꽃눈	열매				햇가지 끝 개화. 가지가 단단하고 탄력이 좋아서 윷놀이 윷짝에 쓰인다. 5월에 흰꽃이 공처럼 모여 핀다. 노란 단풍, 빨간 열매는 새들의 먹이. 그늘에서는 개화와 결실이 나쁘다. 꿈틀대는 것처럼 제멋대로 나오는 가지가 야성미가 있다. 관목처럼 곁대가 많이 나오는데, 외대보다는 다간 수형이 정원을 깊어 보이게 한다.
	이팝나무		●전정			●개화	●전정	●꽃눈	●꽃눈					햇가지 끝에 개화. 어린이날 즈음 개화하는 은은한 꽃향기가 좋고 수형이 웅장하게 자라는 데다 풍년을 기약하는 나무라 천연기념물로 보호된 보호수가 많다. 트럭에 받쳐도 살 정도로 외부의 충격에 강하다. 세계적으로는 희귀종.
	자작나무	×	수액 이동	×	×		●전정	●전정	●전정			×	×	자작나무는 흰 수피를 보기 위해 심는 나무. 잭큐몬티 품종이 수피가 하얗다. 일반 자작나무도 물 세척을 자주하면 수피가 하얘지는 걸 볼 수 있다. 자작나무는 전정에 약하고 상처 회복도 더뎌서 되도록 전정을 하지 않는다. 무엇보다 자작나무의 남방 한계선이 학술적으로는 백두산보다 위쪽인 북위 45°여서, 남한에 심는 것은 부적당하다. 더운 지방에서는 살아도 수피가 지저분하고 잎도 아름답지 않다. 정원사들이 욕심을 버려야 한다.
	채진목		●전정		●개화	●개화	●전정		●꽃눈	열매			●전정	햇가지 개화. 제주도 한라산 자생. 양지와 음지에서 모두 잘 자라며 맹아력이 좋아 수형 조절이 자유롭고, 이식이 용이하다. 채진목 열매는 보리수나 오디보다 맛이 좋다.

성상	수목명	1월	2월	3월	4월	5월	6월	7월	8월	9월	10월	11월	12월	비고
	칠엽수		🔵		🟣	🔴	🔴				열매		🔵	햇가지 끝 개화. 세계 4대 가로수 중 하나. 동서양 정원에 잘 어울릴 뿐 아니라 키우기도 쉬워 많이 식재한다. 원추형의 정연한 수형이라 전정 불필요. 꿀이 아까시나무의 1.7배나 많이 나는 밀원식물. 4~5월에 가지 끝에 피는 원추화서의 큰 꽃이 아름답다. 꽃도 좋지만 넓고 큰 잎이 주는 시원함과 그늘이 가로수로 각광받는 이유.
	팥배나무				🔴		🔵				열매		🔵	햇가지 끝 개화, 장미과 마가목속 밀원수. 꽃과 열매, 단풍, 수형이 모두 좋아 정원수로서의 장점을 고루 갖추었다. 성장이 더디며 나무도 크게 자라지 않아 가정 정원에도 어울린다. 그늘에서는 개화와 결실이 나빠진다. 자연수형으로 관리. 정원을 잡목림으로 디자인 할 때 빠지지 않는 수종이다.
	회화나무		🔵					🔴	🔴	🟣	열매		🔵	전년지 끝과 겨드랑이 개화. 은행나무, 느티나무, 팽나무, 왕버들과 함께 우리나라 5대 거목 중의 하나. 밀원이 부족한 한여름의 밀원수종. 다듬어주지 않아도 스스로 아름다운 모습을 내는 나무라서 자연수형으로 기른다. '학자수'라 하여 큰 나무 중 유일하게 집 앞마당에 심었다. 공해에 강하며, 북경의 가로수로 유명하다.

일반적으로 햇가지에서 꽃을 피우는 무궁화, 배롱나무 같은 수종들은 꽃 피기 전인 봄에 전정을 하고, 전년도의 묵은가지에서 꽃을 피우는 철쭉, 매화 같은 수종들은 꽃 지고 난 직후에 전정을 한다. 화아분화로 꽃눈이 형성된 이후의 가을이나 겨울 전정을 하면 다음 봄에 필 꽃을 잘라내는 결과가 된다.

성상	수목명	1월	2월	3월	4월	5월	6월	7월	8월	9월	10월	11월	12월	비고
상록 침엽 관목	바하바 향나무			🔵			🔵			🔵				눈주목처럼 지면 포복형으로 자라는데 황금빛 잎이 고급스럽다. 포복형 나무들은 어느 한쪽으로 자라지 않도록 도장지를 정리하는 게 중요하다. 가지가 겹친 곳에 말라 죽은 가지들을 정리한다. 무늬 잎을 가진 나무들은 양지에서는 무늬가 살아 있지만, 음지에 심으면 한 조각이라도 더 빛을 받으려고 무늬를 버리고 엽록소를 채워 시간이 지날수록 잎이 초록색으로 변한다.
상록 관목	금목서		🔵				🔵		🟣	🔴	🔴	🔵	열매	햇가지 개화. 가을에는 오렌지색 꽃으로. 겨울엔 푸른 잎과 자주색 열매에 황홀한 향기까지 갖추어 정원수로는 금목서보다 더한 식물이 없다. 서향, 치자나무와 함께 3대 방향수. 향수 샤넬5의 원료다. 암수딴그루로 수나무는 결실하지 않는다. 크게 자라지는 않지만, 옆으로 가지를 뻗기 때문에 공간이 필요하다. 내한성이 다소 약하므로 겨울 전정은 피한다. 강전정을 하면 잠아가 많이 깨어나 가지와 잎이 빽빽해진다.
	식나무 금식나무		🔵	🔵		🔴	🔵		🟣	🟣		열매			햇가지 끝 개화. 빛이 적은 곳에서도 잎이 치밀하다. 높이 약 3 m. 10월부터 겨우내 빨간 열매가 달린다. 노란색 무늬종은 금식나무라 한다. 수형이 단정하고 방임해서 키워도 수형이 아름답다. 오래된 줄기는 밑동에서 잘라준다. 전정이 간단하다.

성상	수목명	1월	2월	3월	4월	5월	6월	7월	8월	9월	10월	11월	12월	비고
	꽃댕강나무			전정		꽃눈	개화·꽃눈	개화·꽃눈	개화·꽃눈	개화·꽃눈	개화			햇가지 끝 개화. 반상록 관목. 6~10월에 걸쳐 5개월 동안 향기 좋은 꽃을 피워 조경수로 빼놓을 수 없다. 방치하면 키가 2 m 이상 자라므로, 초봄에 지상부를 모두 잘라 가지를 새로 받으면 좋은 수형을 유지한다.
	남천				전정		개화	전정	꽃눈			열매		묵은가지 개화. 자연수형. 줄기는 가지를 치지 않으며 대를 닮았다고 하여 남천죽이라 부른다. 오래된 나무일수록 보기 좋다. 한번 열매가 맺힌 가지는 3년 정도 결실하지 않으므로 골라낸다. 나무의 키를 낮추려면 가지의 분지점에서 전정한다.
	동청목			전정			개화		꽃눈			열매		햇가지 끝 개화. 남부 수종이지만 중부지방 월동이 되는 상록수다. 가을부터 봄까지 겨우내 달려 있는 붉은 열매가 아름답다. 수형은 시원하고 늠름하게 자란다. 가지치기에 강하므로 원하는 수형대로 전정할 수 있다. 잎이 빽빽하지 않고 잎 뒷면이 약간 흰색이어서 경쾌한 인상을 준다. 다간 수형이 풍경을 만들기 좋다.
	마취목			개화	개화	전정		꽃눈						묵은가지 개화. 말이 먹으면 술 취한 듯 비틀거린다고 해서 붙은 이름. 마취목 잎에는 살충 성분이 있다. 성장이 더딘 나무로 특별한 가지치기는 필요 없다. 시든 꽃은 잘라낸다. 나이가 먹어갈수록 꽃을 더 많이 피운다.
	만병초			전정		개화	꽃눈	꽃눈	전정					묵은가지 개화. 고산지대 산기슭 자생. 재배 및 번식이 어려워 값이 비싸다. 추위에는 강하나 여름 고온에 약하므로, 서향빛이 가려지는 반그늘이 좋다. 가지가 많지 않으므로 전정 거리가 없다.
	망종화 (금사매)		전정			꽃눈	개화 (망종)	개화						햇가지 개화. 6월 5일 망종무렵부터 개화하는 여름 꽃나무. 자연수형으로 키우되, 묵은 가지는 지상부를 잘라주어 주를 갱신한다. 통풍이 불량하면 흰가루병에 잘 걸린다. 2월 말이 전정 적기. 반상록으로 추운지방에서는 낙엽이 진다.
	뿔남천				개화	전정		꽃눈						묵은가지 개화. 타이완 고지대가 원산인 남부수종. 전지에 강하지만 잔가지가 많이 나오지 않기 때문에 전정이 거의 불필요하다. 북향의 그늘진 곳의 식재도 무방하나 서향볕은 싫어한다.
	사철나무			전정		전정 (하순)		전정 (하순)		전정		열매		햇가지 개화. 전정을 안하면 지엽이 너무 무성하게 자란다. 4월 이전에 가지치기를 해야 모양이 좋다. 새순이 충분히 굳어진 5월 하순에 2차 전정을 하면 새 가지들이 나온다. 새 가지들이 다시 굳어지는 7월에 3차 전정을 하면, 여름철의 2차 생장과 맞물려 다시 한번 맹아가 나와 생울타리의 밀도를 극대화할 수 있다. 필요에 따라 9월 하순에 4차 전정.

성상	수목명	1월	2월	3월	4월	5월	6월	7월	8월	9월	10월	11월	12월	비고
	서향(천리향)	●		●	●	●		●						묵은가지 개화. 잎과 열매가 월계수와 비슷하다. 봄철에 피는 홍자색 꽃이 향기가 좋아서 천리향이라고 한다. 서향은 봄 향기. 금목서는 가을 향기. 3~4월 개화. 꽃이 진 직후 5월 가지치기를 한다. 6~8월 화아분화. 자연수형으로 기른다.
	애기동백			●				●				●	●	햇가지 개화. 동백보다 꽃이 일찍 피고 잎이 작은 편. 추위도 더 타므로 이식후 3년간은 방한대책이 필요하다. 꽃잎이 통째로 떨어지지 않고 한장 한장 떨어져서 동백과는 쉽게 구분이 간다. 가지치기는 추위를 피해서 3월에 한다.
	죽절초		●	●		●		●	●		열매			묵은가지 개화. 전정 불필요. 줄기에 대나무처럼 마디가 있다. 난대수종의 전정 적기는 1~3월. 자금우나 산호수와 달리 붉은 열매가 위로 달린다.
	철쭉 영산홍					●	●	●	●					묵은가지 개화. 철쭉은 성장은 느리지만 나무의 수명이 길고 기품이 있으므로 한그루씩 심어도 좋고 집단식재도 좋다. 그늘보다 양지에서 자란 것이 가지가 짧고 촘촘하여 정연한 수형을 보인다. 화아분화가 7월부터 이루어지므로 6월 중순까지 전정한다. 철쭉류는 획일적으로 다듬어 놓은 모양이 전국에 너무 많아서 식상할 정도. 기계톱을 사용하지 않고, 한 그루씩 키 높이를 달리 해서 다듬으면 자연스러운 경관이 연출된다. 토종 철쭉은 삽목이 불가능하고 어린 묘목의 성장속도가 느려, 값이 싼 왜철쭉(영산홍)에 밀려나고 있다.
	치자나무						●	●	●	●	열매			묵은가지 개화. 가지를 많이 친다. 6~7월에 바람개비 모양으로 피는 흰 꽃이 아름다운데다 향기도 좋다. 가을 등황색 열매는 동박새 먹이. 치자꽃술은 향도 좋고 빛깔도 맑은 술. 묵은 가지를 전정하고, 가지 끝을 조금 잘라 주면 꽃눈이 많이 생긴다.

철쭉류를 획일적으로 깎아다듬지 않고, 자연 수형으로 키운 모습

키를 낮추기 위해 강전정을 하여 골격지가 흉하게 드러난 영산홍

성상	수목명	1월	2월	3월	4월	5월	6월	7월	8월	9월	10월	11월	12월	비고
	팔손이			열매					전정		개화	개화	개화	햇가지 끝 개화. 늦여름에 크기를 조정하는 약전정. 10~12월에 줄기 끝에서 커다란 공모양의 흰 꽃이 아주 많이 달린다. 이듬해 봄에 검게 익는 열매도 보기 좋다. 음수지만 양지에서 자란 것이 더 강건하고 아름답다. 열매는 새들이 즐겨 먹는다.
	피라칸타			전정		개화	개화	전정	꽃눈	열매				전년도 짧은 가지 개화. 상록관목이지만 중부에서는 낙엽진다. 생육이 빨라서 방치하면 수형이 흐트러진다. 쥐똥나무처럼 전정이 용이하며 생울타리, 차폐용으로 사용한다. 열매는 조류 먹이. 음이온과 산소 배출량이 많아 공기정화식물로 이용한다
	회양목			전정			전정			전정	전정			석회암지대의 지표식물. 매우 느리게 자라지만 전정을 하지 않는다면 높이 7 m까지도 자라는 소교목이 된다. 수령 600년. 맹아력이 강해서 토피어리도 문제없지만, 잎이 없이 강전정된 가지들은 말라죽어 회복되지 않는다. 겨울 전정에도 가지 고사. 음수로 잘못 알려져 있는데 양수이며, 음지에서는 쇠약해서 명나방 피해가 심하다.

가지를 마디와 마디 사이의 중간에서 자르는 것은 가지터기를 남긴 것처럼 가지를 마르게 하여 부후균을 부른다.
어떤 나무든 가지가 갈라지는 분지점에서 자르는 게 원칙.
꼭 가지 중간에서 잘라야 할 경우는 물을 끌어올리는 잎을 붙이고, 7~10 mm 위에서 자른다.

성상	수목명	1월	2월	3월	4월	5월	6월	7월	8월	9월	10월	11월	12월	비고
낙엽 관목	가막살나무		전정		꽃눈	개화	개화			열매			전정	외국에 널리 알려진 한국특산. 음지에 심으면 꽃이 좋지 않다. 5~6월에 뭉게구름 같은 흰꽃. 가을 단풍이 매력. 10월부터 붉은 열매가 겨우내 달려있어 관상기간이 길다. 비옥하면 가지가 굵어지고 도장지가 발생하여 수형이 흐트러진다. 도장지는 밑동에서 원천 제거
	개나리			개화	개화	전정	전정	꽃눈						묵은가지 개화. 전정은 꽃이 진 직후부터 5~6월에 해야 한다. 낙엽 후에는 모양이 흐트러지더라도 가지 끝을 잘라서는 안 된다. 양지에서 꽃이 아름답다.
	고광나무		전정			개화	전정		꽃눈				전정	묵은가지 개화. 초여름에 피는 하얀 꽃이 깔끔하고 향기롭다. 꽃이 매화를 닮아 산매화라고도 부른다. 전체적으로 아름다운 아치형 수형이지만 교차 가지가 많으므로 솎아준다. 덤불로 자라므로 생울타리에 적합.
	괴불나무		전정			개화	개화	꽃눈	꽃눈	열매				묵은가지 개화. 질서정연한 꽃과 붉은 열매가 관상가치 높다. 가지 속이 빈도리처럼 비어 있다. 음양 무관하나 양지가 결실이 좋다. 열매는 식용.
	낙상홍		전정	전정		개화			꽃눈	열매				묵은가지 개화. 서리가 내려도 붉은 열매가 아름답게 붙어 있는 나무다. 가지가 복잡하므로 둥근 머리형으로 수형을 잡는다. 열매를 감상한 뒤에 가지치기를 한다. 암수 딴그루로 암꽃에만 열매가 달리니 나무를 구입할 때 확인한다.

성상	수목명	1월	2월	3월	4월	5월	6월	7월	8월	9월	10월	11월	12월	비고
	납매	개화	개화	전정			꽃눈							묵은가지 개화. 한겨울인 1~2월에 잎보다 먼저 꽃이 피는데 향기가 좋다. 3월에 잎도 나지 않은 상태에서 전정에 들어간다. 묘목은 가지가 많아질 때까지 가지치기를 하지 않는다.
	누리장나무			전정					개화	열매	꽃눈			햇가지 끝 개화. 약용식물. 어린 잎은 나물로 먹는다. 여름에 잎과 줄기를 문지르면 누린내가 난다. 줄기는 곧게 자라며 가지를 많이 친다. 브로치 모양의 남보라색 열매가 매혹적이다. 우리는 잡목 취급하지만 외국에선 인기 만점.
	단풍철쭉				개화	전정	전정	꽃눈						묵은가지 개화. 맹아력이 강해서 자유롭게 다듬을 수 있다. 생울타리도 가능하고 독립수로 키워도 요점 식재가 된다. 트리머로 깎고나서 보이는 굵은 가지들은 수관의 3~4 cm 안쪽에서 잘라주면 절단면이 가려진다.
	라나스 덜꿩나무 (털설구화)			전정		개화	개화	전정	꽃눈	꽃눈	열매			묵은가지 개화. 우리나라 백당나무를 가져가 미국에서 개량한 품종으로, 꽃과 열매가 아름다워 관상가치가 높다. 지난해 가을에 형성된 꽃눈이 이듬해에 피므로 겨울에는 솎음 전정만 해야 한다.
	명자나무				개화	전정	전정		꽃눈	열매		전정		묵은가지 개화. 4월에 잎보다 먼저 붉은색 꽃이 핀다. 낙화무렵 도장지 방치하면 덤불화. 장미과 특징으로 가지 끝은 가시로 변한다. 생울타리로 키울 경우 매년 정기적으로 다듬어 키를 일정하게 유지하는 것이 좋다. 9월에 사과만 한 열매가 누렇게 익는데 향기가 좋다. 가지가 두꺼워지면 꽃 피우는 능력을 상실하기 때문에 지면 10 cm 정도에서 주를 갱신한다. 꽃눈 식별이 가능한 11월 가지솎기 전정.
	모란				개화	개화	전정		꽃눈		전정			묵은가지 개화. 꽃은 가지 끝에서 한 송이씩 4월 말부터 개화. 꽃이 지면 꽃과 잎을 같이 제거하는 장미와 달리 모란은 꽃만 따주고 잎은 그대로 둔다. (광합성 때문) → 6월에 가지 위쪽의 눈따기를 하여 양분이 분산되지 않도록 한다. →10월에 아래쪽에 2개의 꽃눈만 남기고 위쪽 가지는 잘라준다. 성장은 매우 느려 6년생이 지나야 꽃을 본다.
	무궁화		전정	전정			꽃눈	개화 / 꽃눈	개화 / 꽃눈	개화 / 꽃눈	개화			햇가지 끝과 겨드랑이 개화. 영명 Rose of Sharon. 이스라엘 서쪽의 축복받은 땅 샤론평야에 피는 장미처럼 아름다운 꽃. 꽃은 하루밖에 피지 않으나 무한꽃차례라 7~10월 4개월간 개화, 한 그루에서 무려 2,000송이 이상의 꽃이 핀다. 늦가을이나 봄에 줄기 위를 잘라주면 새 가지가 많이 나온다. 외대로 키우면 수고 5 m 정도의 교목으로 자라 주변을 감탄시킨다. 3월이 전정 적기.

성상	수목명	1월	2월	3월	4월	5월	6월	7월	8월	9월	10월	11월	12월	비고
	박태기		전정	전정	개화			꽃눈	열매			열매 제거		묵은가지 개화. 4월에 열매를 매단채 꽃이 피는 실화實花 상봉수. 꽃대나 꽃자루 없이 줄기에서 바로 꽃이 핀다. 가지치기를 할 필요가 없으며, 하단의 잔가지 정도만 정리한다. 움돋이가 잘 나오므로 다간형으로 키운다. 전정할 때 열매는 전부 제거. 전정은 11월부터 3월 사이에 한 번으로 족하다.
	보리수나무 뜰보리수		전정		개화	개화	전정	꽃눈		열매			전정	묵은가지 개화. 은백색 잎이 특이. 뿌리혹박테리아가 있어서 척박한 토양에서도 번성한다. 4~6월에 연황색 꽃이 피며 향기 좋은 밀원수. 가을에 붉게 익는 열매는 식용, 위장에 좋다. 뜰보리수는 보리수에 비해 꽃이 적게 달리나 열매는 크고 맛있다. 강전정을 하면 도장지가 발생하며 열매가 잘 맺지 않으므로 자연수형을 견지한다. 움돋이는 원천 제거.
	병아리꽃나무				개화	전정		꽃눈	꽃눈	열매				크고 흰꽃이 병아리처럼 예쁘다. 노란색 단풍에 콩알 크기의 검은 열매가 관상미. 군식이 아름답다. 수형은 원형이 좋고, 3~4년을 주기로 갱신 추천.
	부용			전정		꽃눈	꽃눈	개화	개화					햇가지 개화. 무궁화와 같은 아욱과. 무궁화처럼 꽃은 하루살이지만 연속 피어 있어서 사람들이 몰라본다. 무궁화에 비해 꽃이 대형이고 1년생 묘목에서도 꽃이 피므로 조기 조경효과를 거둘 수 있다. 지상부는 겨울에 말라죽는다. 겨울의 흰색 줄기가 관상미가 있으므로 그대로 두었다가, 3월 초에 지면 가까이에서 모두 잘라 새 가지를 받는다. (흰색으로 마른 줄기 감상)
	불두화 백당나무		전정			개화	전정	꽃눈	꽃눈					햇가지 끝 개화. 냄새나는 열매가 흠이었던 백당나무를 개량한 것으로, 열매가 없는 대신 꽃은 더 탐스럽다. 꽃색은 처음에는 연초록-흰색-누런색으로 변한다. 초파일을 전후해서 핀다. 꽃이 지고 아래 분지점에서 잘라주면 이듬해 많은 꽃을 볼 수 있다. 건조지에서 쇠약.
	블루베리		전정		개화			꽃눈	열매				전정	햇가지 끝 개화. 눈에 좋은 건강식품. 뿌리에서 나온 흡지에서 의외로 꽃과 열매가 많이 열리니 그대로 둔다. 열매를 수확하기 좋게 배상형 V자 다간으로 키운다. 늙은 가지는 밑동에서 정리.
	빈도리					개화	전정	꽃눈	꽃눈					묵은가지 개화. 빈도리보다 만첩빈도리를 더 많이 심는다. 가지를 자르면 속이 빨대처럼 비어 있어서 빈도리. 비슷하게 생긴 말발도리는 속이 차있다. 연 1회 전정. 꽃이 지면 바로 실시. 수고 상단 1/3에서 전부 자른다.
	삼지닥나무			개화	개화	전정		꽃눈				전정		묵은가지 개화. 가지가 정확하게 3갈래로 갈라져서 삼지三枝. 맹아력이 약하므로 자연수형으로 기른다. 매화가 피는 3월에 잎보다 먼저 노란색 꽃이 핀다.

성상	수목명	1월	2월	3월	4월	5월	6월	7월	8월	9월	10월	11월	12월	비고
	서양 수수꽃다리 (라일락)				개화	개화	전정	꽃눈형성	꽃눈형성					토종 수수꽃다리는 4~5월 담자색 꽃이 피고, 꽃이 더 큰 라일락은 5~7월 개화. 전년지 끝눈 개화수종이므로 반드시 꽃이 진 직후에만 전정한다. 꽃이 지고난 후 도장지가 자라기 시작하므로 무성해지기 전인 6월이 가지치기 적기. 전정은 키가 1.5 m 이상 큰 뒤에 한다. 가지가 위로 향하는 성질이 있으므로 아래쪽 가지를 보호한다. 맹아력이 약하므로 강전정은 하지 않는다. 가지를 자르지 않고, 꽃눈 수만 절반 정도 따주면 꽃이 커지고 가지도 잘 나온다.
	수국 산수국 떡갈잎수국						개화	개화	전정	꽃눈형성	꽃눈형성			묵은가지 개화. 7월에 꽃지고 얼마 있지 않아 화아분화가 시작되므로, 낙화 즉시 전정을 해야 하는 수종이다. 장미처럼 시든 꽃과 1~2마디 아래 잎을 함께 따낸다. 마른가지나 아래로 처진 가지는 수시로 제거. 전년도 가지에서 개화하므로 강전정으로 키를 낮추면 다음 해는 꽃을 볼 수 없다. 포기나누기로 크기를 줄인다. 한편 목수국과 아나벨수국은 햇가지에서 개화하므로 겨울에서 이른 봄 전정.
	싸리나무		전정	전정			꽃눈형성	개화/꽃눈형성	개화/꽃눈형성	개화				햇가지 겨드랑이 개화. 싸리비, 소쿠리, 사립문 등 실생활에 밀접하게 쓰인 나무. 6~9월까지 100일 동안 꽃이 피는 밀원식물. 1년에 한 번씩 잘라주어야 왕성해진다. 주를 갱신할 때 지상부를 완전히 잘라주면 지면에서 새 줄기가 나오고, 지면 조금 위쪽을 자르면 남은 가지에서 새 줄기가 나온다. 참싸리, 조록싸리, 족제비싸리 등이 있다. 이 중 꽃색이 좋은 조록싸리가 조경용으로 많이 사용된다.
	조팝나무		전정		개화	개화	전정			꽃눈형성			전정	묵은가지 개화. 4~5월 벚꽃이 질무렵 개화하기 때문에 정원 구성에서 빼놓을 수 없는 나무. 낙화 뒤 낮게 전정. 4~5년 된 묵은가지와 꽃이 많이 피었던 가지는 지상부에서 제거하고, 세력이 강한 어린가지를 남긴다.
	좀작살나무		전정	전정			꽃눈형성	개화	개화		열매			햇가지 개화. 7~8월 개화. 굵은 가지를 자르면 도장지가 발생하므로 약전정한다. 뿌리목에서 가지가 계속 자라 덤불 모양이 된다. 가을에 보라색 열매가 송이송이 달린다. 작살나무보다 열매가 더 아름다운 좀작살나무를 많이 심는다.
	황매화 죽단화	전정	전정		개화	개화	전정		꽃눈형성					묵은가지 개화. 1~2월에 도장지나 묵은가지 정도만 전지한다. 3~4년마다 지상부를 완전 제거하는 주갱신을 하면 좋은 수형을 유지할 수 있다. 여름에 화아분화하므로, 꽃이 진 직후까지만 전정한다. 꽃은 가지 끝에서만 핀다. 키를 낮추려면 6월에 꽃이 진 후 강전정. 겹꽃이 피는 죽단화는 종자를 맺지 못하므로 포기나누기로 무성번식한다.

성상	수목명	1월	2월	3월	4월	5월	6월	7월	8월	9월	10월	11월	12월	비고
	히어리				개화	전정	전정		꽃눈					묵은가지 개화. 한국 특산. 봄에 잎보다 꽃이 먼저 나오는 영춘화다. 관목이지만 독립수로 심으면 자연히 둥근 수형을 유지하므로 정원의 중앙에도 어울린다. 무엇보다 야생미가 강한 수목. 봄 전정은 수액이 흘러나와 수세가 약해지므로 새잎이 나온 뒤 5~6월에 전정한다.
—	어떤 유형의 식물이라도 봄에 새싹이 움트는 시기와 한여름은 가지치기를 해서는 안 된다. 새싹이 성장하려면 매우 많은 양의 수분과 양분이 필요하다. 이 기간에는 축적된 양분에 여유가 없으므로 가지치기를 하면 나무가 약해진다. 또한 한여름에는 잎이 그늘을 만들어 강한 햇살로부터 줄기를 지키는 시기. 이때의 가지치기는 줄기 화상을 유발한다.													
덩굴식물	덩굴장미 목향장미		전정	전정(강전)		개화	전정(적심)	꽃눈			전정(정리)		월동 보온	햇가지 개화. 장미 전정은 두 번. 6~7월 꽃이 진 뒤의 데드 헤딩은 꽃과 한마디 아랫 잎을 따주는 가벼운 전정, 낙엽기는 1/3 이상을 잘라주는 강전정이다. 허약한 가지는 일찌감치 제거하고 건강한 가지를 집중적으로 키워야 많은 꽃을 감상할 수 있다. 3년 지나면 꽃의 수가 적어지므로 지상부를 모두 잘라주어 주를 갱신시킨다. 덩굴장미에서 전정보다 더 중요한 것은 '가지 유인'이다. 가지를 수평으로 유인하고 끝부분은 활처럼 아래로 굽혀 놓으면, 정아 우세 현상이 타파되면서 많은 꽃이 피어난다.
덩굴식물	능소화		전정	전정			꽃눈	개화	개화	전정				**덩굴식물 전정, 공통 특징** ❶ 모양만 다를 뿐, 덩굴도 똑같은 나무의 가지이다. 나무의 도장지에 꽃이 피지 않듯이, 길게 자란 덩굴에도 꽃이 피지 않는다. 그러므로 길게 자란 덩굴은 분지된 곳에서 원천 제거하거나, 다섯마디 정도만 남기고 짧게 잘라준다. ❷ 나무는 가지 끝을 자르면 잘린 부분에서 가지수가 2개 이상으로 늘어난다. 이는 덩굴식물에도 마찬가지인데, 환삼덩굴이나 칡과 같은 잡초덩굴을 어정쩡하게 중간에서 자르면 덩굴은 더욱 무성하게 번진다. ❸ 덩굴류 전정은 ★낙엽이 진 후 초겨울 또는 2~3월 이른 봄에 골격을 정리하는 기본 전정을 하고 ★6월 초, 꽃이 진 직후 덩굴을 유인하고, 시든 꽃을 따주며 통풍을 개선 ★8~9월에는 전체 수관을 단정하게 약전정한다. ❹ 시든 꽃을 잘라내는 것(데드헤딩)도 지속적인 개화를 촉진하는 데 도움이 된다. 먹을 것이 아니라면 열매는 일찌감치 제거한다.
덩굴식물	담쟁이		전정				개화	전정		전정				
덩굴식물	등나무		전정			개화	전정	꽃눈	꽃눈	전정			전정	
덩굴식물	마삭줄		전정			개화	전정	꽃눈	꽃눈	전정				
덩굴식물	으름		전정	전정	개화	개화	전정	꽃눈	꽃눈	전정	열매		전정	
덩굴식물	인동		전정	전정		개화	전정	꽃눈	꽃눈	전정			전정	
상록 덩굴	자스민				개화	전정		꽃눈		전정				
상록 덩굴	큰꽃으아리					개화	전정	꽃눈		전정				
	대나무		전정	전정						개화 열매				많은 교재에서 일정한 높이에서 초두를 자르고, 옆 가지도 일정한 폭으로 자르라고 하는데, 도무지 자연스럽지 않고 생육도 빈약해지는 걸 많이 본다. 대나무는 첫해에 자라나온 키가 평생의 키가 되므로 너무 크게 자랄 것을 걱정할 필요는 없다. 더구나 추위에 약해서 중부지방에 올려 심으면 키가 절반 이하로 작아진다. 7년생 대는 세대교체한다.

큰꽃으아리 5~7월 표기: 개화 · 전정 · 분화

천적을 죽여서는 안 된다

나는 국립 중고등학교를 다녔는데, 국립이라는 이름답게 국가 시책에는 앞장서서 동원된 기억들이 많다. 외국 원수가 오면 수업 대신 동대문이나 광화문 거리에 나가서 성조기를 흔들었고, 음악 시간은 언제나 월남 파병 맹호부대나 청룡부대의 노래로 시작하였다. 한여름에 교실 창문을 모두 닫아 걸게 하면 '아, 대통령이 지나가시나 보다' 지레짐작했고, 국민교육헌장은 의무적으로 외워야 했다. 국민교육헌장 전문을 외우지 못한 몇몇 문제아들은 수시로 교무실로 불려가 암송하는 벌을 받았는데, 옆 친구가 외우던 중간을 끊고 "다음 너!" 하면 이어서 암송해야 했다. "다음 너!"를 서너 번 당하면 외웠던 것도 심사가 뒤틀려서 떠오르지 않는데, 선생은 대나무 자로 손바닥 매를 때리고는 "내일 다시!" 하고 돌려보낸다. 아마도 내 반항심은 그때 키워진 것 같다.

국립학교의 하이라이트로는 봄 소풍 대신에 서울 근교의 야산에 가서 송충이를 잡는 행사에 동원되었던 기억이 있다. 나무젓가락으로 송충이를 잡아 투명한 비닐봉지에 묵직하게 담아 제출하면, 학교에서는 송충이를 많이 잡은 반은 월요일 조회시간에 표창을 하고, 드럼통 한가득 담긴 송충이 사체로는 농업학교도 아닌데 학교 운동장 옆에 만든 밭에 부릴 퇴비를 만들었다. 짓궂은 체육교사는 변소에서 똥도 푸게 해서 섞게 했지만, 다행히 우리 반은 모면했다.

그때의 인연인지 내가 인생 2막으로 처음 맡은 조경 유지관리 현장은 병충해 종합백화점처럼 미국흰불나방과 응애, 깍지벌레가 나무를 뒤덮은 곳이었다. 혼자 관리해야 하는 정원이어서 도와 줄 사람도 없고, 출근하면 20리터 농약 분무기를 짊어지고 반나절씩 농약을 쳤다. 2주 정도 농약을 치다, 소독 전문업체에 외주를 주어야 하지 않겠느냐고 건의했지만 들은 척도 하지 않길래 태업을 했더니, 단풍나무 한 그루가 며칠 사이에 하얗게 물들었다.

흰불나방! 이름처럼 불같이 번지는 애벌레들이 단풍나무, 왕벚나무, 꽃사과 할 것 없이 정원을 점령해 나갔다.

참패로 끝난 농약 과용의 교훈

나도 처음에는 남들처럼 병충해는 농약으로 잡는 것이 당연한 줄 알았

먹성 좋기로 악명 높은 미국흰불나방 유충

미국흰불나방 유충 군단이 불과 일주일 사이에 단풍나무 한 그루를 하얗게 먹어 치웠다. (2005.8)

다. 농약을 치고 나서 다시 병충해가 보이면 '아하, 한 번 가지고는 안 되는 것인가 보다. 2주 간격으로 3회 이내 치라고 지침서에 나와 있던데…'

2012년, 새로 입주한 아파트의 조경 유지관리 책임을 맡은 나는, 이듬해 내내 활착이 안 되어 허약해진 나무들을 공격하는 해충에 시달렸다. '내 기어이 이놈들을 박멸시켜 보리라!' 적당히 넘어가려던 자신을 꾸짖고 생각을 바꾸어, 2014년 정초에 '병충해와의 전쟁'을 선포하고 계획을 세웠다.

병충해 도감에서 시키는 대로 빠짐없이 농약을 살포하였더니, 일 년 동안 정원에 농약을 친 것이 무려 열일곱 번! 그 당시 방제 비용도 수천만 원이 훌쩍 넘었지만, 올 한 해만 참으면 내년엔 평화가 온다는 일념으로 강행하였다. (표 5-1. 2014 병해충 방제 상황) 그러나 의기양양하게 기대를 하고 맞은 2015년의 봄은 인간을 비웃고 있었다.

"맙소사, 어찌 된 일이지? 더 많아졌잖아!"

어리둥절한 내가 뒤늦게 발견한 것은 꽃이 피었는데도 꿀벌이나 나

표 5-1 ● 2014 병해충 방제 상황

2월	3월	4월	5월	6월	7월	8월	9월	10월	11월
상 중 하	상 중 하	상 중 하	상 중 하	상 중 하	상 중 하	상 중 하	상 중 하	상 중 하	상 중 하
		4월 15일	5월 10일	6월 5일	7월 5일	8월 5일	9월 1일	10월 5일	11월 5일
		전(숲)단지 정기방제	전단지 정기방제	전단지 솔응애 나방 진디 흰가루	전단지 정기방제	명나방 방패벌레	전단지 정기방제	소나무 주목 응애	소나무 주목 응애
2월 15일	3월 20일	4월 30일	5월 25일	6월 20일	7월 20일	8월 15일	9월 20일	10월 15일	
석회유황 합제	소나무 좀벌레 훈증	명나방 진딧물	소나무 응애, 깍지 진딧물	기단부 명나방 깍지	전단지 정기방제 응애, 나방 살균	전단지 정기방제 소나무 깍지, 응애	소나무 주목 깍지, 응애	전단지 정기방제 소나무 왕진딧물	

비, 무당벌레, 사마귀 같은 유익충들은 보이지 않고, 남산과 가까운 정원인데도 새들의 울음소리가 들리지 않는 것이었다. 해충이 죽으면서 천적들도 같이 굶어 죽거나 다른 곳을 찾아 떠난 것이다. 보이는 건 작년의 배가 넘게 불어나 있는 진딧물과 깍지벌레, 응애뿐! 그 당시만 해도 해충들이 죽어가면서, 산란하는 알에는 자기가 겪은 살충제의 내성을 유전자에 심어 주고 죽는다는 것을 알지 못했다. 살아남은 해충들은, 자신들의 먹이인 나무들이 별 탈 없이 잘 살아 있던 덕에 아무런 방해를 받지 않고 풍족하게 먹으며 빠르게 번식되었다.

이제 새로 태어나 내성을 가진 해충들을 잡으려면 더 독한 살충제를 살포하지 않으면 안 된다. 그래서인지 내가 만난 나무병원장은 '민간에서는 쓰지 못하게 한 수프라사이드 같은 고독성 살충제를 나무병원에는 허용해야 한다'고 하소연을 했다.

지구적으로 전 세계의 살충제 사용량은 늘어만 갔지, 줄어든 적은 없었다. FAO 자료에 따르면, 2021년 농업 부문에서 사용된 농약 총량은 활성 성분 기준으로 350만 톤에 달한다. 이는 1990년 대비 두 배 증가한 수치이며, 2020년 대비 4%, 지난 10년 대비 11% 증가한 것이다.

한국도 농경지는 조금씩 줄어드는데 농약 사용량은 오히려 조금씩 늘어나서, 2023년 20,400톤으로 최고치를 경신했다. 하지만 농약을 그렇게 뿌려대도 해충이 줄었다는 보고서는 아직 없다. 해충으로 잃은 곡물 피해도 줄어들지 않았다. 통계청에서 발표한 한국의 1999~2008년 사이 연평균 농약사망자 2,820명 가운데, 252명이 농약을 잘못 취급하여 명을 달리 하였고 나머지는 자살자 수다.

옥수수 한 개에 묻은 농약 '이미다클로프리드'에는 8만 마리의 벌을 죽일 수 있는 유독 성분이 들어 있다고 한다. 설사 벌을 곧바로 죽이지는 않더라도 벌의 면역력과 방향감각을 약화시켜 벌집을 붕괴시킨다. 정원사는 생명의 수호자가 되어야 한다. 꿀벌만을 위해서 하는 소리가 아니다. 땅이 스스로의 힘으로 살아가기 위해서는 인간이 독성이 있는 화학비료와 화학농약을 사용해서는 안 된다.

천적이 사라진 해충방제는 자연의 법칙을 거스르는 길. DDT의 재앙을 경고한 레이첼 카슨의 『침묵의 봄』을 비롯해서 천적이 사라진 생태계가 재앙을 가져온 보고서는 많다. 대표적인 예로 1920년대 옐로스톤 국립공원에서 사슴을 잡아먹는 늑대를 사냥꾼을 풀어 몰살시키자 사슴의 개체수가 급증했고, 사슴이 어린 나무와 새싹을 과도하게 먹어 치우면서 숲이 황폐해지고, 수변 식생이 파괴된 탓에 비버, 새, 수달 등 다양한 동물의 서식처까지 사라지게 되었다. 늑대를 없앤 것이 숲 전체를 파괴하는 결과를 알게 된 캐나다는 1995년 다시 로키산맥에 늑대 31마리를 도입했고, 그 이후 사슴들의 개체수가 감소하고 숲과 강이 회복되었다는 일화가 전해진다.

나는 그 길로 농약 공부를 파고들기 시작했다. 산림청의 산림병해충 약제 처방과, 우리나라 1호 나무의사인 강전유 원장의 약제 처방, 서울대 출판부에서 펴낸 『조경수 병해충도감』, 그리고 네이버 지식백과에 채택된 문성철/이상길 씨가 지은 『나무병해충도감』. ―모두 4종의 처방전을 놓고 가장 많이 쓰는 공통된 처방약이 무엇인지 찾아보았으며, 처방이 다를 때는 무슨 이유인지 알려 하였다. (표 5-2. 많이 쓰인 처방전 조사)

전화번호부처럼 두꺼운 작물보호제 지침서를 한 장, 한 장 훑어보면서 내가 가진 희망은, 이 중에서 꿀벌에게 안전하고 사람에게도 해가 없는 친환경 방제약 리스트를 찾을 수 있느냐는 것이었다. 노력한 보람이 있어 마침내 〈친환경 농약 처방전〉을 만들게 되었으니, 부득이 농약을

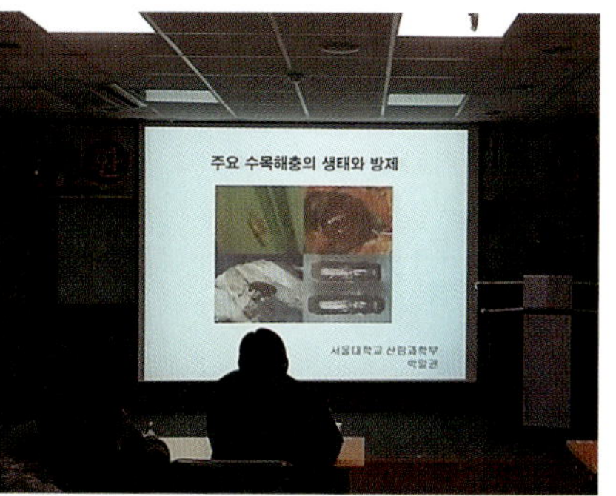

산림과학원에서 가진 한국수목
보호협회 교육(2016. 12. 15.)

써야 할 때는 빠르게 검색해서 처방 의견을 낼 수 있게 되었다. 차제에 내 전매특허인 '파일 복사'로 가감 없이 책에 덧붙인다.

한편 2016년, 내친김에 다시 가방을 메고 학원에 다녀 식물보호기사도 취득하게 되었다. 그때만 해도 식물보호기사면 농약 처방을 할 수 있었다. 그러다 2016년 연말에 한국수목보호협회에서 실시하는 수목보호기술자 양성교육을 수강하였는데, 수업시간의 일부는 나무의사 제도를 새로 만들어서 식물보호기사 따위가 농약 처방을 할 수 없도록 하자는 '나무의사 추진 발기대회'가 되는 것을 보았고, 산림청의 고급 관료 출신도 나와서 거들었다. 그들의 로비는 성공해서 나무의사 제도가 지금 시행되고 있다.

식물보호기사는 앞으로 나무의사의 처방전 없이는 농약을 살포할 수 없다 하니, 내가 이 책에서 병충해 방제를 쓰는 것도 주제넘은 일이 되었다. 뒷장에 계속되는 자료들은 나무의사가 시행되기 전인 2017년에 써 놓은 것에다가, 2020년 일부 최신 자료들을 보완한 것이다. 돌아보면 부끄러운 지식도 있지만, 학문은 겸손해서는 앞으로 나아가기 힘들다. 그래서 초고 그대로 싣기로 했다. 불치하문不恥下問, 여러분들도 배움에 부끄러워하지 말라.

복숭아유리나방의 침투를 막기 위해 왕벚나무 줄기마다 흰색 도포제가 발라져 있다.

표 5-2 ● 많이 쓰인 처방전 조사 (해충편)

2016. 06. 27

해충명	네이버 지식백과 나무병해충도감		서울대 발행 조경수병해충도감		산림청 홈페이지		강전유원장 저술
	처방1	처방2	처방4	처방5	처방7	처방8	처방10
모든 나방	비티쿠르스타키 비티아이자와이	디플루벤주론(15)	주론(15) IPM 사이에노피라펜, 플루페녹수론 IPM방제		클로르플루아주론15(초기) 비티균	페니트로티온 티아클로프리드 4a	페니트로티온+디프수화제
복숭아유리나방	8월 페니트로티온	9월 솔향기솔솔(유충)	플루페녹수론(15)IPM	롤트랩 병행(7~8월)	도포제에 페니트로티온 100배 액 배합, 7월 줄기 도포		스미치온+다이아톤
깍지벌레	클로티아니딘×	디노데퓨란	클로티아니딘(빅카드)×	뷰프로페진(16) IPM	메티다티온	이미다	페니트로티온(스미치온)
거북밀, 뿔밀, 화살				디메토에이트×	12월 기계유제	뷰프로페진	솔깍지: 겨울 포스팜 주사
버룩바구미	이미다클로프리드×	5월 페니트로티온×					
밤바구미		8월 클로티아니딘					
진딧물	아세타미프리드×	디노테퓨란 IPM	카보퓨란 입제	아세타미프리드×	이미다클로프리드	메티다티온	이미다(코니도)
혹진딧물	상동	카보퓨란	상동	사이퍼메트린(3a)×	4월 카보퓨란 입제	이미다 입제	
면충, 거품벌레	상동	이미다클로프리드 입제 토양처리(10일 먼저)	상동	끈끈이 롤트랩	아세타미프리드		
나무이, 가루이	상동		상동				
노린재(흡즙)					페니트로티온	티아메톡삼	
매미충	상동	매미가 가지에 산란하면, 8월경 가지와 잎 고사.	상동		티아클로프리드	이미다	
방패벌레	아세타미프리드 이미다클로프리드	에토펜프록스×	카보퓨란 입제 클로르피리포스메틸× 토양처리	티아클로프리드(칼립소)IPM 에토펜프록스(노린재 특효)×	카보퓨란 입제 이미다클로프리드	디노데퓨란	
하늘소류	아세타미프리드			티아클로프리드(칼립소)	티아클로프리드	페니트로티온	
잎벌레(딱정벌레목)	노발루론(IPM)	에마멕틴 벤조에이트			티아클로프리드	페니트로티온	
버룩바구미		디플루벤주론			상동	클로르플루아주론	스미치온+다이아톤 3회
비단벌레, 무당벌레		트리플루뮤론				상동	
도토리 거위벌레					페니트로티온		
잎벌, 등에잎벌	에토펜프록스×	페니트로티온	클로르플루아주론 IPM방제		클로르플루아주론(초기)	페니트로티온(중기)	
밤나무혹벌	에토펜프록스	상동			티아클로프리드	페니트로티온	
혹파리	티아클로프리드 이미다, 카보 토양처리	상동 겨울에 벌레혹 제거	티아클로프리드	이미다, 페니트로티온			
사철나무 혹파리	에토펜프록스	카보퓨란 입제	카보퓨란				
솔잎혹파리	이미다 입제		11월 하순 카보퓨란 입제	이미다클로프리드 나무주사			페니트로티온
소나무좀류	솔향기솔솔	줄기 살포	카보퓨란	티아클로프리드(칼립소)	페니트로티온	티아클로프리드	스미치온+다이아톤 100
광릉긴나무좀	끈끈이롤트랩	참나무시들음병	끈끈이롤트랩				
응애	피리다벤×	사이에노피라펜(25)IPM	아세퀴노실(20b)IPM	오마이트×+칼립소, 다니톨×	아세퀴노실	아미트라즈, 클로르페나피르×	펜피록시메이트(살비왕)×
회양목 혹응애	피리다펜티온(벌레혹 제거)		사이에노피라펜 IPM	사이에노피라펜, 플루페녹수론	아미트라즈		
토양해충					이미다클로프리드 입제	카보퓨란 입제	
잔디 굼벵이			카보퓨란	클로르피리포스메틸×	성충: 페니트로티온	땅속 유충: 카보, 이미다 입제	다이아톤 300배

※ 해충과 병을 잡기 위해 어떤 약제들을 사용하고 있는지 알기 위해 네이버 지식백과의 나무병해충도감, 서울대 출판부의 조경수병해충도감, 산림청 홈페이지의 약제 처방, 강전유원장의 병해충도감 등 우리나라를 대표할 수 있는 4곳의 처방을 조사하여 비교해 보았다. 조사 결과 IPM 방제약제를 쓴 것은 많지 않았다. 지면에 맞추느라 많은 항목을 간추려서 보여드림에도 불구하고 글자는 여전히 작다.

범례: ▒ 강전유나무병원　■ 산림청

수종	병해충	3상	3중	3하	4상	4중	4하	5상	5중	5하	6상	6중	6하	7상	7중	7하	8상	8중	8하	9상	9중	9하	10상	10중	10하	11상	11중	11하	12상	12중
소나무	진딧물							▒	▒	▒	▒	▒	▒																	
	가루깍지								▒	▒	▒	▒	▒					▒	▒	▒										
	솔껍질깍지					■																							▒	▒
	솔잎흑파리								■									▒	▒	▒										
	응애																				▒	▒	▒	▒	▒					
	솔나방					■		▒	▒	▒	▒	▒	▒																	
	소나무좀		■	▒	▒	▒	▒																							
	소나무재선충	■	▒	▒																										
	바구미									▒	▒	▒	▒																	
	흑병							▒	▒	▒	▒	▒	▒	▒	▒	▒	▒													
	엽진병							▒	▒	▒	▒	▒	▒																	
	가지마름병						▒	▒	▒	▒	▒	▒	▒																	
주목	깍지																▒	▒	▒	▒										
	응애																				▒	▒	▒	▒	▒					
느티나무	오리나무좀							▒	▒																					
회화나무	진딧물						▒	▒	▒	▒	▒																			
모과	적성병						▒	▒	▒	▒	▒																			
철쭉	방패벌레						▒	▒	▒	▒	▒																			
	반점병				▒	▒	▒	▒	▒	▒	▒																			
회양목	명나방						▒	▒	▒	▒	▒																			
	깍지							▒	▒	▒	▒	▒	▒	▒	▒	▒	▒	▒	▒	▒	▒	▒	▒	▒	▒					
	엽고병						▒	▒	▒	▒	▒																			
벚나무	유리나방							▒	▒	▒	▒							▒	▒	▒										
	흰불나방										■	▒	▒																	
	깍지								■	■	■	■																		
	진딧물						▒	▒	▒	▒	▒																			
	목재부후																													
	천공성갈반병						▒	▒	▒	▒	▒																			
장미	진딧물						▒	▒	▒	▒	▒																			
	응애						▒	▒	▒	▒	▒																			
	깍지						▒	▒	▒	▒	▒																			
	흑성병						▒	▒	▒	▒	▒																			
	흰가루병						▒	▒	▒	▒	▒										▒	▒	▒							
	회색곰팡이																													
	풍뎅이																													
사철나무	깍지							▒	▒	▒	▒	▒	▒	▒	▒	▒	▒	▒	▒	▒	▒	▒	▒	▒	▒					
	탄저병						▒	▒	▒	▒	▒																			
	흰가루병							▒	▒	▒	▒	▒	▒	▒	▒	▒	▒	▒	▒	▒	▒	▒	▒	▒	▒					
	진딧물				▒	▒	▒	▒	▒	▒	▒																			
오리나무	잎벌레								■																					
잣나무	넓적입벌										■																			
버즘나무	방패벌레										■																			
밤나무	혹벌										■																			
기타해충									■																					
병해방제						■					■							■												

농약은 해로운 생물체만 죽이는 것이 아니다

송충이도 먹어야 산다. 진딧물도 먹어야 산다. 꽃매미도 먹어야 산다. 나무의 천적은 곤충이다. 나무는 벌레들의 식량이기 때문에 벌레가 꼬이는 것은 어쩌면 당연한 일이다. 그렇다고 나무가 무한정 당하기만 하는 것은 아니다. 나무에게도 방어 기능이 있어서 어느 정도까지는 벌레가 먹어도 상관없을 정도의 힘을 갖고 있다. 그것이 바로 생태계를 지키는 열쇠가 된다. 해충이란 한 종류의 벌레가 대량으로 발생한 상태를 뜻하므로, 먹고 먹히는 균형이 맞으면 해충이 되지 않는다.

나무를 병충해로부터 보호하기 위해서는 화학성보다는 물리성 개선에 초점을 두어야 한다. 가령 소나무 잎마름병이 생겼다면 이 병은 과습과 통풍 불량에서 오는 것이므로, 살균제부터 칠 것이 아니라 수관 아래의 잡초를 제거하고 가지치기를 하면 자연적으로 병이 치유된다.

철쭉의 떡병은 과습한 상태에서 발병하므로 밀식을 솎아 주고 통풍을 개선하면 좋아진다. 또한 병 발생이 적은 지역을 보면 토양 미생물이 많아 미생물들끼리 양분 경쟁을 치열하게 하거나 서로 잡아먹어 병원균의 생육이 나빠진다.

따라서 토양 미생물들이 잘 살 수 있는 토양 환경을 조성하는 것이 병 발생을 줄이는 길이 된다. 건강한 흙이 건강한 나무를 만들어 주는 것이다.

화학적 방제, 단점은 많고 장점은 적다

농약은 600종의 화학물질로 구성된 16,000개 제재가 나와 있다. 농약이 사회에 준 이득은 대단한 것이지만 그 대가 또한 크다. 인류의 해충방제사를 돌아보면, 인류가 농약을 사용한 농약 전성시대는 DDT가 나온 직후인 1945년부터 1960년 사이의 15년을 말한다. 그러나 1960년부터 현재까지는 해충들의 진화에 의한 약제저항성 발달 시대가 되어 부메랑을 맞게 된다. 이 시기에 화학적 방제의 가장 큰 단점으로 드러난 것은 크게 네 가지로 요약된다.

하나, 기존의 해충이 감소한 대신에 잠재되었던 곤충이 새로운 해충으로 등장한 것이다. 한국의 경우 1930년대에서 1950년대 사이에는 천공성 심식충류가 주요 문제 해충이었지만, 이를 방제하기 위하여 1950년대

표 5-4 ● 한국의 사과나무 해충 변천 과정

●●●● 대발생, ●●● 중발생, ●●소발생, ●극소발생

구분	1930~1940년	1950~1960년	1970년	1992년
1차 해충(관건 해충)				
심식충류	●●●●	●●●●	●●●	●
2차 해충				
응애류	●	●●	●●●	●●●●
굴나방류	●	●●	●●●	●●●●
진딧물류	●	●●	●●●	●●●●

이후 약제를 집중 살포한 결과 해충상이 변화되어 현재는 심식충뿐만 아니라 과거에는 해충이 아니었던 응애류, 진딧물류, 굴나방류에 대해서도 약제 방제를 해야 하는 상태이다.

둘, 농약에 내성이 생긴 약제저항성 해충의 출현으로 말미암아 약제를 친 뒤에 오히려 해충의 밀도 수가 더 높아짐으로써 인간의 화학적 방제의 근간이 뒤흔들리고 있다는 사실이다. 미국의 경우 매년 50만 톤 이상의 농약이 사용되고 있는데, 미국에서 농약이 사용되기 이전과 사용한 후의 작물 생산 손실량이 같다는 통계는 지금껏 사용해 온 농약 관행이 잘못되었다는 것을 말해 준다. 사실 농약은 너무나 쉽게 구입하고 즉석에서 효과를 볼 수 있어서 새로운 대처법을 찾는 노력을 등한시해 왔다.

셋, 해로운 생물체를 죽이도록 디자인된 대부분의 화학물질이, 의도했던 해충이 아닌, 다른 유익한 생물에게 독성일 가능성이 크다. 또한 빠르게 분해되지 않는 이 화학물질들은 먹이사슬로 이동하여 생물적으로 확대된다.

넷, 농약을 포장에 뿌리면 화학물질 대부분은 의도했던 표적 생물을 빗나간다. 산림에 뿌린 농약은 약 25%가 나뭇잎에 도달하고, 표적 곤충에 도달하는 것은 1%가 안 된다. 약 30%는 토양으로 가고, 50% 가까이가 대기 중이나 유거수로 손실되고 있다. 키가 10 m가 넘는 대교목을 수관 전체에 농약을 골고루 뿌린다는 것은 불가능하며, 오히려 방제가 끝났다고 안심하는 사이 병해충의 저장소가 된다.

농약이 일단 토양에 도달하면 다음 6가지 경로 중에 하나를 따르게 된다.

국가	2017년	2018년	2019년	2020년	2021년	2022년	2023년
미국	97.1%	98.0%	95.5%	98.1%	97.8%	98.6%	96.2%
캐나다	100.0%	100.0%	100.0%	100.0%	100.0%	100.0%	97.6%
호주	16.2%	45.5%	12.0%	19.6%	11.9%	16.7%	17.6%
프랑스	13.3%	0.0%	5.9%	0.0%	0.0%	8.3%	8.3%

※ 검출은 되었으나 모든 검출이 잔류농약기준치 이하로, 식용가능하다고 한다.

❶ 화학적 변화 없이 대기로 증발하여 대기오염을 일으킨다.

❷ 액체 상태로 토양에 흡수된 뒤, 토양 아래로 이동한다.

❸ 이동하면서 토양과 화학반응을 하고, 토양 미생물에 의해 분해된다.

❹ 지표수에 의해 강으로 흘러간다.

❺ 식물이나 토양동물에 흡수된 뒤, 먹이사슬로 이동한다.

❻ 농약은 반드시 살포 당한 고등식물에 흡수된다. 이것은 특히 침투성 농약이나 제초제일 때 두드러진다. 그래서 우리는 사람이 먹는 식품의 농약 잔류에 관심을 갖는다. 제초제가 토양에 머무는 기간은 글리포세이트가 평균 30~60일 정도, 최대 6개월이 된다. 우리는 토양을 먹지는 않는다. 우리가 먹는 것은 농약을 친 풀과 풀을 먹은 소다.

2020년대 초반 기준, 전 세계의 농약 사용량 약 380만 톤 중 최다 사

온난화로 인해 피해가 확산하고 있는 복숭아유리나방은 나무 속으로 뚫고 들어가는 천공성 해충이라 방제가 쉽지 않다.

용국은 중국으로 47%(180만 톤), 그 다음이 미국 21%, 브라질 14%다. 다행히 최근 들어 농약 사용량은 감소세로 돌아서고 있지만, 유전자 변형 작물 재배 확대로, 발암 물질이며 내분비계 교란을 일으키는 제초제의 사용량이 계속 증가하고 있다. 세계 농약시장에서 차지하는 제초제의 양은 다른 농약 전체를 합한 것보다 많다(50~60%). 가장 널리 쓰이는 글리포세이트는 비선택성이다. 각국의 농산물은 세계로 수출된다.

농약 사용, 가족과 이웃을 지키는 방법

아무리 약제가 우수하다고 해도 약을 사용하지 않고 건강할 수 있다면 그것이 최선이다. 농약은 어디까지나 최후의 수단으로 사용하고, 평소에 수목이 건강하게 자랄 수 있는 토대를 마련하는 것이 중요하다. 토양관리, 통풍 및 채광 관리, 거름 주어 가꾸기, 전염원의 제거, 중간 기주의 제거, 거친 수피나 낙엽 같은 은신처의 제거, 작업도구의 위생관리, 상처의 소독 등을 통하여 조경수목의 발병을 예방하는 것이 우선되어야 한다.

질병은 토양에서 시작된다

질병은 지상부에 있는 것이 아니라 지하부의 토양에서 시작된다. 비가 온 다음 날에는 쉽게 병이 발생하는 걸 보게 되는데, 이는 토양에 있던 수많은 병원균들이 빗물과 함께 튀어 올라, 잎 뒷면에 달라붙으면서 침투하기 때문이다. 토양 건강을 유지하고 식물 질병을 예방하기 위한 실천 사항들을 모아본다.

- 식물에 물을 줄 때 되도록 꽃과 잎에 닿지 않게 한다. 물은 꽃을 시들게 하고, 잎에서 곰팡이균이 서식하기 좋은 환경을 만들어 준다.
- 토양 다짐, 배수 불량 등을 개선한다. 한번 단단하게 압축된 토양은 자체적으로는 절대 복원되지 않는다. 식물의 잔재로 토양을 덮는 멀칭과 무경운 농법, 보행 제한, 그리고 지렁이가 살 수 있는 환경을 조성하면 매우 느리지만 회복될 수 있다.
- 일부 질병은 토양 pH를 개선하면 효과적으로 제어할 수 있다. 그러므로 토양의 pH와 영양소 수준을 정기적으로 검사하여 부족한 부분을

보충하고, 적절한 토양개량을 세운다.

- 나뭇조각, 짚, 낙엽 등으로 멀칭을 하면 토양 수분을 유지하고 잡초를 억제하며 지온 변화를 완화해 뿌리와 미생물 활동이 증가한다.
- 자연계에서 낙엽층들은 병충해 발생보다 미생물 활성에 더 기여한다. 그러하니 되도록 낙엽을 치우지 않는다.
- 완숙된 퇴비에는 병에 저항력을 가진 이로운 미생물이 많아 질병 억제에 성공적이다.
- 화학 농약 사용을 줄이고 유익한 미생물이나 바이오 살균제, 상극인 식물, 천적 등을 활용한다.
- 근균의 발달은 식물 전체를 건강하게 만들어 준다. (1장 토양관리 참조)
- 병원균의 확산을 막기 위해 병든 식물이나 병든 낙엽 잔해를 신속히 제거한다.
- 병원균이나 해충은 기주식물을 정해 놓고 기생하므로, 윤작을 하여 기주식물이 바뀌면 굶어 죽는다. 그러므로 매년 같은 위치에 같은 초화를 심는 것을 피하고, 다양한 꽃들을 순환 재배해서 토양 내 병해충의 수를 줄인다.
- 경운은 해충과 익충을 모두 파괴한다. 경운은 토양에서 진균의 균사망과 지렁이 굴을 파괴하고, 유기물의 손실을 촉진한다. 더구나 토양에 포집되었던 탄소를 대기로 날려보내 온난화를 부추긴다. 따라서 경운을 줄이면 진균의 역할이 증대되고, 유기물이 축적됨에 따라 토양 생물의 개체수도 증가하며, 온난화를 막는 데 기여한다.

이와 같은 토양관리 실천사항을 통해 식물의 전반적인 건강을 증진시키고, 병원균의 확산을 최소화하여 질병을 효과적으로 예방할 수 있다.

천적을 보호하는 약제를 찾아서

'진드기나 개각충은 기계유제나 석회황합제로 치료하는 것으로 끝내야 한다. 한여름 7월에는 기계유제를 200~400배로 묽게 해서 한 번만 친다. 만약 6월에 유기인계 농약을 한 번이라도 친다면 그것으로 끝장이다. 모든 천적이 죽어 버려서 농약을 계속 치지 않으면 안 된다. 첫해를 꾹 참고 일 년간 그냥 놔두면, 다음

해부터는 문제가 없어진다. 물론 외관상의 모양은 매끄럽지 않지만... '

– 감명 깊게 읽었던 『짚 한오라기의 혁명』 77쪽의 내용을 간략히 소개한 것이다.

농약 사용은 해충에게는 내성耐性을 심어 주고, 해충을 잡아먹던 포식자인 천적들은 죽게 한다. 내성이 무엇이길래 그토록 경계하는 것일까? 내성은 생애주기가 짧은 미소 곤충이나 곰팡이 같은 미생물일수록 빨리 생기는 특징을 갖는다.

세균은 단 한 개의 세포로 이루어졌기 때문에 자손을 퍼뜨리는 데 긴 시간이 걸리지 않는다. 대장균이나 곰팡이 하나가 두 개로 되기까지는 20분이 필요하다. 즉 20분마다 두 배로 증식한다. 그럼 24시간 뒤에는 얼마로 불어나나? AI 프로그램을 사용하여 계산시켰더니 472,236경이라는 어마무시한 숫자가 나온다.

🔢 최종계산

$$2^{72} = 4.722 \times 10^{21}\,(약\ 4.7해곱)$$

즉, 약 4,722,366,482,870,000,000,000개가 됩니다.

(4.7해곱 단위의 어마어마한 숫자죠!)

이러한 세균의 빠른 번식력은 비교적 짧은 시간 안에 새로운 항생제에 적응하거나 또다시 돌연변이를 일으켜서 항생제에 견딜 수 있는 후손을 만들게 된다. 이러한 힘을 '내성'이라고 한다. '항생제 내성이 있는 세균'이라는 말은 '그 항생제로는 더는 죽일 수 없는 세균'이라는 뜻이다. 즉 슈퍼 박테리아의 출현을 의미한다. 이는 농약이 슈퍼 해충, 슈퍼 곰팡이를 키우는 원인 제공자라는 것을 뜻한다.

통합 해충관리기법 - IPM 기본 실천사항

생태적 방제란 어디까지나 예방이 목적이고, 발병 후에는 늦은 경우가 많다. 농약을 사용할 때 목적하는 해충만 죽이는 약제를 선택하거나, 다른 생태적 방제를 병행함으로써 살충제의 사용기간과 사용량을 줄여야 하며, 최근에 정립된 '통합 해충관리기법IPM: Integrated Pest Management'을 도입하도록 한다.

IPM 관리란 해충을 박멸하는 게 목적이 아니라 해충이 식물에 미치는 영향을 줄여 피해를 감소시키는 게 목적으로 기본 실천사항은 다음과 같다.

❶ 농약을 사용하지 않는 것이 아니라 꼭 필요한 때에만, 천적에 영향이 적은 농약을 사용한다.

❷ 광범위한 살충제가 아니라 목적하는 해충만 죽이는 약제를 선택한다.

❸ 환경오염을 극소화하는 수간주사, 도포제, 끈끈이 트랩, 토양 입제는 훌륭한 IPM 방제가 된다.

❹ 해충을 멸종 또는 박멸하는 것이 아니라 자연생태계의 일원으로, 천적의 먹이로, 인간에게 경제적 피해를 주지 않는 수준 이하에서 억제한다. 나무와 해충은 공생 관계다.

❺ 어떠한 방제 수단도 장단점은 다 있다. 문제 되는 특정 해충만 주목하지 말고, 전체 생태계를 고려하여 방제계획을 수립한다.

IPM에 이용되는 기술이란, 발생 밀도를 낮추는 모든 수단을 말한다. 환경을 먼저 개선하고, 체질을 강화하고, 생물적·물리적·유전적 처리 후 마지막에 농약을 쓰지만, 그것도 유익 곤충이나 사람에게 피해가 적은 저독성 농약을 선택하는 것이다. 친환경 살충제 시장은 이제 겨우 기존 화학 농약의 3% 수준에 불과한 맹아기이다. 여러분의 현명한 선택은 3%를 30%로 늘릴 수 있다.

곤충성장조절제 IGR의 활용 Insect Growth Regulator

농약을 선택할 때, 살충작용은 없지만 생물학적으로 발육과정을 교란하여 궁극적으로 해충의 발생을 억제하는 효과를 가진 농약을 선택한다. 예를 들어 표피조직의 키틴질 형성을 막는 탈피억제로 살충효과를 나타내는 호르몬제인 뷰프로페진, 비스트리플루론, 클로르플루아주론, 디플루벤주론, 우화 저해제인 피리프록시펜 등이 있다.

천연물질 생물농약의 선택 약효 발현은 다소 더디거나 약하지만, 인축과 천적 및 꿀벌에게 안전한 생물농약을 선택한다. 예를 들어 나비 유충에게만 선택적 살충효과를 가진 'BT 아이자와이'나, 미생물에서 추출한 천연물질로 환경과 꿀벌에 안전한 아바멕틴, 티아클로프리드, 플루페녹수론, 아세퀴노실, 아족시스트로빈, 사이에노피라펜 등을 적극 활용한다.

동일계통 약제의 연용을 금지한다　곤충의 살충제 저항성은 살충제에 대해 유전적으로 살아남은 개체들이 선발되면서 나타난다. 약제 방제 후 해충의 신속한 밀도 회복은 인간이 전혀 예상하지 못한 곤충들의 능력이다. 그 결과 농약 시대 이후의 부작용으로 인류의 환경 부담비용은 오히려 증가하고 있다. 또한 살충제는 특정 미생물의 개체수를 늘리게 되는데, 이는 이 미생물이 살충제를 먹이로 삼거나, 그 미생물의 포식자가 살충제로 죽었기 때문이다. 지금으로서 이에 대처하는 유일한 방법은 계통이 다른 약제를 번갈아 사용하여 병해충의 내성이 생기지 않도록 하는 것이다. 또한 작용기작이 다른 2종 이상의 살충제를 혼합하면, 저항성 발달 속도를 억제 내지는 지연시킨다. 그러므로 한 가지 약제를 상자째 사서 연속 사용하는 관행은 중단되어야 한다.

작물보호지침서에는 의외로 좋은 정보가 많다

농약을 사게 되면 농약 봉지에 사용 요령과 주의사항이 적혀 있지만 글씨가 깨알 같이 작아서 읽기 힘들다. 그러니 인터넷에 들어가 작물보호협회에서 발행한 작물보호지침서에서 해당 농약의 사용방법과 특징, 약효, 약해에 대한 주의사항을 확인해야 한다. 분량이 많은 것은 7포인트 글씨로 A4용지 4페이지도 넘지만, 꼼꼼히 살펴보면 얻는 소득이 적지 않다. 그중 하나가 계절에 따라 약효가 올라가거나, 반대로 약효가 떨어지는 약제가 있다는 것이고, 또 하나는 섞어서 사용하면 효과가 증감되는 약제가 있다는 것이다.

다음은 필자가 찾아낸 사례들.

- 고온기에 약해를 일으키는 농약: 살균제 다코닐, 살비제 다니톨, 살충제 클로르피리포스, 결정석회황합제, 증산억제제 N스프레이, 기계유제, 제초제 시메트린
- 고온기에 약효가 증대되는 농약: 살비제 오마이트, 아미트라즈, 증산억제제 크라우드 카바

- 저온기에 약효가 증대되는 응애약: 펜프로파트린.
- 저온기에 효과가 없는 응애약: 펜프록시메이트
- 저온에서 약해를 일으키는 제초제: 2-4-D
- 습도가 높으면 약해가 나타나는 살균제: 보르도 혼합액
- 핵과 식물인 벚나무, 복숭아, 매실 등에 살포하면 낙엽 지는 살충제: 나방약 디프 수화제(디프록스)
- 감나무에 약해: 나방약 클로르피리포스(2021년 등록 취소)
- 농약 혼용금지 확인품목: 스미치온과 다이센M, 옥시동과 다이센M
- 화강석, 대리석, 차량, 금속 변색 농약: 나방약 DDVP, 기계유제, 석회유황합제

침투성 농약제는 식물의 기공이 가장 많이 열려 있는, 즉 광합성 활동이 가장 왕성한 시간대에 효과가 있다. (일출부터 4시간 동안이 하루 광합성의 60~80%를 담당한다) 그러므로 방제작업은 약제 부착률과 약제 흡수율이 좋은 일출 시각부터 정오까지만 작업한다. 또한 침투성 농약은 식물의 휴면기인 겨울과 한여름에는 효과가 없으므로 주의한다.

스스로 상열 피해를 치유 중인 벚나무

지주목 해체 시 어김없이 보이는 가루깍지

임산부처럼 병원체를 감싸고 있는 메타

꽃으로 위장한 버드나무 벌레혹과 벚나무 벌레혹. 벌레혹은 식물체에 곤충이 알을 낳아 이상 발육한 부분이다. 버드나무 새순에는 버들순혹파리가, 벚나무 잎에는 사사키잎혹진딧물이 세들어 살며 나무를 가해한다.

왼쪽 배롱나무 깍지벌레 오른쪽 단풍나무에 구멍을 뚫고 가해하는 알락하늘소. 단풍나무는 수피에 코르크층이 없고, 수피에서도 광합성을 하기 때문에 수액을 먹는 천공충이 많이 꼬인다.

5월이 지나서 나타난 염화칼슘 피해

진딧물, 깍지벌레가 싼 똥에 생기는 대나무 그을음병

향나무 혹응애

전나무 잎녹병

솔잎혹파리 피해 잎

느티나무 외줄면충

열매처럼 보이는 회양목 혹응애

눈에 보이지도 않는 응애의 검사법. 잎을 털고 문지르면 핏자국이 나타난다.

엽록소를 먹어 치운 진달래방패벌레

감나무 뿔말깍지벌레

거미줄을 치고 즙액을 빨아먹는 응애

벚나무 갈색무늬구멍병

나무좀이 파고 들어가자 진물을 흘리는 느티나무. 보름 뒤 고사

고층건물에 둘러싸여 그늘 진 정원을 찍은 보도사진

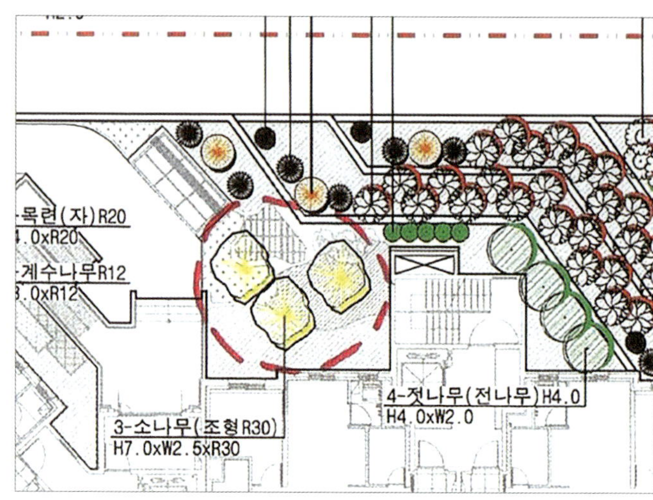

동-남-서 3방향이 막히고 북쪽만 열린 자리에 설계된 소나무

영구 음지에 극양수를 설계하는 나라

고층아파트의 음영을 보여주는 위 사진은 충격적이다. 사람도 창이 없는 지하에 들어서면 우울해지거늘, 빛이 있어야 광합성을 할 수 있는 식물들에게 빛이 없는 정원은 죽음의 정원이다. 밝은 곳에서 자라던 양수를 갑자기 그늘에 옮겨 심으면 약해지다가 결국 시들어 죽는다. 나무의 생리에서 음수陰樹란 빛이 부족한 환경에서도 살아갈 수 있도록 적응된 나무이지만 양지에서 생육이 더욱 좋고, 양수란 반드시 햇빛이 풍부한 곳에서만 자랄 수 있고, 음지에서는 죽게 되는 나무를 말한다.

소나무, 자작나무, 은행나무, 회화나무, 산수유, 참죽나무, 감나무, 대추나무, 매실나무, 왕벚나무, 이팝나무, 자귀나무, 느릅나무, 꽃사과, 모과나무, 모감주, 배롱나무, 위성류… 지금 나열한 나무들은 대표적인 양수들이다. 하루에 직사광선이 8시간 이상 들어오면 아주 잘 살고, 6시간 정도 들어오면 중간 정도, 4시간 이하로 빛이 들어오면 잎이 엉성해지고 가지는 축 처지며 병들어 간다.

하물며 4시간도 그러하거늘 조경 설계도면을 보면 건물 북쪽의 영구 음지에도 소나무, 은행나무, 감나무 같은 극양수들이 배식되어 있다. 나같이 참지 못하는 성격은 설계 변경을 통해 나무들을 음수로 바꿔보지만, 설계 프로그램이 잘못되었든가 아니면 설계자들이 나무의 생리 조건에는 아예 관심이 없는 듯하다.

양수를 음지에 심으면 나타나는 변화

❶ 광합성 부족으로 생존에 필요한 에너지를 충분히 생산하지 못하게 되며, 겨울에 동사凍死 위험이 높다.

❷ 줄기와 가지가 가늘고 약하게 자라며 강풍이나 외부 충격에 쉽게 부러진다.

❸ 면역력이 약화되어 곰팡이, 세균, 해충 등 병충해에 약해진다.

❹ 뿌리 발달이 미약해지면서 나무가 토양에 단단히 고정되지 못해 바람에 쉽게 넘어지거나 뽑힐 수 있다.

❺ 생식 능력이 저하되어 꽃과 결실이 불량하고, 아랫잎부터 낙엽이 지기 시작한다.

❻ 만성적인 에너지 부족이 지속되면 서서히 시들고 죽음에 이르게 된다.

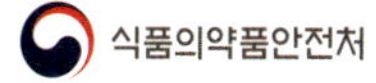

클로로탈로닐(Chilorothalonil)

요약
클로로탈로닐은 유기염소제 살균제로 토양의 병해에 적용하며 과일, 야채류, 땅콩류에 광범위하게 사용된다. 국내에서는 '타로날'이라는 품목명으로 고시되어 사용 중이다. 피부 및 눈에 자극적이며 특히 눈에 자극적이어서 농약 방제 시 보안경과 방제복을 갖추고 작업하도록 권장된다. 동물 실험에서는 장기간 노출 시 암을 유발한 것으로 보고되었으며 사람에게도 발암성의 가능성이 있다(IARC 2B 등급).

용도
클로로탈로닐은 과일류, 야채류, 땅콩류의 광범위한 진균성, 질병을 조절하는 살진균제 및 살선충제로 사용된다. 또한 잔디에도 사용되며, 페인트와 회반죽 첨가물로도 사용된다. 유럽에서는 보통 1% 미만의 농도로 목재 방부제로 사용된다.

독성 자료
유기 용매에서 0.1% 이상 농도는 동물에서 중등도의 피부자극제이다. 클로로탈로닐에 흡입 노출된 후 작업성 천식이 보고되었다. 0.01% 농도의 클로로탈로닐은 아나필락시스 양반응을 일으킨다고 보고되었다. 클로로탈로닐 제제 중의 용매로 인한 흡인성 폐렴이 일어날 수 있다.

주의 사항
독성이 강하며, 흡입하거나, 삼키거나, 피부를 통해 흡수되면 치명적일 수 있다. 화기는 자극성, 부식성이 있고 혹은 독성 가스를 분출할 수 있다. 피부와 눈에 접촉 시 자극을 일으킬 수 있다. 호흡 시 코와 목, 폐를 자극하고 기침, 가래, 가슴조임을 일으킬 수 있다. 클로로탈로닐은 동물에서 신장염을 일으키며 인간에서 발암성일 수 있다.　(수정일 2009.12.17)

※ 2009년 12월에 올라온 클로로탈로닐의 위험성을 알리는 식품의약품안전처의 자료. 나무병원들의 살균제 처방에 많이 등장한 이 약은, 12년이 지난 2021년에 농약등록이 취소되었다.

뷰프로페진
수 화 제
액상수화제

유효성분 : buprofezin ·· (수화제)20%, (액상수화제)40%
기   타 : (수화제)계면활성제, 증량제 ·· 80%
(액상수화제)계면활성제, 부동제, 보조제, 소포제, 방부제, 안정제, 증량제 60%
계   통 : 티아디아진계

【적용병해충 및 사용량】

[수화제] 상표 : 히로인 저독성

작물명	적용해충	사용적기 및 방법	물20ℓ당 사용약량	안전사용 기준 시 기	안전사용 기준 횟 수
배	가루깍지벌레	다발생기	20g	수확 30일 전까지 사용	2회 이내
복 숭 아	뽕나무깍지벌레	다발생기	20g	수확 14일 전까지 사용	3회 이내
마 늘	뿌리응애	월동후 관주처리	20g(1ℓ/㎡)	월동직후까지 사용	1회 이내
감(단감포함)	식나무깍지벌레	다발생기	20g	수확 14일 전까지 사용	2회 이내
관 엽 류	귤가루깍지벌레	부화유충 다발생기	20g	–	–

[액상수화제] 상표 : 노고단 저독성

작물명	적용해충	사용적기 및 방법	물20ℓ당 사용약량
소 나 무	솔껍질깍지벌레	3월 후약충기	200㎖

【사용방법】
[수화제] 1. 성충에는 효과가 저하 될 수 있으니 유충발생조기에 사용하십시오.
[액상수화제] 1. 고성능분무기로 3월 후약충기에 수관 및 가지의 수피가 충분히 적셔지도록 골고루 살포하십시오.
2. 항공살포시 지상의 풍속이 초속 3m이하로 상승기류가 없을 때 20배 희석액으로 ㏊당 100ℓ 살포하십시오.

【특   징】
[수화제] 1.이 농약은 티아디아진계 살충제인 뷰프로페진이 함유된 제품으로 접촉독과 탈피억제작용에 의한 살충효과를 발휘합니다.
2. 약효발현은 다소 더디나 오랫동안 지속효과가 있습니다.
[액상수화제] 1. 이 농약은 부화 및 탈피억제 효과를 발휘하는 티아디아진계 살충제로 깍지벌레의 알과 유충에 대한 효과가 우수합니다.
2. 방제효과는 살포 후 3~7일 후에 나타납니다.
3. 이 농약은 벌과 같은 유용곤충 및 천적에 대해 안전성이 비교적 높아 IPM방제에 적합합니다.

⚠ 【약효·약해에 관한 주의사항】
[액상수화제] 1. 십자화과작물 재배지역에서는 사용하지 마십시오.
2. 탈피가 끝난 깍지벌레 성충에는 효과가 떨어지므로 발생초기에 사용하십시오.

⚠ 【안전 및 기타 주의사항】

[수화제] 1. 이 농약은 약한 안자극성이 있으므로 보안경, 방제복, 마스크, 고무장갑을 착용하고 눈에 들어가지 않도록 주의하여 바람을 등지고 뿌리되 작업 후에는 입안을 물로 헹구고 손, 발, 얼굴 등을 비눗물로 깨끗이 씻으십시오.
[액상수화제] 1. 항공방제를 할 경우 살포액이 차의 페인트물에 약간의 손상을 일으킬 수도 있으므로 주의하십시오.

【해독방법】
[수화제] 1. 눈에 들어갔을 경우에는 즉시 다량의 물로 씻어 내십시오.
[액상수화제] 1. 잘못하여 마셨을때는 바로 다량의 물을 마시게하여 토하게 하고 의사의 치료를 받으십시오.
※해독제로는"아트로핀"(주사제)이 있습니다.

【등록회사】 [수화제]히로인(한국삼공) [액상수화제]노고단(한국삼공)

작물보호제 지침서: 뷰프로페진 특징 3에 '이 농약은 벌과 같은 유용곤충 및 천적에 대해 안전성이 비교적 높아 IPM방제에 적합하다'는 문구가 보인다. 나무병원들은 이런 약제들만 찾아서 처방에 사용해야 한다.

O: 혼용 가능, X: 혼용 불가, △: 약효 저하, 공란: 미상

품목명(상표)		메프 유제 〈스미치온·호리치온〉	파프 유제 〈엘산·씨디알〉	다수진 유제 〈다이아톤·시나나〉	이피엔 유제	피레스 유제 〈립코드〉	델타린 유제 〈데시스〉	디디브이피 유제	그로포 수화제 〈더스반〉	할로린 수화제 〈주렁〉	디프 수화제 〈디프록스〉	아조포 유제 〈호스타치온〉
탄저병약	만코지 수화제(다이센엠45)	X	X		O	O	O	X	O	O		O
	타로닐(다코닐, 금비라) 수화제				O	O	O	O	X			
	캡탄(오소싸이드) 수화제				O	O	O	O				
	가벤다(마이코) 수화제				O	X	O	O	O			
흰가루병	지오판(톱신엠, 톱네이트) 수화제	X	X		O	O	O	O	O			O
	리프졸(트리후민) 수화제											
점무늬낙엽병	포리옥신 수화제	O	X		O	O	O	O	O			
	옥시동 수화제				X	X	X	X	X	X	X	
	치람(쓸마내) 수화제				O							
	포리캡탄 수화제											
	이프로(로브랄) 수화제	O	X		X	O	O	O	O			X
겹무늬썩음병	베노밀(벤레이트, 두루다) 수화제				O	O	O	O	X			
	마이탄(시스틴) 수화제	X			O	O						O
	비타놀(바이코) 수화제				O	O	O	O	O			
붉은별무늬병	티디폰(바리톤) 수화제	O	O		O	O						
	누아리몰(파아람) 수화제				O	O	O	O	O			

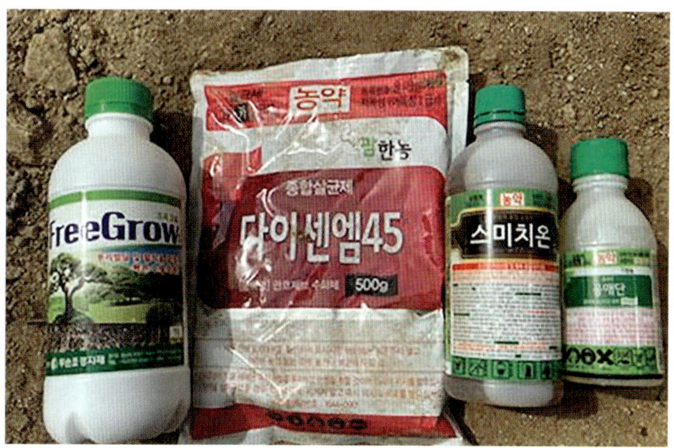

조경회사들이 단골로 치는 약제가 다이센엠과 스미치온의 혼용인데 농약혼용적부표를 보면 혼용불가로 나와 있다. 이 경우 두드러진 약해 중 하나는 측백나무 잎이 마르는 것. 조경공들이 이식 몸살인 줄 아는데 잘못된 배움이다. 또한 농약을 칠 때, 영양제를 같이 섞으면 나무가 농약을 지나치게 빨아들여 약해를 부르는데 이를 저지하는 조경기사가 없다. 사진은 조경회사가 함께 섞은 약제를 촬영한 것이다.

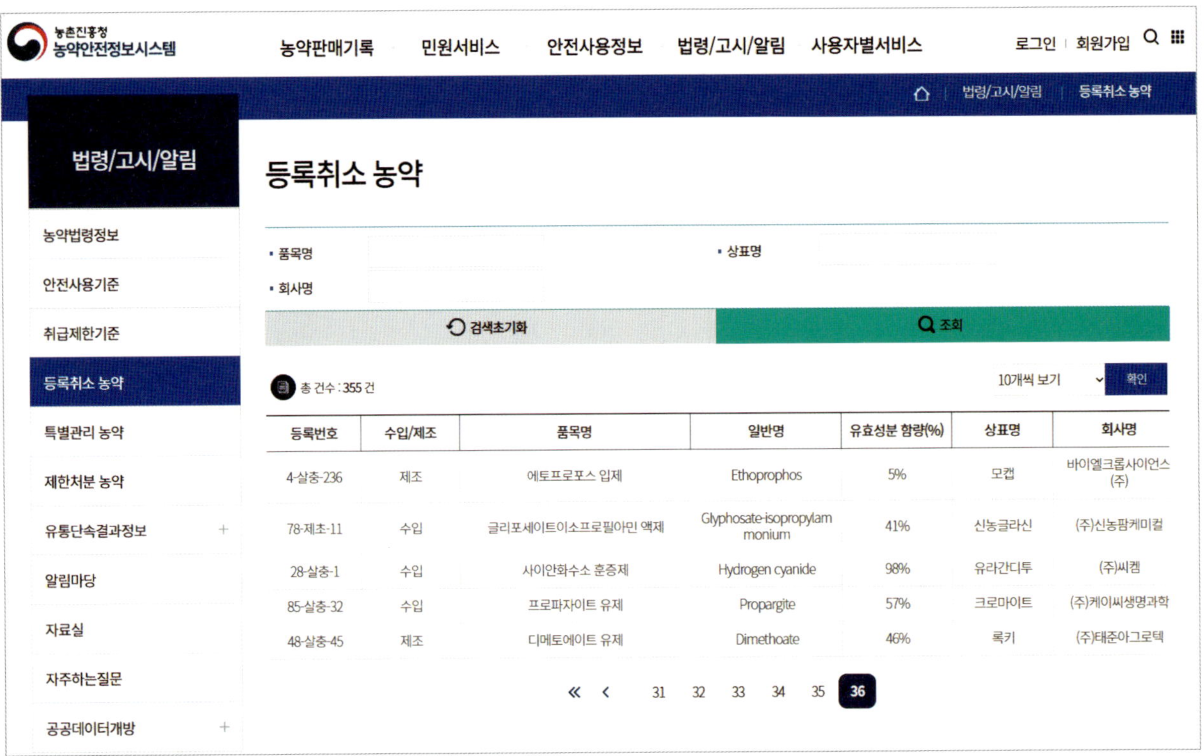

법령/고시/알림

- 농약법령정보
- 안전사용기준
- 취급제한기준
- **등록취소 농약**
- 특별관리 농약
- 제한처분 농약
- 유통단속결과정보
- 알림마당
- 자료실
- 자주하는질문
- 공공데이터개방

등록취소 농약

- 품목명   · 상표명
- 회사명

검색초기화   조회

총 건수 : 355 건   10개씩 보기   확인

등록번호	수입/제조	품목명	일반명	유효성분 함량(%)	상표명	회사명
4-살충-236	제조	에토프로포스 입제	Ethoprophos	5%	모캡	바이엘크롭사이언스(주)
78-제초-11	수입	글리포세이트이소프로필아민 액제	Glyphosate-isopropylammonium	41%	신농글라신	(주)신농팜케미컬
28-살충-1	수입	사이안화수소 훈증제	Hydrogen cyanide	98%	유라간디투	(주)씨켐
85-살충-32	수입	프로파자이트 유제	Propargite	57%	크로마이트	(주)케이씨생명과학
48-살충-45	제조	디메토에이트 유제	Dimethoate	46%	록키	(주)태준아그로텍

≪ ‹   31   32   33   34   35   **36**

법령/고시/알림

- 농약법령정보
- 안전사용기준
- 취급제한기준
- 등록취소 농약
- 특별관리 농약
- 제한처분 농약
- **유통단속결과정보**
  - 농약품질검사 불합격현황
  - 불량농약판매정보
  - 행정처분
- 알림마당
- 자료실
- 자주하는질문

농약품질검사 불합격현황

- 제조/수입업체명   · 농약명   상표명 또는 품목명을 입력하세요.

검색초기화   검색

총 건수 : 13건   10개씩 보기   확인

순번	제조/수입업체명	품목명	상표명	사료수거일자	최종결과
13	에프엠씨코리아(주)	카보설판 액상수화제	마진	2024-09-20	불합격
12	(주)아그리엠	카보설판 액상수화제	랩소디	2024-09-04	불합격
11	아그리젠토(주)	디메토에이트 유제	사령탑	2024-04-18	불합격
10	(주)신농팜케미컬	아세타미프리드.에마멕틴벤조에이트 액제	솔멕틴	2024-11-07	불합격
9	아그리젠토(주)	디메토에이트 유제	사령탑	2024-06-11	불합격
8	아그리젠토(주)	가스가마이신 입상수화제	카스민	2023-06-12	불합격
7	대유	루페뉴론 유제	스마트킬	2023-06-14	불합격
6	(주)태준아그로텍	인독사카브 유제	샤로트	2023-06-14	불합격
5	아그리젠토(주)	플루아지포프-피-뷰틸 유제	젠스필드	2022-05-26	불합격
4	주동방아그로	발리다마이신에이 액제	한누내	2021-03-17	불합격

중복 더위가 한창인 2025년 7월 30일, 우연히 들어간 농진청 홈페이지의 농약안전정보시스템에서 본 '등록취소 농약' 품목은 모두 355개나 되었다. 이 중에는 2021년에 등록이 취소된 걸 알고 있던 클로로탈로닐뿐만 아니라, 조경회사들이 자주 사용하는 에토프로포스 입제, 페니트로티온, 티아클로프리드, 아바멕틴, 비티쿠르스타키, 델타메트린, 만코제브 같은 품목도 포함된 것이 확인된다. 농약 허용기준이 강화된 것은 반가운 소식이나, 등록 취소된 농약에 대한 구체적인 정보와 홍보가 너무 아쉽다.

쇠약한 소나무의 원인을 밝혀내기 위해 잎을 검사하고 있다.

스카이도 타고 굴삭기도 타고, 위험천만하게 방제작업이 진행되고 있다.

지구상에서 낙엽수라는 나무는 상록수에서 진화해 나온 나무다. 일반
적으로 잎의 수명이 3년 이상인 상록수들은 헌 옷을 수선해가며 입지만,
낙엽수들은 헌 옷을 미련 없이 버리고 봄이면 새 옷으로 갈아입기 때문
에 빨래방이나 수선공이 필요 없다. 한술 더 떠서 양버즘나무나 모과나
무처럼 수피가 조각이 나며 벗겨지는 나무들은 수피에 쌓여있던 각종 오
염물질을 떼어 내는 까닭에 대기오염에 강하다. 수피가 너덜거린다고 흉
볼게 아니다.

이 사실은 농약에도 그대로 적용이 되어서 잎을 떨구는 낙엽수나, 상
록수라도 일 년에 잎을 두 번씩 내는 자유생장 수종들은 새로 신초가 나

와 회복이 쉽다. 그러나 고정생장을 하는 소나무는 5월 이후에는 신초 발생이 없으므로 이듬해에나 회복이 된다. 농약은 살균제에 의한 피해는 적은 편. 살충제 중 유제의 약해가 심하므로 결정이 보이지 않을 때까지 충분히 희석한 후 사용한다.

약해 없는 농약 사용, 핵심 정리

- 농약 희석은 〈액제 → 전착제 → 수화제 → 유제〉 순으로 한 가지씩 푼다. 유제가 가장 효과가 좋은 대신 값이 비싸다.
- 농약이 잘 섞이도록 먼저 소량의 물에 1차 희석한 후, 본 탱크에 2차 희석한다.
- 약의 양을 정할 때는 나무의 크기보다 잎의 양을 반영한다.
- 적정 희석배율의 80%로 쳐도 효과는 충분하다. 묽게 타는 게 경제적이다. 대신에 양을 충분히 하여 빈틈없이 적신다.
- 살균제는 두 가지를 혼용할 필요가 없다. 한 가지로 충분하다.
- 살충제는 기어다니는 애벌레와 날벌레 두 종류로만 구분하여 선택한다.
- 침투이행성 농약은 비가 온 뒤에도 약효가 유지되고, 비침투성은 무효가 된다.
- 서로 다른 약을 1주일 이내에 치면 약해가 발생한다.
- '~졸'로 끝나는 제품은 성장억제제가 들어 있어 잔디 깎는 횟수를 줄여 준다.
- 일조량이 부족하거나 그늘에서 자란 나무는 조직이 연해 약재가 쉽게 침투한다.
- 태풍 직후에 생긴 상처 부위에는 약재가 쉽게 침투하므로 주의한다.
- 개별 농약마다 차이가 있겠지만 기온이 30℃ 이상으로 높으면 농약으로 식물이 타들어 가거나, 분무액이 식물의 기공을 막는다.
- 식물의 휴면기인 겨울과 한여름에는 침투성 농약이 효과가 없다.
- 여름철에는 천적인 유익 곤충의 활동이 활발하므로, 상습 대발생 지역을 제외하고는 약제 살포를 자제해 천적의 활동을 보호한다.
- 가뭄일 때에는 식물이 물이라면 가리지 않고 벌컥 들이키므로 약해가

발생한다.

- 알칼리성 약제와 산성 약제는 혼용하지 않는다. (결정석회황합제와 혼용 불가 약제: 목초액, 보르도 혼합액, 유제, 유기유황제 등)
- 농약은 요소비료 같은 영양제와 함께 치면 나무가 건강식품인 줄 알고 흡수가 빨라 약해가 발생하기 쉽다. 특히 비료 중 칼륨비료와 칼슘, 규산은 알칼리이므로 농약에 혼용하면 약효도 사라진다.
- 유기물과 점토가 많으면 피해가 적고, 사토나 토심이 얕으면 약해가 우려된다.
- 농약은 지하수나 알칼리수로 희석하면 약효가 떨어진다. 중성인 수돗물을 사용하면 되지만, 석회가 침전된 수도관은 주의한다. 알칼리성일 때는 물 20리터에 식초 몇 방울을 떨어뜨리면 해결된다.
- 개봉한 농약은 한 달 내로 사용한다. 해를 넘기면 폐기. 두 가지 이상을 혼용한 약제는 24시간이 지나면 변질되어 약해를 입을 수 있으니 당일 사용, 당일 폐기가 원칙. 단일제품은 무방하다.
- 살포되는 농약은 작업자의 코나 입을 통한 감염보다 피부로 흡수되는 피해가 많다.
- 면 마스크만 착용해도 흩날리는 농약의 80% 이상을 막을 수 있다.
- 농약 중독은 원액을 1,000~2,000배 희석하여 살포할 때 걸리는 것이 아니라, 농약 원액을 물에 탈 때 발생한다. 즉 •농약 봉지를 손으로 뜯을 때 •농약을 물에 부을 때 •농약 뚜껑으로 원액을 따르고 나서 손에 묻은 농약을 씻지 않을 때 위험에 노출된다. 따라서 작업자가 아닌 일반인이 피해를 입을 확률은 거의 없다.

살포 유의사항

- 농약은 아침저녁으로 선선한 시간대에 치는 것이 좋다.

  이유 1 아침저녁은 안개 등으로 습도가 높아 식물에 약이 묻는 부착률이 높다.

  이유 2 한낮은 습도도 낮지만, 햇빛으로 휘발되어 날아가는 약 성분이 많아진다.

  이유 3 한낮은 식물이 기공을 닫고 휴식을 취하는 시간이라 약을 빨아들이지 않는다.

이유 4 한낮에는 휘발되는 농약을 작업자가 호흡으로 들이마셔 농약에 중독되기 쉽다.

- 침투성 농약은 식물의 기공이 가장 많이 열려 있는 시간대, 즉 광합성 활동이 가장 왕성한 시간인 오전 10시~12시 사이가 효과가 있다. 따라서 방제를 하루에 끝내려 하지 말고, 구역별로 나누어 오전 중에만 치도록 한다.
- 살충제는 알, 유충, 성충에 따라 작용기작이 다르므로 10~15일 이내에 2차 추가 방제하는 것을 1회 종료로 본다.
- 약을 치기 전에 잎이나 땅에 미리 물이 묻어 있으면 좋다. 땅에 흡수가 좋아진다. 순서를 바꿔서 약을 먼저 치고 나중에 물을 뿌리면 망한다.
- 두 가지 약재를 섞으면 병해충이 내성을 갖기 어려워진다. 그러나 세 가지 약재를 섞는 건 좋지 않다.
- 농약혼용 적합여부 현장 확인법: 소량을 희석해서 엉김 현상이 보이면 혼용 불가.

전착제 사용방법

- 전착제는 주방세제와 같은 계면활성제로, 물방울의 표면장력을 무너뜨려 물이 안개처럼 잎의 솜털 사이사이로 스며들어 골고루 묻도록 하는 역할을 한다. 즉, 약의 사용량을 현저히 줄여 주고 충분한 약효가 나오도록 해 준다. 따라서 비가 오나 안 오나 반드시 사용해야 하는 것이다. 또한 계면활성제인 전착제는 건물이나 유리창에 농약이 묻었을 때 세척력을 높여 준다.
- 그러나 모든 농약에는 이미 계면활성제가 들어 있고, 특히 유제에는 10%나 들어 있어 유제 사용 시에는 전착제를 넣을 필요가 없다.
- 농약을 여러 가지 섞을수록 계면활성제의 함량이 높아져 쉽게 씻긴다. 따라서 이때는 전착제를 넣지 않는다.
- 농약이 마르는 데는 통상 2~4시간이 소요된다. 전착제는 여름 고온 건조기에 효과를 발휘하나, 비 오기 전날 사용하면 오히려 농약을 씻어 내는 세척제가 된다.

- 목초액을 타면 전착제가 필요 없다. 목초액은 전착제와 영양제 및 해충 기피제 3가지 효과를 볼 수 있다. 목초액의 권장농도는 살충제는 1,000배, 살균제일 때는 500배로 한다.

나무의 불치병, 난치병들

나무좀

소나무좀, 느티나무좀이 발생한 나무는 살리기 어렵다. 예방만이 최선이다.

나무좀의 생태 (출처: 국립수목원 국가생물종지식정보)

- 소나무좀은 낮 기온이 15℃ 이상이 되면 월동처에서 나와 쇠약한 소나무의 밑동에 침입하여 산란한다.(과거 기후를 살펴보니 2016년은 3월 18일 이후가 된다.)
- 산란 후 2~3주 이내에 부화한 유충은 갱도를 뚫고 다니며 형성층과 물관, 체관을 모두 파괴하여 나무는 죽게 된다. 유충 기간 약 20일.
- 5월 초순께 유충은 갱도 끝에 용실을 만들고 목질 섬유로 둘러싼 후 그 속에서 번데기가 되며 용 기간은 16~20일이다.

여름철 산림 병해충을 잡기 위해 설치된 끈끈이 롤트랩

복숭아유리나방 방제 약제를 칠한 뒤

소나무 수피에 좀벌레가 침투한 구멍이다. 도대체 몇 개나 될까?

느티나무 껍질을 벗기니 나무좀이 지나간 갱도가 어지럽다.

- 갓 태어난 성충은 6월 초에 수피를 뚫고 가지 위로 이동하여 어린 가지 속에 구멍을 뚫고 다니며 여름 내내 가해하다가(2차 가해), 늦가을에 다시 다른 소나무 밑동의 수피 틈으로 들어가 월동한다.
- 여름과 가을 무렵 소나무 잔가지가 툭툭 부러져 있다면 틀림없이 소나무좀이다. 소나무좀은 쇠약한 나무나 벌채한 나무에 기생하지만, 대발생할 때에는 건전한 나무도 가해하여 고사시킨다.
- 도서 『폭염 살인』(웅진 씽크빅)에 따르면 온난화로 기온 상승이 계속되면 소나무들의 고사가 제일 먼저 시작되고 이를 먹이로 하는 소나무 좀벌레가 세계적으로 창궐할 것으로 전망한다.

대처 1 소나무를 식재할 때 줄기에 황토나 랩을 감아 주는 게 효과적이다.

대처 2 유인목을 설치했다가 성충이 탈출하기 전인 5월 초에 매립하거나 태운다.

대처 3 삼월 초순경, 메프유제+다이아톤 유제 각 200배액을 7일 간격 3~5회 방제한다.

소나무재선충

소나무재선충은 전형적인 선충의 생활환을 지니는데, 건강한 나무보다는 고사목이나 죽어가는 나무에서 발생하고, 그 안에서 살아가며 곰팡이를 먹는다. 이 선충은 스스로는 나무 밖으로 이동할 수 없고 매개충을 통해서만 이동해야 한다. 솔수염하늘소나 북방수염하늘소 때로는 나무좀

혹병으로 부풀어오른 소나무 가지

이 가을에 나무줄기에 산란할 때, 몸에 묻어 있던 재선충이 나무 속으로 침입한다. 재선충의 수명은 불과 44일밖에 안 되지만 한 마리가 20일 만에 200만 마리가 되어, 순식간에 아래쪽의 헛물관을 막아 물이 올라오지 못해 수관 꼭대기부터 시들며 갈변한다.

재선충이 소나무를 죽여 놓으면, 하늘소는 송진이 없는 죽은 소나무를 찾아 알을 낳고, 부화한 유충이 나무 속을 파먹고 살다가, 성충이 되어 다시 우화할 때 재선충이 하늘소에 올라타는 공생관계가 된다.

소나무 혹병

소나무 혹병은 참나무로부터 옮는 병이다. 따라서 참나무가 주변에 많은 소나무 밭에서 주로 발생한다. 어린 2~3년생 묘목에서부터 수십 년 된 큰 소나무에 이르기까지 가리지 않는다. 참나무 잎에서 자란 녹병균 담자포자가 가을에 바람을 타고 소나무 어린 가지에 날아와 감염시키는데, 잠복기간이 10개월로, 초기 발견이 어렵다. 처음에는 나무 표면이 부은 듯이 부풀어 오르다가, 시간이 지나면서 단단한 혹이 형성된다. 혹이 난 부분은 강풍에 잘 부러지며, 혹이 생긴 나무는 목재로서 쓸모가 없다. 부

과습이 확인된 뿌리분 주변을 캐내어 분을 말리고 있는 모습

3 과습

 과습은 토양 내 산소 결핍, 이산화탄소 축적으로 호흡을 방해하고, 뿌리의 부패로 이어진다. 배수가 불량한 토양에서 자주 발생하며, 과습 지역은 동해에 약하다.

 • 오래된 잎부터 불규칙적인 황엽이 발생하고, 조기 낙엽 진다. 수종에 따라서 수분돌기인 에데마edema 부종이 나타난다.

• 배수 불량지역의 판단은 직접 구덩이를 파서 물이 고이는지를 확인한다. 토양수분 과다에 의한 피해는 배수로 설치 등 처리 비용이 많이 듦으로 해결 방안이 마땅치 않다. 물을 좋아하는 수종으로 교체하는 것도 방법이다.

4 약해

 잎끝이 마르면서 꼬이고, 잎과 새순이 비대 생장한다. 조기 낙엽과 고사지 발생

 • 관리 이력 확인. 농약 처방전 분석. 토양 오염물질 분석

• 잎에 황화, 괴사, 낙엽, 기형 등이 나타나며, 심하면 고사한다.

• 약해는 농약의 종류와 살포 농도, 환경요인에 따라 증상이 다양한데, 고온과 직사광선이 뜨거운 한낮에 피해가 심하다.

5 영양결핍

 황엽 발생, 왜소화, 조기 낙엽

- 토양 산성화 등으로 인한 주요 영양소 결핍은 생장 저해와 잎의 황화, 괴사, 기형을 초래한다.
- 토양 내 산도(pH) 변화, 중금속 독성, 유기물 함량 저하 등 환경요인도 영향을 미친다.

6 기상재해

주요 증상 동해, 피소, 상렬, 시들음, 고사지 발생

진단 방법 • 기상조건 확인, 관리 이력 확인

- 강풍, 폭우, 폭설, 동해, 냉해, 서리, 가뭄 등 다양한 기상이 나무의 고사에 직접적 피해를 준다.
- 강풍은 나무 도복과 가지 부러짐을 유발하며, 동해와 냉해는 조직 파괴 및 광합성 저하를 일으킨다.
- 장기간 물에 잠긴 침수 상태도 뿌리를 썩게 하고 나무를 고사시킨다.

7 염해

주요 증상 • 잎 마름 현상, 고사지 발생

- 바닷물의 소금 성분은 3%. 염화칼슘 수용액의 농도는 30%. 하지만 수목은 0.05%까지 버틸 수 있다. 제설제가 화단에 들어가면 약산성 토양이 알칼리성 토양이 된다. 철쭉류의 봄철 황화현상은 대표적인 제설제 피해이다.
- 제설제가 뿌려지면 입단화되어 있던 토양입자들이 나트륨의 화학, 전기적 작용으로 분리되어 통기와 배수가 나빠진다.
- 염류 축적으로 인한 피해는 보통 5월 말경부터 나타난다.

진단 방법 • 토양분석, 제설작업 여부 확인

- 도로 위의 제설제 성분이 공기 중에 휘발되어 잎에 달라붙는다. 제설제 성분이 잎에 남아 있을 때 엽면시비는 피해를 가중시킨다. 제설제 피해에는 물 세척 이상 좋은 것이 없다. 피해목은 잎 면적을 줄여 주는 축소 전정으로 뿌리의 수분 부족을 해결한다. 황 분말이나 활성탄을 토양에 섞기도 한다.

- 해풍에 실려 온 염분과 해빙염은 잎과 뿌리에 손상을 주어 잎끝 갈변, 황화, 조기 낙엽과 고사를 초래한다.
- 곰솔처럼 염해에 강한 수종은 살고, 육송처럼 염해에 약한 수종은 피해를 본다. 피해 시 물 공급과 객토 작업이 필요하다.

8 대기오염

주요 증상
- 침엽수: 잎끝 부분이 적갈색으로 변한다.
- 활엽수: 어린잎부터 잎 가장자리와 잎맥 사이에 짙은 색 괴사 반점이 나타나다가 점차 하얗게 표백된다.

진단 방법
- 기상조건 확인
- 대기 중 아황산가스, 미세먼지, 산성비 등이 나무의 엽록소 파괴, 기공 손상, 광합성 저하를 일으켜 고사를 유발한다.
- 산성비는 광합성 기관을 파괴하고 결실 저해 등 장애를 일으킨다.
- 황사와 미세먼지로 나무 피해가 심화되는 경향이 있다.

9 상처, 훼손

주요 증상 줄기 및 가지 부패, 부후버섯과 고사지 발생

진단 방법
- 벌채, 굴착, 인위적 손상, 도로 건설 등으로 생긴 훼손은 뿌리 손상과 토양 환경을 악화시킨다.

대왕참나무 가로수에 발생한 아까시흰구멍버섯. 살아 있는 나무에 활물 기생하는 백색부후균으로, 3년 전 지자체에서 나온 조경공들이 경계석 바깥으로 뻗어 나온 뿌리를 곡괭이로 찍어낸 후 나타난 결과물이다. 전정 실명제를 도입해서, 나무를 잘못 잘라 고사할 때 책임을 묻는 제도가 시급하다.

- 훼손된 장소에서는 병해충 침입 위험과 생장 불량이 증가한다.

10 좁은 식수대

주요 증상 • 지상부 가지가 끝부터 고사한다.

- 화분처럼 좁은 식수대에 심어진 나무는 '맴도는 뿌리'가 되어 자기 목을 조이게 된다. 뿌리를 뻗지 못해, 수분 보유량이 부족하므로 건조 피해를 당한다. (수시 관수 필요)

진단 방법 • 강전정으로 수관을 줄여 주고, 영양공급을 해 준다. 식수대가 좁으면, 아무리 조치해도 맴도는 뿌리를 방지하긴 어렵다.

- 식수대가 좁으면 수분과 양분 흡수에 제약을 받고, 토양 답압으로 통기성이 나빠진다. 가로수는 주변의 보도블록을 침투성으로 교체하고, 드러난 토양은 야자 매트 등으로 보호해 주면 좋다. 진정한 정원사라면, 가뜩이나 좁은 가로수 식수대에서 뿌리분 위에 초화를 심어달라는 몰상식한 요구에는 단호히 거부하는 용기를 가져야 한다.
- 한편, 최근 들어 독립된 가로수 식수대를 띠녹지로 연결하는 지자체가 늘고 있어 나무의 생육환경이 나아지고 있음은 환영할 일이다.

11 뿌리 조임

주요 증상 • 성장이 빠른 수종이나 직근 수종에서 주로 발생. 느릅나무과, 단풍나무과, 참나무과, 소나무과에서 많다.

- 옥죄는 뿌리가 있으면, 수간의 위쪽이 아래쪽보다 더 굵어진다.

진단 방법 • 뿌리 조임은 땅을 파 보는 수밖에 없다. 피해 뿌리는 전체를 제거하지 말고, 함몰된 부분만 따내듯이 제거한다.

- 적절한 뿌리 분리와 이식 관리가 필요하다.

이 11가지 원인은 서로 독립적이거나 복합적으로 작용하여 나무 고사를 일으킬 수 있으며, 각각의 원인에 따른 적절한 진단과 관리를 통해 피해를 최소화하는 것이 중요하다.

1 농약은 마시면 죽는 독약이다. 병해충은 물론 천적과 나무, 사람에게도 좋을 리 없다.

2 해충 박멸은 생태계의 사슬을 끊어 재앙을 부른다. 개체수를 줄이는 것이 목적이다.

정녕 농약을 쳐야 한다면 친환경 IPM 방제약으로 등재된 것을 선택한다.

3 농약에는 애벌레가 가장 쉽게 죽고, 알이 가장 죽지 않는다. 그러므로 알이 부화하는 2주 뒤에 약을 다시 치면 방제 효과가 아주 좋다. 싸웠다 하면 두 방은 먹여야 한다.

4 수관에 살포하는 방법보다 토양처리제를 사용하는 것이 환경에 더 이롭고 사용이 편리하다.

5 농약은 감염된 나무와 수관이 맞닿은 나무로 표적을 한정해서 방제한다. 예방 차원이라며 단지 전체에 약을 뿌리는 것은 무책임한 행동이며, 일하기 싫은 것이다.

6 내성을 주지 않으려면, 한번 친 농약은 뚜껑을 닫고 냉장 보관을 하여 이듬해로 넘긴다. 그러므로 농약을 BOX로 사지 마라.

7 농약 혼용적부표를 확인하지 않았다면 두 가지 이상의 약제를 혼용하지 마라. 나무가 쇠약해진 원인이 병해충이 아니라 약해藥害인 경우가 적지 않다.

8 월동을 전후해서 나무껍질을 물총으로 세척하는 것은 농진청에서 효과를 보장하는 해충 제거법이다. 적어도 진딧물이나 응애의 50% 이상을 죽일 수 있으니, 안 할 이유가 없다.

9 진딧물이나 응애가 심한 나무 밑에서 꽹과리를 두들기면 벌레들이 음파에 몸이 부풀어 터지거나 생식률이 떨어져 새끼가 적다. 그린음악에서 입증된 것이니, 주민들과 협의해서 시도해 보기 바란다.

10 가장 좋은 병해충 예방법은 환경에 있다. 환경 개선 제1조는 통풍 개선이다.

죽은 가지와 밀집된 곳의 가지를 제거하고 발 아래 잡초 덤불을 제거하라.

친환경 농약 처방전

농약을 판매할 때 포장재의 색깔로 품목을 표시합니다.

▶ 살균제

파란색 네모는 구매 결정한 품목과 중요도 표시

구매	품목명	상표	제형	작용기작	계통	적용대상	특징	비고
	가스가 마이신	가스가민	액제	라3	항생제	세균성 점무늬병, 무름병, 궤양병		침투이행성 우수 이상기후 시 약해
■	가스가 마이신 +폴리옥신디	차트라	입상수화제	라3+아4	항생제 +항생제	세균성 점무늬병, 무름병, 궤양병 흰가루병, 잿빛곰팡이병, 균핵병 등 종합살균제	하우스작물 병해 종합방제에 적합	세균성 병해에 우수 침투이행성 우수 이상기후 시 약해
	디니코나졸	빈나리	수화제	사1	트리아졸계	녹병, 붉은별, 검은별무늬병	저독성. 침투이행성 예방 및 치료효과	중복살포 금지
	디메토모르프	젠토팜	수화제	아5	시나믹에시드계	역병, 노균병	약흔이 남지 않는다	침투이행성 우수. 세포벽 파괴
■	디메토모르프 + 피카뷰트라족스	품격	액상	아5 +미분류	혼합제	역병, 노균병에 특효	예방 및 치료효과	작물의 약해 위험성이 낮음
	디티아논	경농 델란	액상	카	퀴논계	탄저병, 검은무늬병, 오갈병, 세균성구멍병 등	보독성, 어독성 2급, 조류 피해	예방용 보호살균제 내우성 강, 장마기 사용
	디페노코나졸 +디니코나졸	마이백	액상	사1+사1	트리아졸계	배 붉은별, 검은별 전문	침투이행성 우수 예방 및 치료효과	저독성.(인축 대상)
	디페노코나졸	보가드	입상수화제	사1	트리아졸계	녹병+종합살균제	침투이행성 우수 예방 및 치료효과	저독성, 어독성 2급 입상수화제는 분진이 없어 사용에 안전하다.
■	디페노코나졸 +테부코나졸	메가킹	액상	사1+사1	트리아졸계	탄저병, 무늬병, 잿빛곰팡이, 검은별	침투이행성 우수 예방 및 치료효과	살균범위가 넓은 종합살균제
■	디페노코나졸 +폴리옥신비	마법사	수화제	사1+아4	트리아졸계 +항생제	흰가루, 점무늬, 덩굴마름, 더뎅이	4월 하순~5월 초 흰가루병 예방	예방 및 발병 초기 사용
	디페노코나졸 +플루디옥소닐	배팅	수화제	사1+마2	트리아졸계 +시아노피롤계	흰가루병과 잿빛곰팡이 동시 방제	신속한 흡수로 내우성 좋음. 예방 및 치료효과	
■	디페노코나졸 +피리오페논	옵션	액상	혼합제	트리아졸계+ 벤조일피리딘계	흰가루병	침투이행성 우수	침달성으로 약제 묻지 않은 잎도 효과
■	마이클로뷰타닐	시스텐	수화제	사1	트리아졸계	흰가루병, 녹병, 점무늬병	저독성, 어독성 3급 침투이행성 살균제	알칼리약제 혼용 금물 만코지와 교차 사용 시 효과 상승 2019 처방 2위
	만데스트로빈	만데스	액상	다3	스트로빌루린계	흰가루병, 녹병, 갈색무늬병, 탄저, 균핵, 잿빛곰팡이	예방 및 치료효과	월동 후 3월 초 예방 가능 토양분무 처리
	만디프로파미드	래버스	액상	아5	카르복실릭….계	역병, 노균병	침투이행성 우수. 장마철에도 효과	살포 후 약흔이 없다
	만코제브	다이센엠	수화제	카	유기유황계	종합살균 예방제, 검은별무늬병. 흰가루병은 해당 없음	고온다습에 주성분 분해. 알칼리 약제와 약해 발생 스미치온 혼용 금지	2019 처방 4위. 서울대 출판부 조경수목도감 처방 이하 서울대 처방
	메트라페논	비반도	액상	나6	벤조페논계	흰가루병 생활사 life cycle 중 여러 단계에 모두 방제 효과	침투이행성	흰가루병 특효
	메트코나졸	살림꾼	액상, 입제	사1	트리아졸계	흑색썩음균핵병 특효약. 잔디 동전마름병 등 잔디 살균제	예방 및 치료효과 약효 지속시간이 길다	
■	바실루스서브틸리스 큐에스티 713	세레나데 맥스	수화제	바6	생물농약	흰가루, 균핵병, 잿빛곰팡이, 무름병, 세균성구멍병	환경 안전. 이른 아침과 늦은 오후 살포	전착제 사용하면 효과 증대. 미생물농약은 화학농약보다는 약효가 다소 낮다.

※ 각 품목마다 여러 가지 상표가 출하되고 있으나, 지면 관계상 하나씩만 소개하였으며, 조사 이후 생산이 중단된 상품이 있을 수 있다.

구매	품목명	상표	제형	작용기작	계통	적용대상	특징	비고
■	베노밀	베노밀	수화제	나1	벤지미다졸	흰가루병, 잎마름병, 푸른곰팡이병, 소나무가지마름병 등 종합살균제	저독성 느타리버섯에 사용 가능	연 3회 이내 사용 2019년 처방 10위. 서울대 처방
	베노밀+티람	큰나락	액상	나1+카	혼합제	종자 소독	약액의 온도는 10~30℃	어독성 1급. 눈 자극성
■	보스칼리드 +메트라페논	위트니스	입상수화제	다2+ 미분류	아닐라이드계 +벤조페논계	흰가루병 여러 생활사 방제 흰가루병과 잿빛곰팡이 동시 방제	침투이행성	예방 및 치료
■	보스칼리드 +크레속심 메틸	코리스	수화제	다2+다3	혼합제	흰가루병, 탄저병, 잿빛곰팡이병 외	인축, 유익곤충 안전	전착제와 혼용금지. 어독성 2급.
■	보스칼리드 +트리플루미졸	병모리	수화제	다2+사1	혼합제	흰가루병, 잿빛곰팡이병	꿀벌에 비교적 안전	
	보스칼리드 +피리오페논	피리오	액상	다2+ 미분류	혼합제	흰가루병 전문치료제	침달성이 뛰어남	예방 및 치료. 안자극성
	사이플루페나미드 +헥사코나졸	힌트	액상	미분류+ 사1	혼합제	흰가루병 전문치료제	침달 및 침투이행성 우수	예방 및 치료. 죽은 흰가루가 잘 씻겨나감.
	스트렙토마이신	농용신	수화제	라4	항생제	궤양병, 세균성, 구멍병, 무름병	세균성 병해 방제에 효과	고온기 약해 우려
	시메코나졸	디펜더	입상수화제	사1	트리아졸계	녹병, 균핵병, 점무늬병	잔디의 주요 병해에 우수	피부와 안자극성
■	아족시스트로빈	오티바	액상	다3	스트로빌루린계	흰가루병, 노균병, 탄저병, 점무늬병, 잎마름병, 검은무늬병 예방 및 치료	전착제와 혼용금지	꿀벌과 누에, 환경에 안전한 IPM 약제, 2019년 처방 5위
	아족시스트로빈 +디페노코나졸	세이브팜	액상	다3+사1	혼합제	흰가루병, 흰무늬병+종합살균제	예방, 치료, 근절효과	전착제와 혼용금지
	아족시스트로빈 +플루디옥소닐	선샤인	수화제	다3+마2	혼합제	잔디 살균제	지침서 미공개	약한 안자극성
	에트리디아졸 +플루톨라닐	녹색바람	유제	바3+다2	혼합제	잔디 살균제	발병 초 7일 간격	피부와 눈 자극
■	옥솔린산+ 발리다마이신에이	세균탄	입상수화제	가4+아3	퀴노리논계 +항생제	궤양병, 구멍병, 무름병	고온 살포 시 약해	꿀벌, 누에 등에 비교적 안전한 IPM 약제
	옥신코퍼	옥시동	수화제	카	유기동제	겹무늬썩음병 등 세균성 병해의 보호 살균제	야생 조류에 피해 어독성 1급	만코제브, 프로피네브와 혼용금지
■	이미녹타딘트리스 알베실레이트	부티나	액상	카	구아니딘계	종합(흰가루, 잎마름, 녹병, 탄저, 잿빛무늬병)	저독성. 예방효과 우수. 내우 우수.	2019년 살균제 처방 공동 1위
■	이프로디온	로브랄	수화제	마3	디카복시미드계	점무늬낙엽병, 잿빛곰팡이병, 잎마름병, 균핵병, 검은별	잔디 갈색잎 마름병 발병 초기 치료	이중 포장으로 사용자 안전. 서울대 처방
	카벤다짐	샤크	수화제	나1	카바메이트계	탄저, 겹무늬썩음병, 잿빛, 검은별, 잎마름병	침투성. 예방 및 치료	이상기후(이상고온, 이상저온, 과습, 건조 등)에 약해 또는 약효 저하
×	클로로탈로닐	강침탄	수화제	카	유기염소계	적성병, 잎마름병, 가지마름병, 검은무늬병	복숭아에 약해, 여름 고온기 약해, 알칼리약제와 혼용금지	꿀벌, 조류 독성, 어독성 1급 2019년 처방 9위
	테부코나졸	호리쿠어 실바코	유제 도포제	사1	트리아졸계	잔디 살균제, 녹병, 혹병, 탄저병, 가지마름병, 종자 소독 등 종합 살균제	침투이행성. 치료효과 우수	약한 안자극성. 피목가지마름병은 약이 없음. (환경 개선뿐) 테부코나졸은 일반 가지마름병
	테부코나졸+ 티오파네이트메틸	치프너	액상	사1+나1	트리아졸계+ 카바메이트계	탄저병, 무늬병, 잿빛곰팡이, 균핵병	침투이행성. 치료효과 우수	입제는 균핵병 토양처리제. 그을음병 은 병이 아니므로 살균제 없음
■	트리아디메폰	선문티디폰	수화제	사1	트리아졸계	녹병, 흰가루병 전문약 연용을 피하고 다른 계통의 흰가루병 약제와 번갈아 살포한다.	침투이행성 우수 예방 및 치료효과	약한 안 자극성, 알레르기 유발 2019년 처방 공동 1위
■	티오파네이트메틸	톱신엠	수화제	나1	카바메이트계	흰가루병, 녹병, 종자 소독+종합살균제	장마 오기 전 예방약	전착제 사용하면 효과 증대. 2019년 처방 6위. 서울대 처방
		톱신페스트	도포제			상처 도포제	약액이 굳으면 보호막 형성, 병원균 침입 저지	저독성, 어독성 2급
	티람	새총	액상	카	디치오카바메이트계	종자처리, 새 피해 경감제 처리	발병 초기 예방약	파종 전 종자분 처리

구매	품목명	상표	제형	작용기작	계통	적용대상	특징	비고
	페나리몰	동부훼나리	수화제	사1	피리미딘계	붉은별무늬병, 녹병, 흰가루병	예방과 치료 효과	피부와 눈 자극, 변색 우려. 2019년 처방 7위. 서울대 처방
	포세틸 알루미늄	알티에테	입상수화제	미분류	유기인계	잔디 피티움마름병 특효	분진이 없어 작업자 안전	안眼 자극성
	폴리옥신디	영일바이오	수화제	아4	항생제	흰가루병, 잔디 갈색잎마름병	예방 및 치료효과	피부, 안자극성, 알레르기
	폴리옥신비	포리옥신	수화제	아4	항생제	곰팡이 키틴 합성 저해, 생장 억제, 녹병, 흰가루, 잿빛, 점무늬 외	예방 및 치료효과	장미 일부 품종 약해. 어독성 2급
	프로피네브	팜한농 프로피	수화제	카	유기유황계	종합살균제. 녹병 해당없음.	예방 효과 우수	2019년 처방 8위
	플루아지남· 피라클로스트로빈	힐링샷	액상	다5+다3	혼합제	탄저병, 점무늬병, 더뎅이병, 잿빛무늬병에 예방과 치료효과	내우성이 강하고 지속기간이 긴 보호살균제	액상수화제 제형으로 약흔이 적고 분진이 없어 사용자에게 안전
	플루티아닐	시워내	유제	타	티아졸리딘계	흰가루병 전문약제	예방 및 치료효과	피부, 눈 자극. 알레르기
	헥사코나졸	헥사코나졸	액상	사1	트리아졸계	녹병, 흰가루병, 잔디 살균제	침투이행성이 뛰어나 약액이 묻지 않은 부위에도 효과	장미 일부 품종 약해. 안자극성
	황	트리로그	입상수화제	카	무기유황제	흰가루병, 녹병 특효 및 살비제. 식물의 생장 촉진	환경 및 인축 안전. 꿀벌에는 독성	27℃ 이상 고온다습 시 약해. 꿀벌 없는 동절기 사용

▶ 살충제

구매	품목명	상표	제형	작용기작	계통	적용대상	특징	비고
■	노발루론	라이몬	액상	15	IGR 곤충생장 조절제	나방, 알과 유충의 탈피 억제. 섭식이나 흡즙에 의한 식독작용	곤충생장 조절제는 탈피가 끝난 성충에게는 효과가 없다.	천적과 인축 안전 IPM 약제 십자화과는 전착제 사용금지
×	델타메트린	충엔드	유제	3a	합성피레스로이드계	나방, 복숭아혹진딧물	접촉독, 소화 중독	꿀벌 독성 강. 도장 변색, 고온기 약해. 어독성 1급
	디노데퓨란	슐탄	액제	4a	후라니코티닐계	진딧물, 깍지, 노린재, 나방 흡즙해충의 접촉독과 소화중독 침투이행성 우수	선택적인 살충효과로 천적과 같은 유용곤충에 비교적 안전	꿀벌 독성 강함. 2019년 처방 2위
■	디플루벤주론	디밀린	액상	15	벤조닐우레아계	모든 나방, 잎벌, 잎벌레류의 종합적 해충 방제에 효율적 약제	IGR 곤충생장 조절제	천적 안전 IPM 약제
	메탐소듐	쏘일킹	액제	8f	증량제	나무좀, 하늘소, 선충 등 토양해충 뿌리혹병, 균핵병 등 토양살균	보독성. 어독성 1급	피해목에 원액 처리하는 훈증제 토양처리 후 3주 뒤 경운
■	메톡시페노자이드	런너	액상	18	벤조일 하이드라자이드계	나방류에만 탈피 촉진 작용. 발생초기 사용.(거세미나방 포함)	IGR 곤충생장 조절제	천적 안전 IPM 약제
	메트알데하이드	팽이가	입제	0		달팽이 유인살충 미끼제	약제처리 후 토양과 섞으면 효과 없음	야생 조류에 피해
■	밀베멕틴	솔백신 마스터프로	유제 2% 수화제	6	천연미생물계	소나무재선충 6년간 약효 지속 응애류의 전 생육단계에 효과	소나무 수간주사용 유제는 주변 환경에 안전	환경에 안전 IPM 약제. 꿀벌 잔류독성 강
■	뷰프로페진+ 메톡시페노자이드	스프린터	액상	16+18	치아디아진계+ 합성피레스로이드계	나방+깍지벌레+온실가루이	적용대상 해충만 박멸	천적 안전 IPM 약제 꿀벌 독성은 강함.
■	뷰프로페진	히로인	수화제	16	치아디아진계	깍지벌레 탈피 억제. 성충에는 약효 없음	IGR 곤충생장 조절제	천적 안전 IPM 약제
		노고단	액상			솔껍질깍지벌레		3월 100배 희석
	뷰프로페진+ 티아클로프리드	백승	액상	16+4a	혼합제	깍지벌레 전문	알의 부화억제 효과 우수	온실가루이는 덤
■	비스트리플루론	하나로	유제	15	벤조일 페닐우레아계	나방, 온실가루이, 흰개미에 효과 탁월한 저독성 신물질. 유충체 표피의 키틴질 형성을 막아 살충	IGR 곤충생장조절제	천적 안전 IPM 약제

구매	품목명	상표	제형	작용기작	계통	적용대상	특징	비고
■	비스트리플루론+플루벤디아마이드	승승장구	액상	15+28	혼합제	나방약, 유리나방 포함	IGR 곤충생장조절제	
■	비스트리플루론+플루페녹수론	슈터	액상	15+15	혼합제	나방 전문약	유용 곤충에 피해 적음	천적 안전 IPM 약제
■	비티아이자와이	젠타리	입상수화제	11a	생물농약	나방 전문약	유충에만 효과 있는 소화중독제	약한 피부 자극성
	비티아이자와이엔티423	토박이	수화제	11a	생물농약	나방 전문약	미생물 농약은 화학농약에 비해 약효가 낮다.	천적 안전 IPM 약제 저독성, 어독성 1급
■	비티 쿠르스타키	바이오비트	수화제	11a	생물농약	나방 전문약	전착제 약효 증진	천적 안전 IPM 약제
	사이로마진	스포티진	수화제	17	트리아진계	파리류 해충방제 전문	IGR 곤충생장조절제	약한 안 자극성
	사이플로트린	스타터	수화제	3a	합성피레스로이드계	하늘소류, 심식나방, 굴나방, 노린재 등 파고드는 해충	꿀벌에 피해	저독성, 어독성 1급
	설폭사플로르	트랜스폼	액상	4c	설폭사민계	진딧물, 선녀벌레, 매미충, 깍지벌레	입제는 토양처리	저독성이나 꿀벌 독성 강
	스피노사드	올가미	액상	5	스피노신계	파리류, 나방, 나무이, 총체벌레 접촉독 및 소화중독, 신경 마비	토양방선균의 발효대사 천연물질	인체 및 동·식물에 낮은 독성
■	아바멕틴 (수간주사)	로멕틴	유제, 미탁제	6	환경안전 항생제	응애, 나방, 굴파리, 진딧물, 솔깍지, 소나무재선충(1~2월 수간주사)	천연성분의 유도체로 환경에 안전. 접촉독 및 소화중독	보독성, 어독성 1급 3,000배 희석
	아바멕틴	큐멕틴	입제	6	환경안전 항생제	뿌리혹선충	토양관주 전용 잎에 뿌리면 약해	4,000배 희석. 토양용이라 지상부 꿀벌에 안전
	아미트라즈+뷰프로페진	히어로	유제	19+16	혼합제	깍지벌레, 가루이	성충에는 효과 서하	피부, 눈 자극, 알레르기. 보독성+어독성 2급
■	아세타미프리드	모스피란	수화제	4a	클로로니코티닐계	진딧물, 나방, 깍지벌레, 가루이	약 성분이 서서히 녹아 지속 시간이 길고, 식물 생장에 안정적. 꿀벌에 독성 강	약액이 마르면 꿀벌 방사 2019년 처방 1위 강전유병원 깍지약
		일순위	미탁제			소나무왕진딧물, 솔수염하늘소, 솔잎혹파리, 나방, 매미충, 잎벌류		
	에마멕틴 벤조에이트	아레토	수간주사	6	토양박테리아에서 추출한 천연성분 유도체	소나무재선충, 솔껍질깍지벌레 1~2월 수간주사	강한 침투성과 신속한 살충 효과	수간주사는 독성에 상관없이 주변 환경에 안전
	에토펜프록스	트레본, 세배로	수화제	3a	합성피레스로이드계	노린재 특효, 나방, 방패벌레, 진딧물, 꽃매미, 잎벌류	접촉독 및 소화독	저독성이나 꿀벌 독성 강함
	페로몬 방출제	한바리	롤테이프	미분류	페로몬	감꼭지나방 교미 교란	IGR 곤충생장조절제	천적에 안전한 IPM 약제
■	크로마페노자이드	하이메트릭스	유제	18	벤조일하이드라자이드계	나방류 탈피 촉진하여 살충	IGR 곤충생장조절제	꿀벌, 천적 안전 IPM 약제
×	클로르페나피르	엔젤팜	액상	13	파이롤계	총체벌레, 응애, 나방 접촉독, 소화중독	모든 약제는 연속 살포 시 약제 저항성 발생	꿀벌과 야생조류에 독성. 어독성 1급
	클로르플루아주론	아타브론	액상	15	벤조일우레아계	나방 전용	IGR 곤충생장조절제	천적에 안전한 IPM 약제 십자화과 채소에 약해, 도장 변색
×	클로티아니딘	빅카드	액상	미등록	클로로니코티닐계	깍지, 노린재, 진딧물, 방패, 가루이, 매미충, 파리류	침투이행성 접촉독 및 소화중독	꿀벌에 잔류 독성 강함. 2019년 처방 8위
■	테부페노자이드	미믹	액상	18	벤조일 하이드라진계	모든 나방의 유충, 탈피 억제로 살충	IGR 곤충생장조절제 살포 후 강우에 영향이 적음	천적과 인축에 매우 안전한 IPM 약제
	테플루벤주론	노몰트	액상	15	벤조일우레아계	나방, 뿌리파리 표피 조직의 키틴질 합성 저해	IGR 곤충생장조절제	천적에 비교적 안전한 IPM 약제
■	티아클로프리드	프레쉬팜	액상	4a	클로로니코티닐계	진딧물, 깍지벌레, 바구미, 솔수염하늘소, 솔잎혹파리, 아시아매미나방 성충과 유충 동시방제.	내분비 교란 우려 물질로 유럽에서는 사용금지	꿀벌에 안전한 IPM 약제
	파라핀오일	브이스타	유제	미분류	파라핀계	응애에 특효, 진딧물, 깍지, 응애	충체 표면에 기름피막 형성, 질식사	여름 고온기 약해. 꿀벌 독성. 디메토에이트 유제와 혼용 금지

구매	품목명	상표	제형	작용기작	계통	적용대상	특징	비고
×	페니트로티온	스미치온	유제	1b	유기인계	깍지, 나방, 응애, 나무좀, 하늘소, 메뚜기 등	식물체 내에 흡수가 잘 되어 흡즙성 해충뿐만 아니라 갉아먹는 해충까지 폭넓게 살충	만코제브나 제초제 프로파닐과 혼용금지. 측백나무류에 낙엽, 가지마름 약해 발생. 꿀벌과 야생조류에 독성 강함 일부 수종 고온기와 저온기에 약해. 2019년 처방 3위
■	플로니카미드	플로니카	입상수화제	29	니아신계	진딧물, 온실가루이 전용	침투이행성, 침달성 우수	꿀벌과 천적 안전 IPM 약제
	플로니카미드+티아클로프리드	재규어	입상수화제	9c+4a	니아신계+클로르니코티닐계	진딧물 전용	발생초기, 2회 이내	IPM+IPM 혼합제
■	플루벤디아마이드	애니충 빅뱅	액상 유제	28	디아마이드계	유리나방, 흰불나방, 모든 나방 작물을 한 입만 먹어도 섭식 중단	약효가 길고 내우성 우수	천적에 안전한 IPM 약제
■	플루벤디아마이드+디플루벤주론	한창	액상	28+15	디카복사마이드계+IGR계	나방류 해충에 탁월한 효과 작물을 한 입만 먹어도 섭식 중단	IGR 곤충생장조절제	천적에 안전한 IPM 약제
■	플루벤디아마이드+티아클로프리드	신나고	액상	28+4a	혼합제	복숭아유리나방, 일반 나방, 진딧물	약효가 길어 벼 혹나방에 직효	꿀벌에 안전한 IPM 약제
	플루벤디아마이드+플루페녹수론	비락탄	액상	28+15	혼합제	나방 전용	약효 신속	IPM+IPM 혼합제
	플루페녹수론	충애존	액상	15	아씰우레아계	응애 알과 유충 및 나방 유충 탈피 억제	IGR 곤충생장조절제	천적에 안전한 IPM 약제
	피리달릴	알지오	유탁제	미분류	미등록	나방(유리나방 제외) 작물을 한 입만 먹어도 섭식 중단	해충의 세포 구조 변형 IGR 곤충생장조절제	꿀벌에 영향이 적어 개화기 사용 가능
	피리프록시펜	신기루	유제	7c	IGR 생장호르몬제	온실하우스 내 가루이 전용 일반 노지 사용금지	살란 및 변태 저해 작용	천적에 안전한 IPM 약제
	피메트로진	우수수	입상수화제	9b	피리딘아조메틴계	진딧물 선택적 방제	접촉독 및 소화 중독	일부 유익충 안전
	황. 뷰프로페진	황영웅	액상	카+16	혼합제	깍지벌레, 흰가루병. 살충과 살균 동시 효과	예방 효과 우수. 싹트기 전 2월 경 수관처리	깍지 성충에는 無效. 저독성 고온 다습 시 약해

▶ 살비제

구매	품목명	상표	제형	작용기작	계통	적용대상	특징	비고
■	비페나제이트+스피로메시펜	코드원	액상	20d+23	혼합제	응애 전 생육단계	알과 약충은 부화 억제 성충은 불임효과	천적 안전 IPM 약제
	사이에노피라펜	쇼크	액상	25a	아크릴로니트릴계	응애 전 생육단계		천적 안전 IPM 약제
■	사이에노피라펜+에톡사졸	컷다운	액상	25a+10b	신규+옥사졸린계	응애 전 생육단계	신속하고 긴 약효 지속시간. 내우성 우수	천적 안전 IPM 약제
■	사이에노피라펜+플루페녹수론	집중마크	액상	25a+15	신규+아씰우레아계	응애의 전 생육단계 + 나방 동시방제		천적 안전 IPM 약제
	사이플루메토펜+펜피록시메이트	굿윈	액상	25a+21a	혼합제	응애 전 생육단계	저온기에는 약효 감소. 알레르기 유발	천적 안전 IPM 약제 어독성 1급
	사이플루메토펜	파워샷	액상	25a	벤조일아세토니트로닐계	응애 전 생육단계	침투이행성 없음	천적 안전 IPM 약제 어독성 1급
	스피로메시펜	지존	액상	23	테트로닉에시드계	응애 전 생육단계+온실가루이	해충의 지질 생합성 저해. 어독성 2급	천적에 비교적 안전한 IPM 약제
	아미트라즈	마이탁	유제	19	아미트라즈계	고온기 응애약 점박이응애에는 약함	연 1회만 사용	2019년 처방 9위. 꿀벌에 독성

구매	품목명	상표	제형	작용기작	계통	적용대상	특징	비고
	아세퀴노실	가네마이트	액상	20b	나프토퀴논계	응애 전 생육단계	침투이행성이 없으므로 잎의 표면에 약제가 충분히 묻어야 함	천적에 비교적 안전한 IPM 약제
	에톡사졸	주움	액상	10b	옥사졸린계	응애의 알과 약충에 효과, 성충은 불임		
	페나자퀸	응애단	액상	21a	퀴나졸린계	응애 전 생육단계	온도에 관계없이 고른 약효	액상은 저독성, 꿀벌 피해
	펜피록시메이트	살비왕	액상	21a	페녹시피라졸계	응애 전 생육단계 침투이행성 없음	고온기 응애약 저온에서 효과 없음	2019년 처방 6위 어독성 1급

▶ 살토제(토양처리제)

■ ■ 파란색 네모는 구매 결정한 품목과 중요도 표시

구매	품목명	상표	제형	작용기작	계통	적용대상	특징	비고
살균 살충	(결정)석회황	인바이오 석회황	분제	카	유기인계와 같은 작용기작	뿌리혹병에 우수한 약효를 나타내는 토양병해 전문 살균살충제	12~2월 사이 휴면기 처리용	수세가 약한 나무는 약해 야생 조류 피해. 주변 작물에는 피해 없음
살균제	플루아지남	후론사이드	입제	다5	디니트로아진계	토양 병해. 뿌리혹병, 역병	예방약	토양처리제 취급 주의사항 ❶ 토양에 살포한 농약은 반드시 흙으로 덮어 야생 조류를 보호한다. ❷ 약 성분이 잘 스며들도록 살포 후 관수를 약하게 한다. ❸ 활성탄인 숯은 모든 토양처리제 약효 저하. 동시 사용 금지
살충제	다이아지논+터부포스	심토층	입제	1b+1b	유기인계	방아벌레, 거세미나방	토양살충제. 접촉독, 소화중독, 가스중독	
살균제	다조멧	크린쏘일	입제	미분류	미분류	뿌리혹선충, 뿌리혹병, 뿌리썩음병, 균핵병. 토양 혼화 후 비닐 피복	건전한 토양을 만들어 주는 간편하고 안전한 토양소독약	
■	디노데퓨란	대포	입제	4a	후라니코티닐계	깍지, 진딧물, 잎벌레, 가루이, 선녀벌레, 노린재, 굴파리 등 흡즙해충	토양처리로 지상부 해충 방제	살충범위가 선택적이므로 천적과 같은 유용곤충에 비교적 안전. 2019년 처방 3위
살충제	에토프로포스	모캡	입제	1b	유기인계	토양해충, 선충, 개미, 솔잎혹파리	하우스 내 사용금지	조류 독성 강, 어독성 강
살충제	아바멕틴	수간주사	미탁제	6	항생제	소나무재선충, 솔나방, 벚나무 응애, 미국흰불나방	1회 사용으로 연중 방제	
■	아세타미프리드	모스피란	입제	4a	클로로니코티닐계	진딧물, 가루이	토양처리로 지상부 해충 방제	꿀벌 독성 강
■	카보설판	마샬	입제	1a	카바메이트계	진딧물, 나방	토양처리로 지상부 해충 방제	2019년 추가등록 제한
살충제	카보퓨란	후라단	입제	1a	카바메이트계	토양해충, 선충+솔잎혹파리(4월) 진딧물, 방패벌레, 사철나무혹파리 토양처리제	저온, 고온 같은 이상기후 시 약해	꿀벌 독성 강, 야생조류 피해 2019년 추가등록 제한
살충제	클로티아니딘	코뿔소	입제	4a	클로로니코티닐계	진딧물, 바구미, 가루이	토양처리로 지상부 해충 방제	꿀벌에 피해 2019년 추가등록 제한
살균제	테부코나졸+비펜트린	더블센서	혼합제	사1+3a	토양처리제	잔디 동전마름병, 풍뎅이	침투이행성 우수	저독성+어독성1급, 꿀벌 독성
	테플루트린	포스	입제	3a	피레스로이드계	굼벵이, 거세미나방, 풍뎅이, 벼룩잎벌레	토양해충에만 작용	작물체 내부로는 침투되지 않음
	티플루자마이드	그래탐	입제	다2	아닐라이드계	잔디 라이족토니아마름병		토양처리/지렁이에 안전
	포스티아제이트	선충탄	입제	1b	유기인계	선충, 소나무재선충 토양처리제 재선충은 치료 불가. 예방만 가능.	토성, 지온, 토양산도 무관, 안정된 약효	꿀벌과 야생 조류에 피해
■	플로니카미드	투심	입제	29	니아신계	진딧물, 온실가루이 전용 토양처리제	높은 방제효과, 토양잔류 위험이 적음	꿀벌, 천적 안전 IPM 약제

※ 위의 친환경 농약 처방전은 2016년에 작성된 것을 2020년에 보완한 것으로, 2025년 7월 현재, 농촌진흥청 홈페이지에 올려진 〈등록 취소농약〉에 관한 정보는 반영되어 있지 않다.

▶ 기상적 요인

참고문헌: 조경수병해충도감(서울대 출판부)

유형	발생시기	발생 원인	발생 조건	발생 위치	병징	방제
상열霜裂 서리로 인한 균열	늦봄과 늦가을 새벽녘	날씨가 따뜻해진 봄날에 이상기후로 갑자기 내리는 늦서리와, 아직 수목이 자라고 있는 초가을에 일찍 내린 첫서리가 원인	수간이 동결하는 과정에서 변재가 심재보다 더 심하게 수축함으로써 수직으로 갈라지는 현상. 흉고직경 15~30 cm 사이의 활엽수에서 피해가 크다.	온도차가 더 많은 남서쪽 수간. 지제부 근처가 더 취약함.	새로 나온 새순과 잎, 꽃이 하룻밤 서리에 모두 시든다. 봄서리보다 가을서리가 나무에 더 큰 피해를 준다. 상열이 회복되면서 새살이 과다하게 나오는 걸 갈비살 현상이라고 한다.	서리는 공기 중의 수증기가 어는 것을 말한다. 맑은 날 바람이 없고 습도가 높은데, 최저기온이 0℃ 이하로 내려갈 때, 특히 냉기가 고이는 저지대 오목한 지형에서 서리가 심하다. 모닥불을 피워 연기를 발생시키면 피해를 줄일 수 있고, 줄기를 마대로 싸는 게 도움이 된다.
피소皮燒 햇빛에 의한 균열	여름과 겨울	하계 피소: 수간의 남서쪽에 석양빛이 직접 내리쪼일 때 동계 피소: 한겨울에 수간의 양지와 음지의 온도차가 20℃ 이상이 될 때	같은 직사광선이라도 오전은 기온이 낮고, 오후는 낮동안 기온이 올라가서 석양 무렵의 직사광선은 수피를 크게 늘어나게 해, 수피가 목질부에서 이탈된다.	대륙성 기후의 주야간 온도차가 심한 곳에서 수간의 남서쪽	나무의 남서쪽 방향의 줄기가 수직 방향으로 수피가 갈라지면서 벌어지고 주변 조직이 괴사한다.	❶ 나무 줄기를 2 m 높이까지 종이 테이프나 마대로 싸준다. ❷ 흰색 페인트를 칠해서 햇빛을 반사시킨다. ❸ 검은 색 토양은 멀칭을 하고, 관수로 증산작용을 촉진시킨다. ❹ 석회유황합제를 바르면 예방된다.
동계 건조	이른 봄	늦겨울에서 이른봄에 기온이 상승하면 상록수는 증산작용을 하지만 토양은 얼어 있어 수분 흡수가 안되므로 말라죽는다.	겨울에 비가 오지 않으면서 이상난동이 지속될 때, 특히 지난해 이식한 침엽수에서 발생	북향이나 바람길에 있는 상록수	피해증상은 겨울 동안에는 나타나지 않다가, 토양이 녹은 후에 수관 전체가 적갈색으로 변한다.	❶ 바람막이를 설치하여 증산을 줄인다. ❷ 증산억제제를 잎에 뿌려준다. ❸ 배수를 좋게 하면 토양온도가 높아져 땅이 빨리 녹는다. ❹ 이른 봄에 멀칭을 걷어주는 것도 지온을 상승시켜 준다.
건조	생육기	수목의 광합성은 물이 있어야 가능하다. 나무가 낮에 증산작용을 하면서 토양의 수분을 사용하는데, 오후가 되면 나무 주변의 흙이 말라서 가벼운 건조증상을 겪는다. 밤 사이에 토양 내의 수분이 다시 모이지 않는다면 다음날부터 건조 피해가 나타난다.	가뭄 기간이 아니라면, 큰 나무를 뿌리돌림 없이 작은 근분으로 떠서 이식할 때 주로 발생한다. 피해는 남서향 쪽부터 나타난다.	활엽수는 어린잎의 가장자리부터 갈색으로 고사하며 말려들어가는 것이 보이지만, 침엽수는 초기증상이 없다가, 갑자기 잎이 쪼그라들면서 졸지에 고사한다.	건조피해는 수관의 꼭대기 끝에서부터 서서히 죽어서 내려온다. (과습과 복토 피해, 참나무 시들음병, 소나무재선충 등의 피해도 증상이 비슷해서 원인 분석이 필요하다.)	이식 후 처음 2년 동안은 반드시 주기적인 관수를 한다. 관수는 1회를 실시하더라도 뿌리 밑까지 완전히 젖도록 충분히 관수한다. 건조기에는 스프링클러 보다 점적관수가 효율적이다. 이식목의 건조 피해는 회복하는 데는 5년 정도가 걸린다.
과습	연중	❶ 배수 불량 ❷ 논흙 같은 점토질 토양 ❸ 잦은 관수나 장마로 토양 내 공극의 물과 공기비율 불량	침엽수보다 활엽수가 습한 토양에서 견디는 힘이 크다. 과습에 약한 수종: 벚나무, 자작나무, 층층나무, 주목, 소나무, 서양측백	❶ 잎자루가 누렇게 변하면서 아래로 처지는 초기증상을 보인다. ❷ 장기간 지속되면 잎이 황화되고 작아진다. ❸ 잔가지부터 말라 죽는다.	과습 피해는 건조 피해와 증상이 유사하나 흙과 잎의 상태가 다르다. 과습으로 인한 잎마름은 잎이 축 늘어지고 부드러우며, 흙은 축축한 경우가 많다. 또한 뿌리가 무르거나 검게 변하고 불쾌한 냄새가 난다.	토양에 침수된 물은 5일 이내에 빠져야 나무가 안전하다. 만성적인 과습은 보통 1년 이내에 나무를 죽게 한다. 명거든, 암거든 배수로를 설치하거나, 버드나무나 물푸레나무 같은 내습성이 강한 식물로 교체한다.

유형	발생시기	발생 원인	발생 조건	발생 위치	병징	방제
중장비 답압과 도로포장	준공 이전 토목공사	토목과 건축공사를 하면서 중장비에 의해 다져진 땅은 절대로 자연 복구되지 않는다. 조경공사 전에 다져졌다면, 콘크리트 처럼 불투수층이 되고, 조경 공사 뒤에 다져졌다면 토양 공극이 사라지고 뿌리가 짖이겨 진다.	건설현장은 아직 식재지와 도로의 구분이 없이 크레인과 덤프트럭을 비롯해서 온갖 화물트럭이 드나들며 토양을 다지게 된다. 결국, 토목에서 반입하는 토양은 조경지역의 토심에 도움이 되지 않는다.	❶ 단단해진 토양 때문에 뿌리가 땅 속으로 뻗지 못하고 토양 표면 근처에서만 얕게 퍼지므로 나무가 불안정해지고, 양분 및 수분 흡수 효율이 크게 떨어진다. ❷ 잎이 누렇게 변색되며 조기 낙엽이 발생한다.	나무의 성장이 둔화되며, 수관의 꼭대기부터 밑으로 내려오면서 가지가 고사하고 수관이 엉성해진다.	❶ 다져진 토양을 부드럽게 만들어주는 작업이 필요하다. 에어레이션 장비나 토양을 긁어내는 심토 갈이 등을 통해 흙의 공극률을 높여준다. ❷ 통기성과 배수성을 높여주는 재료(예: 마사토, 펄라이트)와 부숙 퇴비를 섞어 토양을 개선한다. ❸ 다져진 토양은 배수가 불량하므로, 과습이 되지 않도록 배수로를 설치하거나 지형을 정리하고, 관수를 자주 해야 한다. ❹ 수목의 뿌리 주변에 충격 흡수재를 깔아 답압을 사전에 방지한다.
복토	준공 이전	심겨져 있는 나무에 두께 15 cm 이상 흙을 덮어 뿌리 호흡을 방해하는 상황	수목의 생리를 전혀 모르는 건설인들이, 토목공사 과정에서 남은 흙을 이미 심어떤 수목 주변에 덮어버려서 발생한다.	복토로 인한 산소부족 피해는 초기에는 전혀 알 수 없으며, 점토에서는 수개월, 사토에서는 10년 정도 뒤에 갑자기 고사한다.	❶ 나무에 초살도가 없이 밋밋하다. ❷ 뿌리가 먼저 고사하지만 보이지 않고, 지상부에서 초기에 잎의 황화되다 낙엽지고 후기에 꼭대기부터 가지가 죽어내려온다.	❶ 발견하는 즉시, 예전에 묻힌 높이까지 표토를 제거한다. ❷ 표토 제거가 곤란한 장소는 나무를 캐올려서 다시 심는다. ❸ 흙에 묻혀 있는 동안 수피가 썩은 부분을 치료한다. ❹ 형성층이 완전히 녹은 나무는 되살릴 수 없다.
심식	준공 이전	대경목을 심는데 자신이 없어서 쓰러질까봐 깊게 파묻거나, 가뭄 피해를 줄인다고 깊게 심는다.	깊게 심는 기준 15 cm. 아니 10 cm도 안좋다. 5 cm를 넘기지 않도록 한다. 진흙 땅일수록 피해가 심하다.	❶ 잎이 작아지고, 황화 현상이 나타난다. ❷ 더 진전되면 가지 끝이 서서히 말라죽는다. ❸ 땅 속에 묻힌 수피가 썩기 시작한다.	뿌리 주변의 산소 부족으로 호흡 곤란, 수분과 양분 흡수가 제대로 일어나지 못해 지상부가 쇠약해진다. 뿌리호흡을 방해하는 토양상태(과습, 배수불량, 복토, 답압)는 피해 증상이 비슷하다.	
절토로 인한 뿌리 손상	준공 이전	도로 확장, 울타리 시공 등의 흙깎기로 뿌리가 절단	나무의 잔뿌리 90% 이상이 표토 20 cm 깊이에 모여 있다. 따라서 나무 뿌리분 위의 흙을 20 cm 깊이로 제거하면 나무는 살 수 없다.	활엽수는 물관이 수직방향으로 올라가 같은 방향의 가지가 고사하나, 침엽수는 나선형 방향으로 올라가므로 어느 가지가 죽는지 알 수 없다.	뿌리와 연결되어 있던 가지가 고사한다.	토목공사로 흙을 제거해야 할 경우, 수관 폭의 2/3 안의 흙은 원형 상태를 보존한다.
염분과 제설제	봄	염화칼슘 사용과 집적	상록수는 이른봄, 낙엽수는 새싹이 한참 자란 늦봄에 나타난다.	모두 잎에 나타나는데 전염병과 달리, 건전 부위와 피해 부위의 경계가 뚜렷하다. 같은 나무에서도 도로변 쪽이 피해가 심하다.	뿌리로부터 염분이 흡수되면 오래된 성숙잎부터 피해가 나타난다. 침엽수 잎은 갈변하다가 조기낙엽되고, 상록활엽수 잎은 잎 가장자리에 괴저현상이 나타난다. 토양은 알칼리성으로 변한다.	❶ 해토가 되는 즉시 물 세척으로 씻어낸다. ❷ 토양은 탄산석회, 석고, 소석고, 유황 등을 시비해서 산도를 교정한다. ❸ 완충재인 유기질비료 시비 ❹ 잎은 엽면시비, 토양관주로 새로운 신초 발생 유도 ❺ 토양에 숯가루를 넣어 염분 흡착시키기
산성토양 피해	연중	산성비(pH 5.6 이하) 화학비료	나무뿌리는 pH 5.6~6.6 사이의 약산성에서 잘 자란다.	식물체 전신에 영양실조 증상. 산도가 극단적이 되면, 무기양분의 흡수가 저해되고 중금속에 의한 독성이 동시에 나타나며, 토양미생물의 활동이 둔화된다.	세근의 발달이 억제되고 양분이 결핍되므로 생장이 둔화되고 잎의 황화현상과 고사, 가지마름 현상이 관찰된다.	소석회와 유기질 비료를 혼합처리하는 것이 가장 효과적이다. 활엽수의 나뭇재도 효과가 있으며, 조개껍질은 탄산석회가 주성분이라 개량제 효과가 크다.
목재 부후 버섯	준공 이전	수피 상처 또는 부러진 가지	잘못된 전정	가지와 연결된 줄기까지 피해	수피에 나타나는 각종 버섯	올바른 전정 습득과, 전정 후 지오판 도포제 연 1회 도포
대기오염	여름	석탄 연소: 아황산가스 자동차 배기가스: 질소산화물과 오존 발생	여름 30℃ 이상의 맑은 날 자동차 매연물질과 자외선이 만나 산화 반응	자동차가 많은 대도시에서 주로 문제가 된다.	잎 끝의 황화와 괴사, 주근깨 같은 반점, 엽맥 사이 백화현상, 조기낙엽 등 오염원에 따라 병징이 다양하다.	봄, 가을로 질산칼륨이나 질산칼슘 0.5~1% 용액을 각 2회씩 엽면시비

잔디도
처음엔
잡초였다

잔디밭은 한국의 전통조경에서는 없었던 공간이었기에, 반세기 전만 해도 서양영화에서 보이는 잔디밭은 동경의 대상이었다. 잔디밭이 주는 탁 트인 개방감과 정서적 안정감은 다른 조경식물들이 줄 수 없는 잔디만의 강점이고 부의 상징처럼 여겨졌다. 환경 개선 효과도 뛰어나서, 토양 침식방지 효과는 어느 식물보다 뛰어나며, 마당을 천연잔디로 바꾸면 한여름 지온을 8℃나 낮춰주고, 옥상에 심으면 실내기온을 3℃ 이상 낮춰주는 성능 좋은 에어컨이 된다. 이제 조경 공간의 한복판을 차지하게 된 잔디의 위상을 안다면, 잔디관리를 게을리 할 수 없을 것이다.

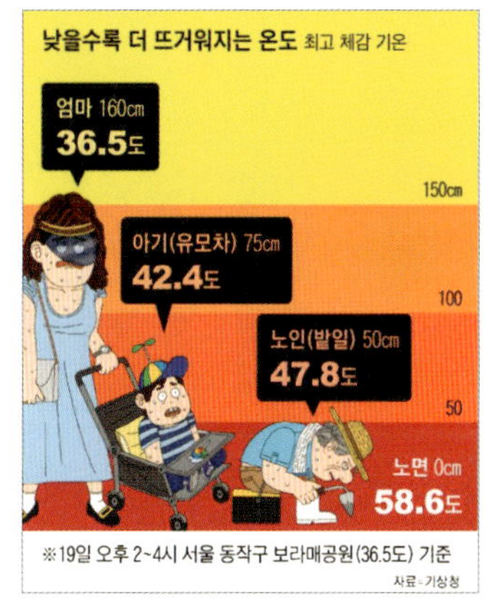

표 6-1 ● 운동장 종류별 온도측정 결과

8월의 표면 최고온도	녹색 잔디	건조한 마당	여름철의 어두운색 초본류	건조한 인조잔디
밤(℃)	24	26	27	29
낮(℃)	31	39	52	70

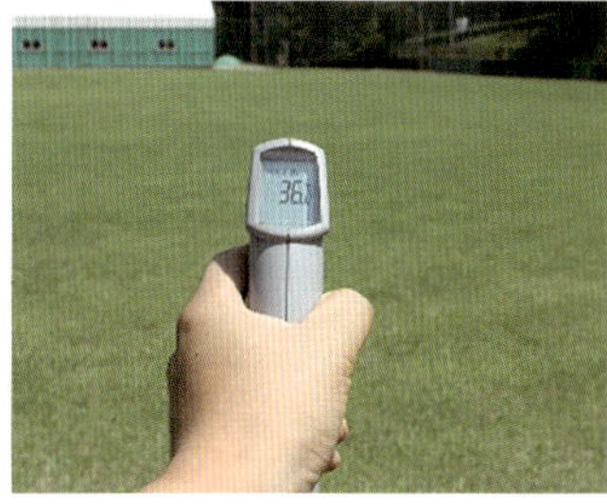

표 6-2 ● 운동장 종류별 온도측정 결과

측정 데이터	측점지 대기온도 (음지)	측점지 대기온도 (양지)	일반 운동장	천연잔디 운동장	아스팔트	인조잔디 운동장
지표면온도 (℃)	30	36	45	37	57	69

기상청이 발표하는 기온은 지상 1.5 m 위에 설치한 백상엽이라는 흰색 상자 속의 기온이라, 양지바른 지표면 온도와는 현격한 차이가 난다. 지표면 온도는 아침에는 대기온도와 별 차이가 없지만 여름 한낮에는 10~15℃가량 더 뜨겁다.
조사가 이루어진 진주지방은 2015년 8월 14일 최저기온 21.6℃, 최고기온 32.2℃를 기록했지만, 측정지역은 낮 12시 양지여서 온도계가 36℃를 가리키고 있다. 위의 두 표는 맨땅에 잔디를 입히면 지온이 8도나 서늘해지고, 관리가 힘들다고 인조잔디를 깔면 지온이 69℃까지 올라가 달걀을 익힐 정도가 되어, 어린아이들이 뛰어놀다 화상을 입게 된다는 것을 보여준다.

배드민턴장에 인조잔디를 시공할 때는 바닥에 10 cm 이상 기초 콘크리트를 친다. 불투수층이기 때문에 빗물을 지하수로 받아들이지 못하기도 하지만, 운동을 하다 넘어지면 부상을 당하기 쉽다. 사진에서 인조잔디를 붙이기 위해 접착제를 붓고 있다.

천연 잔디가 주는 혜택을 어찌 인조잔디와 비교하랴! (서울숲 잔디광장)

표 6-3 ● 인조잔디 대 천연잔디 장단점 비교

비교항목	인조잔디	천연잔디	자료 근거
바닥재	T19　고밀도 인조잔디 T100　기초 콘크리트 T150　혼합골재 다짐 원지반 다짐	T50　난지형 잔디 T200　혼합상토층 　　　(유기질 비료 포함) 원지반 다짐	
초기 설치비	많이 듦	적게 듦	
운동 부상 정도	부상의 우려가 많음	부상의 위험이 적음	국민체육진흥공단
투수성	전혀 없음	양호	
여름 고온기 표면 온도	70~75℃	30~35℃	뉴욕시 공원관리국 및 한국잔디협회
나대지와 비교한 미기후 영향	여름철 주변온도 5℃ 이상 상승	여름철 주변온도 3℃ 이상 하강	한국잔디협회
기대 수명	환경부 기준 5~8년 코오롱사 제품 3년	반 영구적	코오롱제품 홍보 블로그 http://blog.naver.com/ pureni1111/222244413110
환경오염	교체 시 다량의 폐기물 발생	농약으로 인한 수질오염 우려	국민체육진흥공단
화재위험	있음	없음	국민체육진흥공단
유지관리비	천연잔디에 비해 저렴	인조잔디에 비해 과다	국민체육진흥공단
유지관리 기술	고무 분진 및 이물질에 대한 정기적인 진공청소기 흡입	정기적인 잔디 예초 및 관수	국민체육진흥공단
기타	시간이 지날수록 탈색됨	탈색 없음	국민체육진흥공단
이용자 만족도	낮음	높음	

2022ⓒ수색13조합

태조 이성계의 건원릉에는 잔디가 아닌 억새가 심겨 있다.　　　　일제 강점기에 촬영된 건원릉

잔디는 외떡잎식물 벼목 벼과(=화본과)의 여러해살이 풀이다. 이 말에 숨어 있는 힌트는 잔디의 DNA에 벼처럼 수생식물의 특징이 남아 있다는 것이다. 논벼처럼 물속에서 살지는 않지만, 밭벼처럼 습한 곳에서 잘 자라며, 특히 잔디를 새로 심었을 때는 적어도 보름 동안은 벼를 심었다고 생각하고 매일 아침 관수를 해 주는 게 잔디를 빠르게 활착시키는 방법이 된다. 간혹 산소의 잔디가 말라 죽는다고 문의해 오는 사람들이 있는데, 반半 수생식물인 잔디를 봉분 위에서 살릴 재간이 나로서는 없다. 태조 이성계의 능침인 건원릉은 잔디가 아닌 억새를 올린 것을 새삼 음미해 본다.

잔디의 두 번째 특징은 줄기의 생장점이 다른 식물들처럼 줄기 끝에 있지 않고, 지면 1 cm 정도의 높이인 줄기 아래에 있다는 것이다. 이는 대초원의 목초지에서 자란 벼과 식물의 공통된 특징으로 소나 말, 양과 염소가 끊임없이 풀을 뜯어먹는 데서 살아남기 위해 진화한 결과이다. 잔디를 깎으면 성장을 주도하는 정아 우세현상이 타파되어, 옆 방향으로 뻗는 분얼이 촉진되고 밀도가 높아지게 된다. 이러한 잔디의 특징은 잔디깎기를 통해 다른 잡초들은 죽고 자신은 살아남는 전략이 되었지만, 잔디밭에 사는 잡초들도 이에 질세라 잔디처럼 생장점을 낮추거나 잔디와 외모가 비슷해지거나, 잔디 깎는 높이보다 낮게 자라는 생존전략으로 맞서고 있다.

잔디로 사용되는 초종草種은 크게 2종류로 구분한다. 하나는 옛날부터 동북아시아에서 잔디로 사용되어 오던 한국잔디Zoysia속와, 최근 들어 사용이 늘기 시작한 서양잔디로 구분하며, 서양잔디 중에서는 켄터키블루그래스(이하 KB)가 품질과 생명력이 가장 뛰어나서 사람들이 많이 선호한다. 두 잔디의 특징을 가르는 가장 큰 요인은 기후대가 다르다는 것이다.

한국의 전통조경에서는 마당을 작업장으로 쓰기 위해 잔디를 심지 않고 산소 주변에만 심어 왔는데, 우리가 토종 잔디로 알고 있는 한국잔디는 뜻밖에도 아열대기후의 동남아 지방이 고향이라 난지형 잔디로 분류하고, 우리나라에서는 추운 겨울에 한 번 휴면한다. 반면에 서양잔디는 겨울이 온화하고 여름이 건조한 유럽이 고향이라 한지형 잔디라 부르는데, 우리나라에서는 습한 여름과 추운 겨울에 두 번 휴면을 한다.

서양잔디는 영하 35℃에서도 살아남을 정도로 저온에 견디는 힘이 강해서 두 번의 휴면 중 겨울은 거뜬하게 잘 넘기지만, 고온다습한 여름에는 열사병에 걸린 환자처럼 사경을 헤매기 때문에 생존전략으로 깊은 휴면을 택한다. 때마침 학교 운동장은 휴면기간인 여름과 겨울은 방학이라 이용자가 없고, 생육이 왕성한 봄가을에는 운동회가 자주 열리기 때문에 서로 궁합이 맞는 잔디라 할 수 있다.

한편, 난지형인 한국잔디는 30℃가 넘는 한여름이 오히려 제철이어서 마당에 심으면 여름내 짙푸른 녹색으로 눈을 시원하게 하며, 실제로 주변 온도를 8℃나 낮춰주는 천연 에어컨 역할을 톡톡히 한다. 두 잔디의 생육지역과 생육 특성은 〈표 6-4, 6-5〉와 같다.

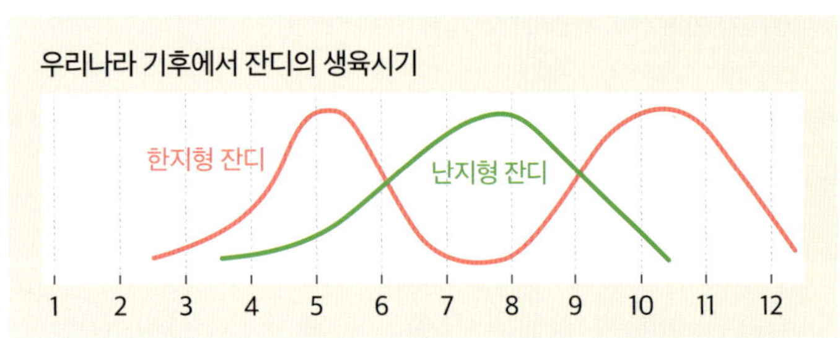

한국잔디의 개량종인 세녹의 겨울 모습

한국잔디 이삭과 서양잔디 이삭

초보자도 기르기 쉬운 한국잔디

한국잔디는 땅속 줄기가 완전 포복형으로, 옆으로 기는 성질이 강하므로 깎아 주지 않아도 15 cm 이하가 유지된다. 답압에 강해서 겨울 휴면기간에도 가벼운 잔디 사용이 가능하며, 병충해와 환경오염에 강하다. 한마디로 생활력이 강한 잔디라 초보자도 관리에 부담이 없다. 한국잔디인 들잔디나 중지의 단점은 잎이 억세어서 앉으면 까칠한 느낌을 주고, 밀도가 낮으며 겨울 휴면기간이 길다는 데 있었다. 그러나 단국대에서 개발한 세녹, 서울대에서 개발한 녹세계, 경기도 농업기술원에서 개발한 늘보미 등 신품종이 앞다투어 나오면서 녹색기간은 길어지고, 잎은 가늘고 고와졌으며, 낙엽은 황금색으로 물들어 겨울정원에 또 다른 볼거리들을 제공하게 되었다.

한국잔디가 생육을 시작하는 녹색기간은 평균기온 영상 10 ℃ 이상의 계절이다. 중부지방은 4월 1일 전후로 발아가 시작되어서 3주 정도 지나야 녹색이 자리 잡기 시작하고, 이후 5~6개월 정도 푸르름을 유지한다. 30 ℃가 넘는 한여름이 전성기이고, 선선한 바람이 부는 9월부터는 풀이 자라는 속도가 눈에 띄게 줄어들다가, 10월 중순부터는 잎이 황변하면서 휴면 절차를 밟는다. 열대성이기 때문에 영하 10 ℃의 날씨가 2주 이상 계속되는 곳에서는 동사凍死 피해가 나타난다.

한편, 골프장처럼 겨울에도 입장객을 유치해야 하는 곳에서는 황변하는 난지형 잔디의 단점을 보완하기 위해 한지형 잔디인 라이그라스나 세엽 패스큐를 초가을에 덧 파종하여 녹색기간을 연장하기도 하고, 초록색 착색제를 잔디에 뿌려서 푸르름을 인위적으로 연출하기도 한다. 예전의

표 6-4 ● 우리나라의 잔디 생육환경

난지형 잔디 - 열대기후	겨울과 여름이 공존하는 온대기후	한지형 잔디 - 한대기후
대만, 홍콩, 싱가포르, 사우디아라비아, 이란, 이라크, 미국 플로리다 등	한국	영국, 스페인, 프랑스, 독일, 네덜란드, 뉴질랜드, 캐나다, 러시아 등

표 6-5 ● 난지형과 한지형 잔디의 생육 특성 비교

항목	난지형 잔디	한지형 잔디
대표 품종	한국잔디 중지	서양잔디 켄터키블루그래스
일장(햇빛 요구시간)	8시간 이상 양지	5시간 이상 반음지
생육 우수지역	온난 습윤, 온대와 난대의 전이지대	한랭 습윤, 온대와 한대의 전이지대
생육 적온(지상부)	25~35℃	15~23℃
생육 시작/정지 평균기온	10℃	4℃
생육 기간	4월 중순~10월 초순(6개월)	3~6월, 9~12월 초순(8개월)
겨울 휴면 온도	최저기온 4℃ 이하	최저기온 0℃ 이하
여름 하고현상	없음	하고 기간 약 1개월 밤 기온 25℃, 습도 70% 이상의 열대야에서 발생
하절기/동절기 운동장 사용	가능	곤란
내마모성	강함	보통
병충해	강함	약함(고온다습할 때 질병 발생)
생장 및 조성 속도	느림	빠름
자연상태 생장 높이	15~20 cm	40~60 cm
깎기 높이	10~50 mm	38~76 mm
잎의 질감, 색감	보통, 옅은 녹색	부드러움, 짙은 녹색
비료 요구도	보통	높음
수분 요구도	적음	많음

착색제는 페인트가 옷에 묻는 등 도료 수준으로 열악하였지만, 최근의 착색제들은 인체에 무해하고 도료도 묻어나지 않게끔 품질이 개선되었다고 한다.

하고夏枯 기간의 서양잔디 관리

뮤지컬 영화《사운드 오브 뮤직》에서 알프스의 흰 눈을 배경으로 파랗게 펼쳐진 잔디밭을 보고 찬탄을 금치 못했던 기억이 있다. 서늘한 기후를 좋아하는 한지형 잔디의 생육온도는 한국잔디보다 10℃가량 낮은 영상 4~25℃ 사이에서 녹색을 유지한다.

　우리나라에선 봄가을이 생육 적기이고 추위에 강한 대신, 초록이 한 창이어야 할 여름철에는 더위를 견디지 못하고 노랗게 잎이 타들어 가는 하고夏枯 현상을 보인다. 다행히 초가을이 되면 다시 살아나지만, 사방이 건물로 막혀 바람이 잘 통하지 않는 곳이거나 음습한 곳은 고사율이 높다.

　봄가을 생육기간 중에는 봄에 더 잘 자라고, 가을은 봄보다 생장이 저조하다. 이는 두 계절의 광질光質 이 다르기도 하지만, 같은 영상 10℃라 하더라도 봄은 장일長日의 조건에서 새싹을 피우는 생장기이고, 가을은 단일短日의 조건에서 월동을 준비해야 하는 비축기이기 때문에 활동량이 달라진다.

　생육 시작은 한국잔디보다 한 달 이른 3월에 시작되고, 생육 마감은 두 달 늦은 12월까지 지속되지만, 여름에 한 달가량 휴면기간이 있어 전체 녹색기간은 8개월 정도가 된다. 물론 따뜻한 제주도에서는 겨울에도 초록을 감상할 수 있다.

　한지형 잔디를 온대지방인 한국에서 키우려면 유지비가 많이 들어간다. 물 소비량이 한국잔디보다 3배 정도 많아 지속적인 물 공급을 위한 스프링클러가 필요하고, 잔디깎는 횟수는 한국잔디의 두 배 이상, 하고夏枯 현상을 보이는 여름에는 브라운패치 같은 고온다습성 질병이 많아 농약 살포도 필요하지만, 병을 치유하기 위해 매년 배토와 보식, 갱신 등의 작업이 필요하기 때문에 관리하는 전문 인력을 필요로 한다.

최근 들어 온난화가 급속히 진행되자, 전국의 골프장마다 더위에 약한 서양잔디를 교체하느라 바쁘다.

여름철 대낮 관수는 위험하다

여름 한낮에 달궈진 도로에 물을 뿌려서 도로를 식히는 것을 본 적이 있을 것이다. 그러면 여름에 잔디밭에 물을 주어도 똑같이 잔디가 시원해질까? 정답은 '아니올시다'이다. 한지형 잔디는 지면 온도가 35℃를 넘어서면 고온 피해가 발생한다. 여름철 기온이 30℃일 때 건조한 땅의 표면 온도는 40℃, 습기가 많은 땅은 50℃까지 올라간다. 이는 습식 사우나가 건식 사우나보다 더 뜨거운 것처럼, 물의 비열이 높기 때문이다. 그래서

천연잔디를 관상용이 아니라 주민체육시설로 이용하려면 하층 토양을 반드시 모래로 객토해 주어야 한다. 모래는 아무리 밟아도 답압이 되지 않기 때문이다. 모래층의 두께는 20 cm 이상이면 된다. 사진의 줄자가 모래층 시공 두께 25 cm를 보여준다.

잔디광장 하층구조를 모래로 채웠더라도 원활한 배수를 위해 맹암거를 설치해야 한다. 사진에서 조경공이 다발관을 설치하고 주변을 쇄석으로 채워 넣고 있다.

여름에 덥다고 한낮에 물을 주면 상식처럼 대지가 식는 것이 아니라, 고인 물에 열이 저장되어 지면온도가 60 ℃까지 올라간다. 이럴 때 난지형 잔디는 활발한 증산활동으로 체온을 식힐 수 있지만, 한지형 잔디는 휴면 중이라 증산작용을 하지 못하고 고스란히 데쳐져서 죽는다. 여름에 한지형 잔디를 죽이는 원인이 대부분 이러한 '물관리 잘못'에 있다.

물을 좋아하는 잔디에 '토양이 과습하면 안 된다'는 절대조건을 충족시키기 위해서는, 배수가 잘되어야 한다는 것과 배수를 돕는 정기적인 통기작업 그리고 뗏밥은 반드시 모래를 써야 한다는 결론에 도달한다. 배수가 나쁜 곳의 잔디는 특별한 병도 없는데 잎이 지저분한 갈색으로 변하고 잔디 밀도가 엉성해진다. 지나가다 잔디밭에 방동사니나 이끼류가 많이 보이면 일단 배수불량을 의심해 보아야 한다. 배수가 나빠서 식물이 죽는 1차 원인은 물 때문이 아니라, 물에 가로막혀서 산소와 이산화탄소가 교환되지 않는 데 있다.

서양잔디의 여름철 하고기간에는 저녁 관수로 토양의 열기를 식히고, 낮시간에는 엽면관수로 잎 표면을 적셔서 자연 증발을 통해 표면온도를 낮추는 방법을 택해야 한다. 이를 잔디관리 용어로 시린징syringing이라고 한다. 시린징은 1일 2~3회, 1회 관수량은 2 mm 정도를 안개처럼 고운 입자로 분무하는데, 마땅한 장비가 없을 때는 농약 분무기를 사용해도 좋다. 시린징의 횟수나 간격은 잔디 상태를 보아가면서 조정한다. 한편, 잔디에 '밤물'은 병을 발생시키기도 하지만, 거세미나방 같은 해충들의 활동이 많아져 토양에 구멍을 내고 다니고, 구멍은 곰팡이의 서식지가 되어 병을 키우게 된다.

하고현상은 서늘한 기후에서 자라던 북방형 목초를 더운 지방에 심게 되면, 광합성량이 떨어지고 호흡량은 늘어나면서 나타나는 휴면 현상으로 잎의 황변, 고사로 나타난다. 우리 주변에선 꿀풀, 금낭화, 서양잔디 등이 대표적인 하고 식물에 해당된다. 하고를 이기는 가장 좋은 방법은 어떻게 해서든 지온地溫을 낮춰 주는 것이다. 이를 위해 저녁 관수를 하고 싶다면 사전에 살균제를 한번 치는 것이 좋으며, 천연 발효된 과일식초액을 3,000배 희석해서 엽면시비하는 것도 효과가 있다.

국제경기를 치르는 축구장이나 골프장에서는 하고현상을 줄이기 위해 그늘을 만들어 주는 차광막을 치고, 야간에는 대형 선풍기를 틀어 습

이끼정원에 안개비 같은 시린징 분무를 하는 서울 남산식물원

잔디밭은 토심이 얕게 시공된 지역이 가뭄에 약해서 일찍 황변한다.

나무 그늘이 짙은 곳에서는 한국잔디는 살지 못하지만, 내음성이 강한 서양잔디에게는 나무 그늘이 지온을 낮춰 주어 여름철 하고현상을 막아 주는 상부상조의 조건이 된다.

도와 지온을 떨어뜨리는 더위와의 전쟁을 벌인다. 땀 흘린 뒤에 바람을 쐬면 유달리 시원해지는 것과 마찬가지로, 잔디 잎이 습할 때 불어오는 초속 2 m의 바람은 체감온도를 10 ℃가량 낮춰 준다. 그러나 잔디밭을 시커면 차광막으로 덮고 고정하는 방안보다는, 떨어진 솔잎들을 긁어모아 두었다가 여름에는 잔디밭의 그늘막으로, 겨울에는 월동 보온재로 덮어 주는 것이 훨씬 현명한 관리 방법이라고 본다. 솔잎처럼 가볍고 다루기 쉬우며 해가 없는 천연재료도 다시 없을 것이다. 더구나 공짜가 아닌가!

하고 기간은 잔디가 가장 병약한 때이므로, 잔디밭 사용을 포함해서 잔디에 대한 시비나 잔디깎기, 배토작업 등 잔디를 귀찮게 하는 일들은 중지해야 한다.

하고현상을 줄이는 비결

- 풀 깎는 높이를 올려 준다.
- 장마기 직전에 질소비료는 줄이고, 칼륨비료의 양을 늘린다.

- 킬레이트화(化)된 철과 칼슘비료를 엽면시비한다.
- 7~8월 휴면기간 중에는 시비는 금지하고 관수만 제공한다.
- 잦은 관수는 하고현상을 촉진하므로 잔디가 다습하지 않게 관리한다.
- 여름의 절정기인 중복 이후에 2주 정도 일부러 물을 말려 완전 휴면을 유도한다.
- 하고기간 동안 잔디깎기를 비롯한 잔디밭 사용을 자제한다.
- 습기와 지온을 낮추는 각종 방안들을 조치한다.

햇빛이 6시간 이내인 반음지는 서양잔디

한국잔디와 서양잔디는 낙엽 지는 모양부터 다르다. 서양잔디는 한대성 식물이 보이는 특징으로 기존의 잎이 낙엽이 진 뒤에 새잎이 돋아나지만, 한국잔디는 열대성 식물의 특징으로 시든 잎 밑에서 파란 잎이 이어져서 올라온다. 잎에 수분이 적은 한국잔디는 겨울에 마른 볏짚처럼 푸석푸석한 게 단점이라면, 한지형 잔디는 수분이 많아 여름에는 앉으면 옷에 풀물이 들고, 겨울에는 잎이 얼어 밟으면 발자국이 선명하게 찍히는 단점이 있다.

이처럼 서양잔디가 관리하기 힘든 줄 알면서도 사람들이 찾는 가장 큰 이유는, 한국잔디가 살 만큼 충분한 햇볕이 들어오지 못하는 곳에서 대안으로 음지에 강한 서양잔디를 선택하는 것으로 생각된다. 한국잔디가 살기 위해서는 8시간 이상의 직사광선이 들어와야 하지만 6시간까지는 견딜 수 있고, 그 이하로 일조시간이 짧아져서 4~5시간 남짓 빛이 들어오는 음지거나, 양지라도 나무 그늘이 심한 곳은 내음성이 강한 서양잔디만 생존이 가능하다.

서양잔디를 대표하는 켄터키블루그래스는 우리말로 왕포아풀이다. 포아란 그리스어로 풀, 목초라는 뜻이고 식물체가 크다는 의미로 '왕' 자를 달았다. 켄터키란 지명이 붙은 것은 유럽에서 미국으로 건너간 서양잔디가 켄터키 지방에서 목축용 사료로 널리 길러진 데에서 유래되었다. 켄터키 품종은 한지형 잔디 중에서 건조와 하고현상에 가장 강하고, 경기 후 회복 능력이 우수하다. 잎의 너비는 3~4 mm, 생육 속도가 빨라 그냥 놔두면 키가 50~60 cm까지 자라므로 자주 깎아 주어야 한다. 한편

캐나다 블루그라스는 켄터키보다 내한성이 강한데, 토양이 알칼리성이
고 식질 토양인 곳에도 적응을 잘 한다.

잔디깎기 노하우, 1/3룰

식물은 잎이 많을수록 광합성을 많이 해서 건강해진다. 잔디도 깎는 높
이를 높일수록 잔디의 건강이 좋아진다. 그렇다고 잔디 깎는 간격이 너
무 길어지면 잔디는 건강하지만 야생성이 되살아나 잎이 거칠어지고 밀
도가 떨어지며, 들쥐들의 은신처가 되기도 한다.

　반면에 낮은 예고로 관리할수록 관리상의 실패 확률이 높고 고도의
기술이 요구된다. 잎이 잘려나가 양분 공급이 줄어들면 뿌리의 생육이
떨어지고 식물체가 약해지는 건 당연한 귀결이다. 뿐만 아니라 예고를
낮추느라 자주 깎을수록 회복하기 위한 양분 소모가 많아지고, 잡초의
침입도 쉬워진다. 방치했던 잔디를 한꺼번에 낮게 깎거나 뿌리가 드러날
정도로 낮게 깎인 상태를 '가죽을 벗긴다'고 하여 스캘핑scalping이라 하는
데, 초록색 잎이 모두 뜯겨나가 보기가 흉측하며, 줄기의 생장점까지 깎
여 나갔을 때는 고사하게 된다.

　잔디깎기를 잘하려면 1/3깎기 룰rule을 지켜야 한다. 잔디가 30 mm 자
랐을 때 10 mm만 자르고, 60 mm로 자랐을 때 20 mm를 자르는 게 1/3 룰
이다. 그럼 80 mm로 자란 잔디를 40 mm로 낮추고 싶다면 어떻게 해야
하는가? 처음에 1/3인 25 mm만 자르고, 닷새쯤 뒤에 다시 20 mm를 자

잔디밭은 깎은 직후에도 예뻐야 한다. 스캘핑이 보이면 잘못 깎은 것이다. 오른쪽은 순천만 습지정원의 잔디밭 (2024. 10)

르는 나누어 자르기를 해야 한다. 급격한 키 낮춤은 햇빛을 받지 못한 잔디 아랫부분이 드러나면서 누런 잔디밭이 되고, 광합성을 해 줄 잎을 잃은 잔디는 충격에 빠져서 회복하는 데 시간이 걸린다. 아름다운 그린을 감상하기 위해 기르는 잔디밭이 잔디깎기를 할 때마다 누런 얼룩이 지게 하는 것은 미관만 나쁜 게 아니라 잔디에도 안 좋다.

잔디는 생육이 왕성한 여름에는 하루에 2 mm 정도 자라는데, 열흘에 20 mm를 한 번에 자르는 것보다 닷새에 10 mm씩, 두 번 자르는 게 품질 면에서는 더 좋다. 언뜻 생각하면 20 mm를 한 번에 자르는 것보다 10 mm씩 두 번 자르는 게 노동력이 두 배 들어가는 것 같지만, 잎 길이가 짧아 잔디 깎는 속도가 빠르고 예지물 양이 줄어드는 것을 감안하면 1/3 정도 업무량이 늘어나는 것으로 보인다.

그렇다면 잔디는 과연 몇 mm 높이로 깎으면 좋을까? 교본에 나와 있는 잔디깎기 표준 높이는 한국잔디 10~50 mm, 켄터키블루그래스 38~76 mm인데, 학교 운동장처럼 잔디 이용이 많지 않은 일반 정원에서는 한국잔디 50 mm, 켄터키블루그래스 75 mm로 '가장 높게' 기르는 걸 권하고 싶다. 다만 잔디밭 조성 초기부터 예고를 높이면 잔디 밀도가 낮아 엉성한 목초지처럼 보이므로, 처음 2년 동안은 잔디가 촘촘하게 자랄 수 있도록 낮춰 잡아야 한다.

잔디깎기의 표준 매뉴얼은 한국잔디는 연간 5회 이상, 서양잔디는 연간 10회 이상, 깎기 높이는 20~30 mm를 제시하고 있다. 여기서 잠시 생각해 보자. 잔디를 깎지 않고 그대로 두면 한국잔디는 20 cm, 서양잔디는 50 cm까지 자란다. 한국잔디를 40 mm로 관리할 때 잔디깎기 1/3룰을 적용하면 이론상으로 20 mm가 자랄 때마다 자르므로 1년에 8번을 잘라야 하고, 서양잔디를 75 mm에서 잘라 50 mm로 관리할 경우 1년에 18번을 자르게 된다. 실제로 내가 관리한 현장에서도 한국잔디를 연간 9회 정도 깎기를 하였다. 표준 매뉴얼과는 오차가 크다고 할 수 있지만, 옳고 그름을 따지기 전에 잔디관리의 핵심은 이용에 지장이 없는 한 〈비료는 적게 주고, 잔디는 높게 깎는 것〉이다.

잔디는 높게 깎을수록 이로움이 많다

잔디의 깎는 높이(예고)를 연중 조금씩 높여가면 잔디깎는 간격이 비례해서 늘어나며, 영양보조제를 쓰지 않더라도 여름 고온과 겨울의 저온 극복에 도움이 된다. 키가 커진 잔디의 그늘은 잡초 발생을 억제하는 한편 뿌리의 건조를 막아 관수량을 줄여 주는 이점도 있다. 잔디를 짧게 관리하는 것은 골프공이나 축구공의 스피드를 높이기 위한 것이지 잔디를 위한 것이 아니다. 더구나 사람들이 그린을 관상하고 아이들이 뛰어노는 데에는 조금 높게 관리하는 것이 좋다. 잔디 깎는 횟수가 많아지면 시비 횟수도 같이 증가하게 되고, 시비 횟수가 증가하면 잔디가 빨리 자라 깎기 횟수가 늘어나는 연쇄고리가 이어지므로, 예고를 높이는 전략은 여러 면에서 관리비용을 절감해 주는 방안이 된다.

나무는 오래 살기 때문에 번식에 많은 에너지를 소모하지 않지만, 수명이 짧은 초화류들은 꽃을 피운 뒤부터는 모든 에너지를 씨앗으로 보내

깎은 잔디는 NPK 3-2-2의 훌륭한 비료이자 월동 보온재가 된다.

잔디 예지물은 하루 이틀 정도 말린 뒤에 수거하여 활용한다.

잔디밭에 핀 젖비단그물버섯(식용)은 유기물이 풍부하다는 증거

고 자신은 죽음을 맞는다. 잔디도 씨앗이 맺히면 빨리 노화하므로, 개화기 중에는 예고를 높이지 말아야 씨앗을 제거할 수 있다.

내가 터득한 잔디관리 요령을 공유한다. 이른 봄 잔디밭을 정리하고 새순을 받을 때는 25 mm로 낮게 깎고, 5월에는 40 mm, 개화기인 6월에는 50 mm, 여름이 시작되는 7월부터는 60 mm, 겨울을 앞둔 10월의 마지막 예초는 75 mm로 예고를 차츰차츰 상향 조정하는 것이다. 월동기간 동안 10 cm 정도의 길이로 누운 황금빛 잔디밭을 보는 것은 억새밭 못지 않게 또 다른 볼거리를 제공한다.

간혹 예초비 경감을 목적으로 잔디의 신장을 억제하는 생장억제제를 사용하기도 하지만, 병충해에 대한 저항성과 잔디의 품질을 떨어뜨리므로 장마기처럼 잔디깎기가 불가능한 때에만 적용하도록 한다. 그보다는 차라리 질소비료를 적게 주어 키를 억제하고, 물을 적게 주어 광합성을 줄이는 생리적 방법이 친환경적이 될 것이다.

잔디를 깎기 전에 미리 잡초를 제거해야 하며, 비가 와서 잎이 젖어 있는 동안에는 깎지 않는다. 또한 잔디 깎는 칼날이 무디어지면 잔디가 매끄럽게 잘리지 못하고 뜯기게 된다. 상처받은 잔디 잎은 증산량과 호흡량이 많아져서 허약해지고, 병충해의 침입 기회 또한 많아지므로 비 오는 날은 장비도 정비할 겸 칼날을 갈아 둔다.

잔디밭을 아름답게 가꾸는 비결

잔디를 깎으면 생기는 예지물刈芝物은 질소 3%, 인산 2%, 칼륨 2%가 함유된 품질 좋은 거름이 되므로, 쓰레기로 버리지 말고 퇴비나 멀칭재로 사용할 것을 권한다. 깎은 즉시 예지물을 거두면 습기로 썩게 되므로, 햇볕에 하루 이틀 말려 두었다가 겨울에 나무 밑동이나 초화들의 월동 보온재로 사용하면 굳이 비싼 볏단을 사서 설치하지 않아도 될 것이며, 겨우내 눈 밑에서 서서히 유기물 퇴비로 변해가는 자연의 순환을 보게 될 것이다.

잔디깎기를 한 후에 나온 잔디 부스러기들이 잔디 밭밑에 끼여서 분해를 기다리고 있는 유기물층을 '대취thatch층'이라고 한다. 사람의 피부가 물이 침투하지 못하는 방수防水이듯이, 식물의 표면도 왁스층으로 덮인 방수층을 갖는다. 따라서 대취가 쌓이면 토양과 잔디 사이에 불투수층을 만들어 배수가 나빠지고, 부식이 진행되는 습한 대취층은 병해충들의 아지트가 된다.

대취층을 매개로 발생하는 질병은 라지패치, 춘고병, 페어리링 등이 있으며, 죽은 식물을 먹고 사는 톡토기나 지렁이도 많이 나타난다. 그렇다고 대취를 무리하게 제거할 필요는 없다. 사실 대취는 너무 짧게 깎거나 자주 깎지 않을 때만 문제가 발생한다. 대취층을 완전히 제거할 방법도 없을 뿐더러 •대취층이 살아 있어야 사람들이 이용할 때 쿠션 효과가 있어 넘어져도 다치지 않으며 •유기 물질과 영양분을 토양에 다시 첨가하고 •잔디의 내마모성도 증가하기 때문에 나는 오히려 잔디밭에 잘린 부분을 남겨 두라고 권한다.

대취를 빨리 분해시켜 병 발생을 차단하고자 잔디에 뿌려 주는 것이 뗏밥이다. 대취가 분해되어야 퇴비로서의 역할을 하고, 투수 속도가 증진되면서 잔디는 더욱 튼튼한 뿌리를 갖게 된다. 뗏밥주기, 즉 배토작업의 또 다른 목적은 잔디 표면의 평탄성을 확보하는 것이다. 잔디밭은 1~2 cm만 높이가 달라도 사람이 헛딛거나 불규칙 바운드가 발생하며, 잔디기계가 요철 부분을 지날 때는 부분적으로 스캘핑 현상이 나타난다.

잔디밭이 습할 때 생기는 이끼는 기름띠처럼 물의 침투를 막는다. 이때 발생 부위에 모래를 2~3 mm 정도 뿌려 주면 확산을 막을 수 있다. 대취층이 쌓여 물의 침투가 어려울 때는 응급조치로 주방에서 쓰는 중성세제를 쓰는 방법이 있다. 주방세제에 들어 있는 계면활성제가 기름막이나 식물의 왁스층을 녹여 주기 때문이다. 물 1톤에 세제를 소주컵 두 잔 정도 풀어 주면 기름막을 녹이며 수분 침투가 쉽게 되고, 이끼나 버섯도 줄어든다. 버섯이 보이는 것은 미관상으로는 문제가 되어도, 잔디밭 토양이 비옥하다는 뜻이니 미안해할 필요가 없다.

대취층의 적절한 두께는 1 cm 내외. 대취는 매년 지속적으로 축적되므로 배토작업 역시 매년 실시해 주는 게 좋다. 과다한 질소 사용으로 대취 축적이 많은 곳, 요철이 심한 곳, 잡초가 많은 곳, 맨땅이 드러난 곳은 모래를 더 두텁게 주는 것이 배토작업의 요령이다.

통기작업aeration은 흙을 파내는 '코어링'이 정석

통기작업이란 집중적인 사용으로 단단해진 잔디밭에 구멍이나 틈을 내어 허술하게 해 줌으로써 물과 공기, 양분의 흡수를 원활하게 하는 작업을 말한다.

통기작업의 종류로는

❶ 속이 빈 파이프로 구멍을 뚫어(오픈 펀치) 흙을 교체하는 코어링

❷ 못 같은 뾰족한 장치로 잔디밭에 구멍을 내는 스파이킹

❸ 잔디표면을 잘라 주는 슬라이싱

❹ 슬라이싱보다 깊게 토양층까지 절단하는 버티칼 모잉

❺ 깎은 잔디 부스러기를 갈퀴 따위로 긁어내는 대취 제거

❻ 잔디밭을 빗자루로 쓸며 진공 청소하는 스위핑

❼ 강모래를 뿌리는 배토작업 등이 있다.

하지만 사용 빈도가 낮은 일반 정원에서까지 이처럼 세분화해서 관리할 필요는 없다고 본다. 잔디를 깎은 후 갈퀴로 잔디면을 긁어 주는 정도의 대취 제거와, 1년에 한두 번 하는 배토작업만 꾸준히 해 주면 훌륭한 잔디밭을 갖게 될 것이다. 조그만 주택정원에서는 못이 박힌 신발을 신고 잔디밭에 구멍을 내고 다니기도 하지만 굵은 못이 흙을 옆으로 밀어

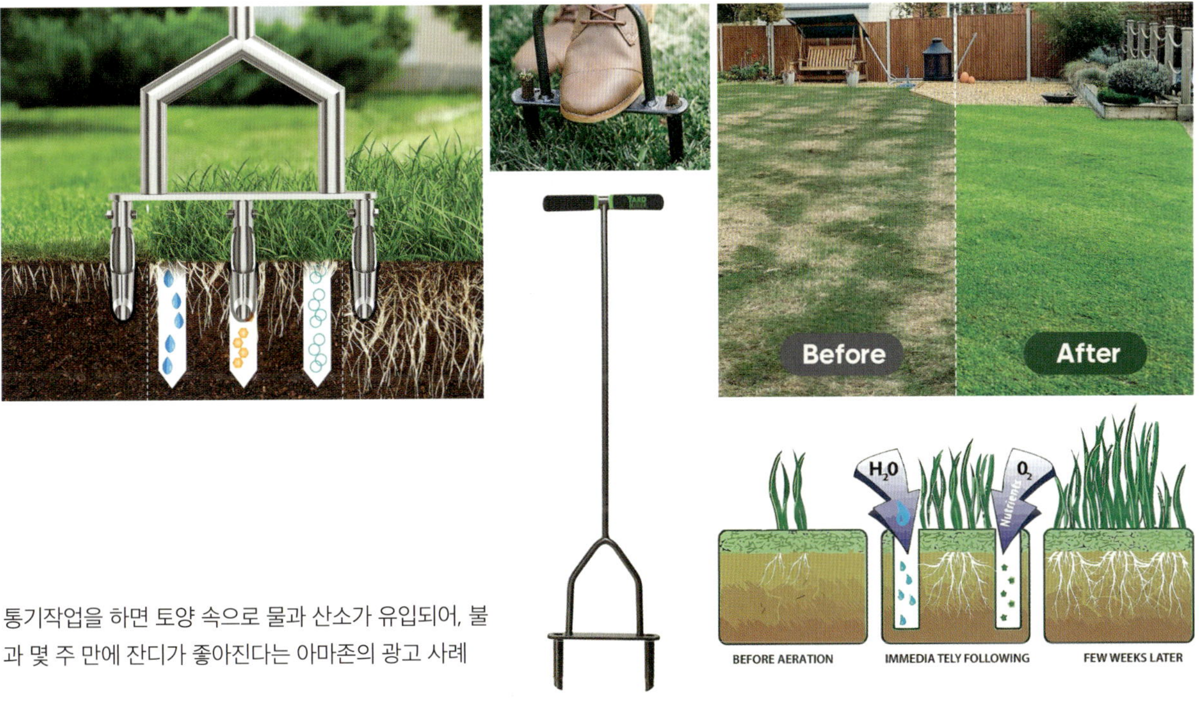

통기작업을 하면 토양 속으로 물과 산소가 유입되어, 불과 몇 주 만에 잔디가 좋아진다는 아마존의 광고 사례

내기만 할 뿐 파내는 것이 아니어서 수분 침투 효과는 사나흘밖에 가지 않는다. 같은 수동식이라도 스파이킹보다는 흙을 파내는 코어링이 효과가 좋으며, 해외직구로 국내에서도 구매가 가능하다. 통기작업과 배토작업은 5월 초에 하나의 연속 공정으로 하는 게 능률적이며, 배토 즉시 관수를 하여 잔디에 밀착시켜 주어야 한다.

배토작업은 생육이 왕성한 5월이 적기

배토작업은 잔디관리에서 연중 가장 큰 행사가 된다. 잔디깎기와 통기작업, 시비와 배토, 관수라는 5가지 공정이 연속적으로 이루어지는 것이 좋으므로, 사전에 자재 조달과 인력수급에 차질이 없도록 점검한다.

배토작업 순서를 정리해 보면

❶ 배토하기 전에 먼저 잔디를 낮게 깎아 준 다음

❷ 갈퀴로 예지물과 대취를 알맞게 긁어내고

❸ 토양검사에서 지적된 부족한 영양소나 규산질 비료를 시비한다.

❹ 배토할 모래에 유기질 비료나 토양개량제를 고루 섞어 뗏밥을 만든다.

❺ 뗏밥을 뿌린 뒤, 갈퀴나 빗자루로 빈자리가 없이 고르게 펼쳐 준다.

❻ 모래가 충분히 잔디에 밀착될 수 있도록 20~30분 정도 관수하는 것으로 마무리한다.

가급적 시비-배토-관수는 하루에 끝내도록 한다. 화학비료를 배토에 같이 혼합하지 않고 수작업으로 먼저 뿌리는 이유는, 배합 비율이 0.1%도 안 되는 비료를 모래에 고루 섞는다는 게 쉬운 일이 아닐뿐더러, 삽으

잔디는 뗏밥을 먹어야 건강해진다. 배토 두께는 고운 강모래로 5 mm가 적당하다.

로 거칠게 뿌리는 배토작업으로는 뗏밥이 고르게 펼쳐지지 않아 나중에 잔디에 심한 얼룩이 생기기 때문이다.

배토작업은 자주 할수록 좋지만, 한 번만 할 경우에는 잔디의 생육이 왕성한 계절에 하는 것이 좋으며, 잔디가 연약한 4월의 그린 업 시기에는 하지 않는다. 난지형 잔디인 한국잔디는 1년 중 5월은 필수, 10월은 선택. 한지형 잔디는 5월과 10월 두 번 다 필수, 3월은 선택 작업이 된다.

배토의 표준 두께는 한 번에 4~5 mm 정도가 알맞고, 10월에 주는 것은 동해를 막아 주는 수준인 2~3 mm로 얇게 주어도 괜찮다. 배토를 한 번에 20 mm 이상 두껍게 주면 잔디가 묻혀서 고사할 수 있으므로, 배토를 두껍게 해야 할 경우에는 시차를 두고 여러 번에 나누어 실시하도록 한다. 이렇게 배토를 매년 하다 보면 잔디 표면이 조금씩 높아지게 되는데, 이를 응용해서 습한 잔디밭의 배수불량을 개선하기도 한다.

배토 자재

배토용 모래는 잔디의 토양과 같은 성분으로 구성된 것을 사용한다. 모래나 밭흙, 마사토 등을 그때그때 구하기 쉬운 대로 주게 되면, 시루떡처럼 토층이 분리되어 수분 침투가 잘되지 않는다. 강모래를 줄 경우 직경 0.2~1 mm인 모래가 65% 이상인 고운 모래를 사용한다. 모래의 입경이 커질수록 모세관의 힘이 빠져 관수를 자주해야 할 뿐만 아니라, 넘어졌을 때 피부가 까지기도 하므로 아무리 바빠도 반입 전에 샘플을 확인하는 것이 필요하다.

양묘장에서 한국잔디는 점토에 심고 서양잔디는 사토에 기르지만, 나는 배토작업만큼은 양쪽 다 모래로만 작업을 한다. 모래가 아닌 밭흙이나 조경토는 잡초씨가 같이 따라올 확률이 매우 높고, 물을 줄 때 흙물이 올라오며, 배수불량이 될 소지가 크기 때문이다. 대신에 양분 보유력이 낮은 모래의 단점을 보완하기 위해 유기질 토양개량제를 혼합한다.

면적	모래	생명분	제올라이트	천연부엽토	합계
1 a=100 m²	85%	7%	5%	3%	100%
	425리터	35리터	25리터	15리터	500리터

주) 생명분은 니탄, 목탄, 피트모스 등의 천연재료와 미생물을 혼합한 제품으로 일반 퇴비보다 영양분 지속기간이 길며, 토양의 입단구조 개선 효과가 크다. 재료 구하기가 번거로울 때는 생명분과 천연부엽토 중 한 가지로 10%를 사용해도 무방하다.
제올라이트는 보수력과 보비력을 증진시키는 다공성 광물이다. 제올라이트 대신 질석을 사용해도 비슷한 효과를 볼 수 있지만, 질석은 세월이 지나면서 바스러져 배수를 방해하게 된다.

위의 표 6-6은 내가 즐겨 사용하는 배합 비율인데, 유기질 비료 시비가 필요할 때는 배토작업에 비료량을 더한다.

물 주는 타이밍, 잔디를 밟아 보면 안다

한국잔디는 생장기에 10~15일간 20~30 mm의 비가 없으면 부족분만큼 관수를 시작해야 한다(서양잔디는 5~7일 정도). 위의 기준으로 물을 주면, 중부지방에선 연평균 열 번 정도 인공관수를 하게 된다. 살수를 지나치게 자주 하면 지표 가까이가 항상 물에 젖어 있기 때문에, 뿌리는 토양 깊숙이 뻗을 필요가 없어 건조에 약한 잔디로 체질이 바뀌게 된다. 또 잔디 표면이 과습 상태가 되면 병해나 이끼 발생이 많아지는 데다 식물체가 연약해져 손상받기 쉬워진다. 관수에서 가장 중요한 것은 〈물을 줄 때는 충분히 주고, 주는 횟수는 적게〉 하는 것이다.

토양의 유효수분이 50% 정도일 때 관수를 하는 게 가장 좋다고 하지만, 매번 수분측정기를 갖다 댈 수도 없는 노릇. 그러나 이 시기를 판단하는 손쉬운 방법이 있다. 육안 관찰로는 잔디 잎색이 청록색으로 어두워지면서 잎몸이 말리는 때인데, 좀 더 확인하기 위해서 잔디밭을 걸어 보자. 잔디가 탄력성이 없으면서 밟힌 발자국이 잔디에 남는다면, 바로 즉시 관수에 들어가야 한다. 초기위조점 발생은 다습한 한여름보다 건조한 바람이 부는 봄가을이 더 피해가 크다. 겨울에도 가뭄이 오래될 경우, 영상의 날씨를 골라 관수를 하는 게 필요하다.

조경설계기준에 한지형 잔디는 생육기 2~3일에 1회, 가물 때에는 매일, 토심 5 cm 이상 관수하게 되어 있지만, 이것을 생육기 5~6일에 1회,

스프링클러는 살수강도를 시간당 10 mm 이내로 하여, 물이 바깥으로 흘러넘치지 않도록 한다.

가물 때는 격일, 토심 15 cm 이상 관수하는 것으로 잔디의 내건성을 길러 보자. 천근성으로 자란 잔디의 뿌리는 5 cm 이내지만, 잔디를 건조하게 키우면 뿌리가 20 cm까지 자라는 데에는 문제가 없으며, 이는 후반부로 갈수록 가뭄 피해에서 벗어나게 해 줄 것이다. 문제는 건조하게 자란 잔디는 외관이 거칠어진다는 것인데, 예쁘게 키우는 것과 강하게 키우는 것 중 어느 것을 선택하느냐는 관리자가 판단할 일이다.

계절에 따라 차이는 있지만 잔디는 증발산을 통해 매일 5 mm 정도의 물을 소비하는데, 5 mm 전량을 보충해 주는 것보다 80%인 4 mm 정도만 보충해 줄 때 오히려 효과가 좋다는 연구 결과가 있다. 잔디밭에 토심 15 cm까지 물을 주기 위해서는 일반 토양이라면 20 mm의 물이 필요한데, 이는 잔디가 4~5일동안 사용할 수 있는 물이 된다. 따라서 건기에 5일 간격으로 20 mm 관수를 하는 것과 7일 간격 30 mm 관수를 하는 것은 관수량은 같아도 뿌리 발달과 노동력 절감 면에서 후자가 더 나은 선택이 된다.

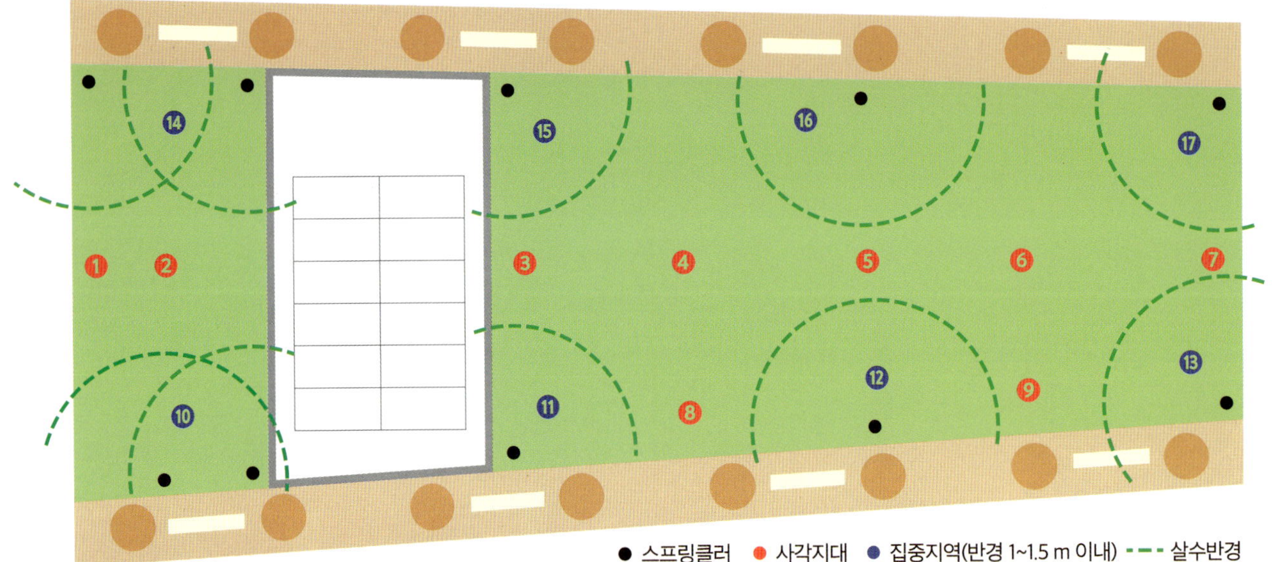

살수 사각지대	시간당 강수량
1	0 mm
2	0 mm
3	1 mm
4	0 mm
5	2 mm
6	0 mm
7	5 mm
8	5.5 mm
9	0.5 mm

살수 집중지역	시간당 강수량
10	35 mm 이상
11	35 mm 이상
12	35 mm 이상
13	35 mm 이상
14	35 mm 이상
15	35 mm 이상
16	16 mm
17	35 mm 이상

시간당 적정 살수강도	
사양토	10 mm/hr
사토	20 mm/hr

스프링클러 일반 살수반경	
평균	10 m

종합평가

1 스프링클러의 관수량은 알맞으나, 살수반경이 3~4 m 정도로 짧아 물이 닿지 못하는 사각지대가 많이 나타나고 있음. 따라서 스프링클러의 수를 늘이거나 살수 반경을 7 m로 확장하여 위치를 재조정하는 방법이 있으며, 우선은 QC벨브를 이용한 이동식 스프링클러의 가동으로 상황을 극복함.

2 잔디전용 구역은 강모래 20 cm의 토심을 요구하나, 현재 식재 기반층은 토양산도가 pH 9.0 이상의 강알칼리성인데다 척박하며 토질이 불량한 것으로 판단되어 객토, 재시공이 필요함.

이렇게 해서 비가 오지 않는 가뭄 시에 한국잔디는 주 1회 관수, 서양잔디는 주 2~3회 관수주기를 세우게 된다. 한 가지 주의해야 할 점은 한지형 서양잔디는 하고기간에는 뿌리가 퇴화하여 5 cm 이내로 짧아진다고 하니, 1회 10 mm 관수로 충분하다고 본다. 자신이 관리하는 잔디밭에 살수량을 파악하려면, 스프링클러 살수반경 안에 물컵을 지면에 묻어 놓고 10분 후 관수량을 측정하는 방법이 손쉬우면서도 비교적 정확하니 실천해 보기 바란다. 〈3장 관수관리〉에서 언급했듯이 물은 2회에 나누어 주는 게 침투력이 좋고, 유실률은 낮다. 처음에 3 mm, 한 시간 뒤에 7 mm를 주어 강우량 10 mm를 채워 준다.

<table>
<tr><td>음지의 잔디관리</td><td>

- 광합성량이 늘어날 수 있도록 예고를 높인다.
- 질소비료를 적게 준다. 질소비료는 잔디를 키만 크게 만들면서 약하게 한다.
- 칼륨비료를 시비한다. 칼륨비료는 기공 개폐를 활발하게 하여 광합성을 증가시킨다.
- 영양 보조제를 주면 내음성이 강해진다. 특히 킬레이트화 된 칼슘비료를 준다.
- 물 주기는 한 번에 충분히 주되, 살수 간격은 멀리 잡아 습하지 않게 키운다.
- 통풍을 개선한다. 바람은 CO_2 공급을 늘려 광합성을 촉진하고, 음지의 습기를 날려 준다.
- 음지에서는 잔디가 허약하므로 사용을 중지하여 답압 피해를 막는다.

</td></tr>
</table>

정원사는 그냥 스프링클러를 한두 시간 켰다 끄는 식의 무책임한 관수를 하지 말고, 잔디밭에 골고루 관수가 되고 있는지 철저한 조사가 필요하다. 264쪽에서 보다시피, 나는 살수반경과 살수량을 조사해서 하자처리로 재시공하도록 공문을 보냈다.

나무와 달리 잔디는 비료를 성장기에 준다

한국잔디든 서양잔디든 비료는 날이 따듯해져서 생육이 왕성한 성장기에 주는 것이며, 휴면 직전부터는 배토나 시비를 하지 않는다. 한지형 서양잔디라도 지온이 낮은 동계기간에는 비료의 흡수 효과를 거둘 수 없으므로 시비는 낭비가 된다. 봄이 오면 잔디는 발아가 시작되는 1주일 사이에 뿌리에 있던 양분들을 모두 발아를 위해 소진하고 자신은 죽음을 맞는다. 새 뿌리는 그린 업Green-up으로 광합성이 시작된 지 3주째가 지나야 나오게 되는데, 이때 화학비료를 주면 연약한 새 뿌리에게 독으로 작용한다.

그린 업 시기에는 요소비료를 엷게 탄 엽면시비만 가능하며, 통기작업, 잔디깎기 등 잔디에 무리를 주는 작업을 일절 하지 않아야 한다. 엽면시비란 뿌리가 기능을 할 수 없을 때 잎에 주는 액체비료이므로, 그린 업이 20~30% 이상 진행되었을 때 주어야 효과가 있고, 잎이 없는 토양을 적시는 것은 낭비가 된다.

남향받이 따뜻한 곳일수록 그린 업이 빨라진다. 그린 업을 앞당기려면 그린 업 이전에 관수를 해서 수분을 보충하고, 지온을 올려주도록 한다. 지온을 올리는 방법으로는 잔디밭의 대취를 태우거나, 차광막을 씌우거나, 퇴비를 뿌리는 방법이 있는데 모두 다 검은색이 태양열을 흡수하는 원리를 활용한 것으로, 검은색 차광막은 그린 업을 20일 정도 앞당긴다. 여기에서 지온이란 작업 당일만의 기온이 아니라 휴면 기간 중의 적산온도를 말한다.

한국잔디에게 연중 시비의 최적기는 그린 업이 시작된 지 한 달 뒤인 5월이 된다. 이때의 시비는 1년을 책임질 수 있도록 효과가 오래가는 유기질 비료가 좋다. 권장량은 1 m²당 1~2 kg이지만, 그 두 배인 3~4 kg를 주면 그 해 화학비료는 더 이상 주지 않아도 된다. 다만, 유기질 비료는 색상이 검어 그냥 줄 경우 잔디밭이 며칠 간은 지저분해 보이므로, 배토 작업을 할 때 모래에 섞어 주는 것이 무난하다.

장마기의 시비는 라지팻치 병이 촉진되고 우중雨中에 자주 깎아 주어야 하는 폐단이 생기므로 장마를 앞두고는 시비를 하지 않는다. 한편 질소비료는 물에 잘 녹아 장맛비에 씻겨 나가므로, 장마가 끝나는 대로 질소비료 보충이 필요하다.

한국잔디의 단점 - 녹색기간을 늘리려면

한국잔디의 단점은 가을에 일찍 황변하는 것이다. 대부분의 관리자들이 가을 시비는 잔디를 늦게까지 자라게 해서 서리피해를 맞는다며 8월 하순을 마지막 시비일로 잡는다. 이렇게 하면 안전은 지켰을지 모르지만, 잔디가 9월 말부터 황변에 들어가 가뜩이나 짧은 녹색기간을 보름 이상 단축시키게 된다. 한국잔디의 가을 시비는 최저기온 15 ℃까지는 무방하므로 백로白露가 지난 9월 10일경을 마지막 시비일로 잡으면, 10월 중순까지 녹색을 유지해 붉은 단풍과 멋진 대조를 보여 준다. 만에 하나 동해 피해가 걱정된다면 뗏밥을 가볍게 뿌려 주거나 은행잎 같은 낙엽들을 치우지 않고 입춘까지 두고 보는 것도 정취가 있고 괜찮다.

인산비료는 봄에 뿌리 발달을 돕기 위해 사용하지만, 성호르몬을 촉진하므로 개화기인 여름부터는 인산비료를 주지 않는 게 좋다. 사실 인산비료는 약효가 5년 동안이나 지속되고, 한국의 토양에서는 오히려 많아서 문제가 되는 성분이므로, 과잉인지 아닌지 먼저 토양검사 후에 시비를 결정해야 한다.

인산을 빼고 질소와 칼륨만 주기 위해서는 복합비료가 아니라 제2종 복합비료를 써야 한다. 비료 겉포장에 쓰여 있는 숫자는 질소-인산-칼륨의 함량을 나타낸 것으로 21-17-17이라고 씌어 있으면 비료 1 kg에 〈질소 21%-인산 17%-칼륨 17%〉가 들어 있다는 표시다.

칼륨비료는 질소와 동률일 때 식물에 흡수가 잘되므로 15-0-15, 13-0-13처럼 질소와 칼륨의 숫자가 같은 것을 고른다. 칼륨비료는 건조와 동해에 견디는 능력을 키워 주므로 겨울을 앞둔 마지막 시비 때 칼륨비료 시비량을 1.5배에서 2배가량 늘려 주면 혹한에 대한 저항력이 높아진다.

비료를 주고 나서는 즉시 관수를 하여 비료가 토양 속으로 녹아 들어갈 수 있도록 해야 한다. 특히 휘발성이 강한 질소비료는 공기 중에 노출되어 있으면 암모니아 가스로 40% 이상의 성분이 날아간다고 하니 서둘러야 할 일이다. 관수를 사람이 아무리 고르게 한다고 해도 하늘에서 내리는 비를 따라갈 수는 없는 법. 시비하는 날을 비 오기 전날로 잡는 것은 절묘한 신의 한 수가 될 것이다.

비료는 물에 탄 잉크처럼 흩어지지 않는다

비료를 주고 바로 관수를 하면 화학비료가 녹아 골고루 전파될 것 같지만, 전혀 그렇지 않다. 마치 압정을 뿌려 놓은 양 비료 알갱이가 대취층에 콕 박혀서 움직이지 않기 때문에, 한번 쏟아진 비료는 빗자루로 쓸어도 펼쳐지지 않는다. 며칠 뒤 비료가 뿌려진 곳만 파랗게 잔디가 올라오고, 바로 옆 잔디는 누런 상태 그대로여서 잔디밭이 실핏줄처럼 얼룩무늬가 지는 것을 볼 수 있다. 그러므로 시비만큼은 외부 인력에 맡기지 말고 내 손으로 직접, 그것도 잔디 시비 기계를 사용해서 세심하게 뿌릴 것을 권

화학비료는 뿌려진 곳만 효과를 보고, 나중에 물을 주어도 번지지 않아 잔디밭이 실핏줄처럼 얼룩무늬가 되므로 처음부터 고르게 뿌리는 것이 중요하다. 자신이 없는 사람은 물에 녹인 액비로 시비한다.

한다.

비료의 분산효과를 높이기 위해서는 함량이 높은 농업용 복합비료보다 함량이 낮은 잔디전용비료를 사용하는 것이 안심이 된다. 알갱이 비료의 비해肥害를 막기 위해서는 복합비료를 사지 말고 각각 단비單肥로 사서, 물에 잘 녹는 질소비료는 액비로 주고, 칼륨비료는 알갱이로 주는 방법이 있다. 칼륨비료를 물에 녹여서 같이 쓰고 싶으면, 끓는 물에 칼륨비료를 녹인 다음 희석해서 쓴다. 그러나 액비를 자주 주면 뿌리가 천근성으로 변하므로 토심 깊이 침투할 수 있도록 관수량으로 조절해야 한다. 화학비료를 많이 주면 확실히 잔디밭 조성이 빨라지긴 하지만, 토양이 단단해지면서 통기가 불량해진다. 토양의 물성을 좋게 하고 토양온도를 높이는 효과는 유기질 퇴비만 한 것이 없다.

매해 가을, 마지막 시비를 하고 나서 한 달 정도 지난 뒤에 토양시료를

잔디밭의 경계면은 포복경이 지저분하게 번지지 않도록 확실하게 끊어서 관리한다.

채취해서 지역 농업기술센터에 토양검사를 받도록 한다. 임업진흥원은 산림수종에 대한 토양검사를 하고(유료), 농업기술센터는 농가 재배작물에 대한 토양검사만 하므로(무료) 두 기관을 선별해서 의뢰하는 것이 좋다. 토양검사 결과 지적된 사항은 이듬해 3월 초 그린 업이 시작되기 전에 토양개량에 반영한다. 소석회, 용성인비, 규산질 비료의 투입은 연중 이맘때가 적기이기 때문이다. 칼슘은 산성 토양에서 가장 부족하기 쉬운 성분이지만, 규산질 비료에 칼슘과 황, 마그네슘이 모두 들어 있으므로 따로 준비하지 않아도 된다.

시비 횟수는 한국잔디는 4월부터 9월 사이 4회 시비하며, 켄터키블루그래스 등의 한지형 잔디는 3월부터 10월까지 6~9회 시비한다지만, 투약은 환자의 상태에 따라 달라지기 마련이다. 켄터키블루그래스의 연간 시비 허용량은 질소, 인산, 칼리 성분으로 제곱미터당 40-20~40 g이지만 시비량을 최대한 줄여서 20-7-20 g으로 관리하고(한국잔디는 15-5-15 g), 부족분은 유기질 비료를 2 kg/m²로 채워 주는 게 더 바람직하다.

농약 없이 키우는 잔디관리

건강한 사람에게 병원이나 약국이 멀듯이, 식물도 튼튼하게 키우면 농약 사용을 줄일 수 있다. 잔디밭의 병 발생 원인을 보면, 질소 과잉시비, 과다한 대취 축적, 배수불량, 통기작업 미비, 관수 부주의, 미숙퇴비 사용 등으로 압축된다. 그러므로 시비와 위생관리를 잘하면 병은 충분히 막을 수 있다.

서양잔디에서 자주 발병하는 브라운패치나 달라스팟은 사전에 규산질 비료를 시비하면 해결되는 병이며, 한국잔디의 라지패치는 장마기에 시비를 해서 생기는 병이므로 결국 올바른 비배관리가 질병을 막는 것이다.

부득이 화학적 방제를 해야 할 경우에는 꿀벌과 같은 유익곤충과 환경에 안전한 제품을 찾아내는 수고가 필요하다. 그런 의미에서 나는 천연물질에서 추출하여 익충과 환경에 안전한 '아족시스트로빈'을 주로 사용한다. 그러나 아무리 좋은 약이라도 연속 사용하면 약제 저항성이 생겨 약효가 떨어지게 되므로 작용기작이 다른 제품과 번갈아 사용하는 것이 필요하다. 아족시스트로빈의 사용기작이 '다3'이므로, 교호 사용약제로는 '사1' 기작인 테부코나졸이나 사이프로코나졸을 권한다. 사이프로코나졸은 어류나 환경에 영향이 없는 IPM 약제이지만, 서양잔디에는 약해가 있으므로 한국잔디에만 사용한다.

한국잔디는 운동장처럼 많은 사람이 뛰노는 곳에서는 춘고병이나 라지패치가 문제 되지만, 일반적인 잔디밭에서는 병 발생이 거의 없으므로 병이 발생한 후에 약제를 살포하고, 켄터키와 같은 한지형 잔디는 여름 하고기에 병이 많으므로 장마 직전부터 예방적 방제를 하는 것이 필요하다.

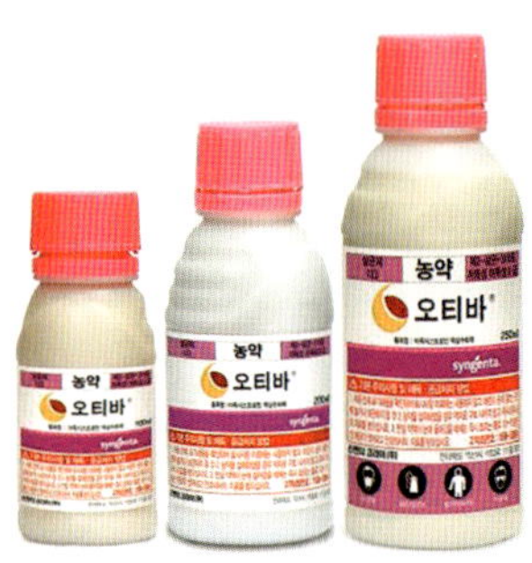

품목명 아족시스트로빈은 버섯에서 추출한 항균물질로 환경에 안전한 살균제다.

표 6-7 ● 잔디의 주요 질병

난지형 한국잔디		한지형 서양잔디	
라지패치	한국 잔디에서 문제 되는 병이다. 고온다습한 장마기에 시비를 하면 발생한다.	브라운패치	7~8월 고온다습 시 발생. 질소 과다, 통기 불량, 배수불량, 과습이 원인으로 통기작업이 필요하다. 칼륨비료와 규산질 비료를 주면 감소한다.
봄 마름병	3~4월에 대취 과다 지역에서 발생. 한번 발생한 지역에서 만성적으로 발생한다. 초봄에 건조하지 않도록 관수하고, 답압이 심한 곳은 통기작업을 실시한다.	피시움 마름병	물로 전염된다. 배수불량, 높은 습도, 과다한 질소 시비, 대취 축적이 병 발생을 조장한다. 아침이슬을 털어서 과습을 방지한다. 순식간에 격발하므로 예방이 최선이다.
녹병	한국잔디는 기주식물이 아니어서 발생하지 않는다.	녹병	봄, 가을에 발생하고 기온이 떨어지면 없어진다. 질소부족, 배수불량, 답압 시 발생하며 심하면 잔디가 고사한다. 관수는 오전 중에만 하며 예고를 높인다.
페어리링	아주 드물게 발병	페어리링	대취 축적이 많은 곳, 미숙퇴비를 사용한 곳에서 발생한다. 충분한 관수를 하고 통기작업과 토양 갱신을 해야 한다.
달라스팟	아주 드물게 발병	달라스팟	건조한 토양, 질소 결핍지에서 관리장비에 의해 전파된다. 관수는 1회 충분히 그러나 간격은 멀리하고, 특히 저녁 관수를 피한다.
		설부병	해빙기에 발병한다. 늦가을 질소비료 사용을 중단하고, 대취의 양을 줄여 준다. 첫눈이 오기 전에 방제한다.

이 숲속 오솔길에서 우리가 말하는 잡초를 제거한다면, 숲은 황무지로 변할 것이다.

잔디의 설부병은 눈이 두 달 이상 장기간 녹지 않는 상황에서 발생하므로 적설량이 많지 않은 지방에서는 무시해도 좋다. 월동기간 중에 쌓인 눈은 제거작업으로 인한 손상이 더 우려되므로, 가급적 제거하지 않고 자연적으로 녹게 한다. 눈이 두껍게 쌓일수록 단열효과가 커서 대기 온도보다 지면을 따듯하게 유지해 주므로, 잔디의 월동에 오히려 도움이 된다.

잡초란 무엇인가? 잡초의 정의

위의 사진 숲속 오솔길 주변에 나 있는 풀들 중에서 수선화나 작약, 노루오줌, 원추리 같은 원예종 식물은 찾아볼 수 없다. 대신에 질경이, 애기똥풀, 자주개자리, 봄까치꽃, 갈퀴나물, 서양민들레, 수레국화 같은 식물들이 숲을 빛내고 있다. 이 숲에서 원예종이 아닌 식물들을 잡초라고 해서 모두 뽑아 버린다면 숲은 죽음의 땅이 되어 버릴 것이다. 그렇다면 잡초란 도대체 무엇인가 묻지 않을 수 없다.

"잔디밭에 산삼이 보여도 그건 잡초라 뽑아야 합니다."

2003년이던가? 수강생 너댓 명을 앉혀 놓고 잡초를 설명하던 강사는 대단한 정의라도 내린 듯 득의양양한 표정을 지으며 으쓱댔다. 과연 그럴까? 잡초가 어디 산삼처럼 귀하게 난다는 말인가? 뽑고 돌아서면 또 나오는 게 잡초가 아니던가. 아마도 계획했던 식물이 아니면 잡초라는 말일 것이다.

또 어떤 사람은 잡초를 가리켜 '이름을 모르면 잡초'라고 정의한다. 그것도 말이 안 된다. 식물원에 가면 이름 모르는 원예종 꽃들이 얼마나 많았던가. 여기, 잡초를 생태적으로 정의한 미국의 일레인 잉햄Elaine Ingham 토양생물학자의 얘기를 들어 보자.

❶ 잡초는 매우 빠르게 성장 번식하고 엄청난 양의 씨앗을 생산하는 식물이다.

❷ 잡초는 산소가 부족하고 불량한 구조의 토양을, 다시 산소가 풍부한 흙으로 변화시키는 선구식물이다.

❸ 잡초는 화학비료를 자주 주어 질산태 질소(NO_3)의 농도가 높은 토양에서 번성한다. 화학비료 살포는 잡초가 자라기 쉬운 무대를 만들어 주는 행위이다.

❹ 잡초는 광光 발아성 식물이라 잡초를 뽑는 순간 흙 속에 비친 빛이 수많은 잡초 씨앗을 싹트게 한다. 그 결과 더 많은 잡초가 자라게 되고 더 많은 일거리가 생기게 된다.

유튜브에 올라와 있는 일레인 잉햄 박사의 잡초 강의

보도의 갈라진 틈에서 생명을 틔운 잡초

❺ 미관상 잡초를 제거해야 한다면 최선책은 씨앗이 영글기 전에 지표면 가까이에서 자르고 뿌리는 그대로 남겨 두는 것이다. 죽은 뿌리는 토양을 부드럽게 해 주고 유기물이 되어 준다.

❻ 잔디밭을 조성할 때, 토양을 피복하는 지피식물을 처음부터 같이 도입하는 녹색 멀칭Green mulching이 잔디와 토양관리에 큰 도움이 된다.

학자답게 그녀의 말은 자로 잰 듯 정확하고 학문적이다. 그러나 나는 허리 굽혀 잡초를 뽑아야 하는 실무자로서 잡초를 육감적으로 정의하고자 한다.

하나, 잡초에서 약 성분을 발견하면 약초, 꽃이 마음에 들면 화초가 된다.

둘, 풀이 인간에게 해를 끼칠 때 잡초라고 한다.

셋, 그 식물을 제거하는데 본 작물을 재배하는 것보다 더 많은 시간과 노동력과 비용이 들어갈 때 잡초라고 한다.

넷, 잔디를 이용하는 데 불편함이 없는 풀은 잡초가 아니다.

다섯, 야생의 풀들은 토양과 기후와 생태계에 이롭다. 이름을 모른다고, 풀의 종류가 다르다고, 원하는 게 아니라고 잡초라 부르지 마라.

"그 어떤 잡초도 바이러스성 질병처럼 고통스럽지는 않다" (미움받는 식물들 p331)

– 30년 넘게 잡초를 연구해 온 '존 카디너' 씨의 또다른 잡초 정의에 동감한다.

돌이켜 생각해 보면 잔디도 풀이고 잡초도 풀이다. 풀밭에 풀이 나는 게 자연의 섭리가 아니겠는가? 그 옛날 늑대가 개로 길들여졌듯이, 지금도 전국의 들과 길가에는 잔디의 원조인 야생 새포아풀이 보인다. 골프장이나 축구장처럼 잔디의 질이 경기력을 좌우하는 결정적 요소가 아니라면, 우리는 잔디와 잡초의 구분에 대해 좀 더 너그러울 필요가 있다. 275쪽의 사진은 파리의 공원에서 본 잔디밭의 일부분을 클로즈업한 사진이다. 우리의 기준으로는 기겁할 정도로 잡초가 많지만, 저들은 아랑곳하지 않고 풀밭에 앉아 담소를 즐겼다. 다시 보면 꽃밭이 아닌가? 잡초를 뽑는 일손을 구하기 어렵고, 환경파괴를 가져오는 제초제를 쓰지 않겠다면, 남은 선택은 잡초를 선별해서 받아들이는 것이다.

예를 들어 자운영이나 토끼풀은 콩과 식물로 잔디밭에 질소비료를 제

위의 두 사진은 2019년 4월 13일 일산 호수공원의 잔디밭 풍경이다. 봄이 되자 서양민들레와 꽃다지 같은 들꽃들이 잔디밭을 점령하였다. 그러나 보라. 얼마나 아름다운 장관인가! 만약에 발아 전 제초제인 토양처리제를 살포하였다면, 이 아름다운 광경은 보지 못하였을 것이다. 그린 업이 완성되기 전의 황량한 공간을 잡초들에게 빌려주는 것은 훌륭한 정원관리 방식이라고 할 수 있다. 공원 관리자들에게 경의를 표한다.

운동경기장이 아니라면, 사람들이 휴식을 취하는 잔디밭은 키 낮은 야생초들과의 공생이 더 자연스럽다. 실제로 잔디밭을 클로즈업해서 사진을 찍어 보면 귀여운 얼굴들이 보인다.

공함으로써 화학비료 사용을 줄여 주는 동시에, 한번 뿌리내리면 그 위에서 운동경기를 해도 전혀 지장이 없으며, 벌들에게는 둘도 없는 밀원식물이 된다. 그 밖에도 봄맞이, 별꽃, 괭이밥처럼 잔디 예초기에도 깎이지 않고 납작 엎드려 살아가는 풀들에 대해서는 큰 불편이 없는 한 용인할 수 있어야 한다. 그것이 제초제로 인한 암 발병률을 줄이고, 꿀벌과 나비, 토양미생물을 살려 건강한 자연을 만드는 길이라고 생각한다.

그렇다고 손을 놓고 잡초를 반길 수는 없는 법. 잡초를 용인하되 잡초 발생을 줄일 수 있는 경종적 방제Cultural Control, 耕種的 防除를 도입해야 한다. 먼저 잔디밭을 침범하는 토끼풀, 새포아풀, 피막이풀, 파대가리, 방동사니 같은 문제 잡초들이나 버섯, 이끼류들은 모두 습한 지역에서 발생하므로 잔디밭의 배수를 좋게 하거나 오후 시간의 관수를 하지 않는 게 해결책이 될 수 있을 것이다.

또 다른 전략은 잔디의 밀도를 높여서 잡초가 들어설 여지가 없게 하는 것이다. 밀도를 높이려면 잔디를 자주 깎아 주고, 뿌리를 발달시키려면 봄가을에 칼륨비료를 주는 게 도움이 된다. 예고를 높이고 배토를 자주 할수록 잡초씨의 발아는 억제된다. 쓸데없는 시비도 검토 대상이다. 잡초는 잔디보다 저온에 강해서 이른 봄이나 늦가을에 시비를 하면 잡초만 살찌우는 결과를 낳고, 인산비료는 이끼나 잡초 번식을 촉진한다. 잔디밭에 이끼가 우세할 때는 산성토가 아닌지 산도 검사를 통해서 석회를 처방하도록 한다. 잡초 씨앗이 관리장비나 작업자의 신발에 묻으면 이웃

으로 전파되므로, 이동하기 전에 바로 세척작업을 한다. 천하무적 새포
아풀도 여름철의 열대야에는 고사율이 높다. 이열치열! 한낮에 더운물을
끼얹어 지열을 높이는 수법으로 박멸에 도전해 보자.

　　혹자는 '잡초를 뿌리째 캐야 하는데, 작업자들이 꾀를 부려 뜯기만 해
서 잡초를 키웠다'고 비난을 한다. 그것은 한 번도 잡초를 캐보지 않은 사
람들이 하나만 알고 둘은 모르고 하는 소리다. 민들레나 명아주, 망초 따
위는 뿌리를 캐낼 수 있지만 토끼풀이나 피막이, 괭이밥류의 실뿌리들은
땅속 20 cm 이상 자라서, 뿌리를 캐려면 산삼을 캐듯 주변 잔디밭을 드러
내서 흙을 털어 내야 캘 수 있다. 그야말로 벼룩을 잡겠다고 초가삼간 태
우는 격이다. 첨단의학처럼 레이저 장비가 있는 것도 아니고, 호미 한 자
루 가지고 뙤약볕에서 일하는 할머니들한테 '뿌리를 캐지 않는다'고 책
망하는 것은 모욕에 가깝다. 마음먹고 괭이밥 한 뿌리를 캐 보았더니 길

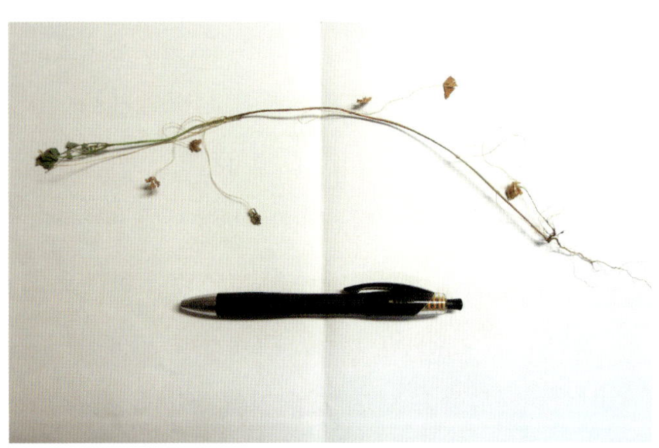

잎이 토끼풀을 닮은 괭이밥의 뿌리를 캐 보았더니 길이가 30 cm가 넘었다.

잡초를 뿌리까지 캔다는 것은 불가능하다는 것이 확인된다.

한국잔디를 깎은 뒤 2~3일 만에 자란 새포아풀

예초 후에도 뿌리가 살아서 다시 인도를 뒤덮은 잡초들

이가 30 cm를 넘는다. 자주개자리나 쇠뜨기는 지하 1 m에서 2 m까지 땅속줄기를 뻗고, 서양 메꽃은 지하 6 m까지 뿌리를 내려 토양 깊숙이까지 수분을 침투시키는 순기능도 있다.

이런 잡초들을 잡는 방법은 발생 부위를 두부모 자르듯 썰어서 들어내고, 새로운 잔디로 교체하는 것이 가장 깔끔하고 잔디의 건강에도 좋다. 물론 골프장처럼 잔디밭 1회 이용에 30만 원쯤 받아낸다면, 잡초 박멸이 가능해질지 모른다. 언젠가 품질관리에서 배운 이론이 생각난다.

"원가를 낮출수록 품질이 떨어지고, 원가를 높일수록 품질은 좋아진다.
그러나 원가를 무한정 높인다고 시멘트가 금이 되지는 않는다."

못 말리는 제초제의 유혹

원예용 꽃씨의 평균 수명은 2~3년이지만 잡초 씨앗은 수십 년이 지나도 발아하는 놀라운 생명력을 보인다. 잡초가 잔디밭을 우점할 수 있는 까닭은, 잔디는 부족한 양식과 마실 물을 사람들이 그때그때 해결해 주지만, 잡초는 스스로 목숨을 걸고 찾아야 하는 야생초이기 때문이다. 집개와 늑대만큼이나 생명력에서 차이가 나는 것은 지극히 당연한 일이다.

새포아풀을 예로 들어 보자. 한국잔디와 같은 잔디 속이고 자라는 키높이도 비슷하지만, 자라는 속도가 두 배 이상 빠르다. 잔디를 깎았을 때는 몰랐는데, 깎고 나서 2~3일쯤 뒤에 보면 276쪽의 사진처럼 잔디밭 위로 불쑥 솟아오른 것이 꽃대까지 달고 있으니, 다음번 잔디깎기를 하기 전에 종자를 퍼뜨리겠다는 전략이다.

약이 된다는 소문에 멸종 위기를 맞은 토종 민들레는 4~5월에 한 번 꽃을 피우지만, 외래종인 서양민들레는 3월부터 10월까지 쉬지 않고 꽃을 피우며 홀씨를 날린다. 연중 개화, 연중 번식으로 나오는 야생초들의 생존전략을 도저히 당해낼 수 없을 때, 제초제에 대한 유혹이 간절해진다. 나도 초년병 시절 제초제를 두세 번 시험 삼아 사용해 보았는데, 약이 적었는지 모르지만 효과가 잘해야 열흘, 그마저 나무에 해가 될까 조바심이 나서 본전을 건시지 못하였다. 그 뒤로 십여 년을 인력 제초와 잔디

교체 두 가지 방법으로만 대처해 왔다.

제초제를 사용하려면 연간 3번의 기회가 있다. 가장 좋은 때가 잔디보다 일찍 싹을 틔우는 잡초들의 생리를 이용해서, 3월 초순부터 한 달간 싹이 트기 전후에 발아 전 토양처리제와, 발아 직후의 경엽처리제를 살포하는 것이다. 두 번째로 찾아오는 기회는 열매 결실 이전인 7~8월에 제초하는 것이고, 마지막으로 11월에 월동잡초를 잡는다. 잡초 씨앗들이 사람들을 위해서 동시에 발아한다면 1회 방제로 끝날 수 있겠지만, 씨앗마다 발아의 시차가 있으므로 열흘쯤 뒤에 한 번 더 약을 쳐야 방제효과가 제대로 나타난다. 그렇다고 완전 방제가 되지는 않으니, 그러고도 나타나는 잡초들은 한 달에 한 번씩 인력 풀뽑기로 처리하도록 계획을 세운다.

제초제는 모든 식물체를 전멸시키는 비선택성 제초제와, 원하는 잡초만 골라서 죽이는 선택성 제초제로 나뉜다. 잔디밭에서는 마땅히 잔디는 살리고 잡초만 죽이는 선택성 제초제를 골라야 한다. 그러나 서양잔디에 쓰이는 제초제는 한국잔디를 잡초로 알고, 한국잔디 제초제는 서양잔디를 잡초로 알고 죽이려 든다. 한국잔디의 제초제로 사용하는 모뉴먼트, 이글샷, 파미드, 카이저, 톤앞, 파란들 등 수많은 제초제가 서양잔디에 심각한 약해가 있다. 이를 모르고 무심코 같이 썼다가는 한 번 실수로 참변을 맞는다. 또한 제초제 중 호르몬류로 표시된 것은 수목에 대한 피해가 많다. 수목 근처에서 안심하고 쓸 수 있는 제초제는 파란들 정도지만 가

전 세계에 분포하는 포아풀은 키가 30~60 cm. 새포아풀은 그보다 작고(사진 왼쪽), 왕포아풀인 켄터키블루그래스는 80 cm까지도 자란다(사진 오른쪽). 씨앗으로 번식하는 새포아풀은 박멸하기가 쉽지 않아서, 미국에서는 새포아풀 방제를 포기하고, 아예 새포아풀로 조성한 골프장을 만들었다.

표 6-8 ● 난지형, 한지형 모두 사용할 수 있는 제초제

품목명	상표명	처리 시기	적용 잡초	비고
아이속사벤	캐치풀	잡초발생 전 토양처리제	광엽잡초, 화본과잡초	새포아풀 처리
프로디아민	한목, 탑건	잡초발생 전 토양처리제	광엽잡초, 화본과잡초	국화과 잡초 효과無
벤프루랄린	새그린	4월 발아 전 토양처리	일년생 화본과잡초	
메티오졸린	포아박사	4월 생육초기 토양처리제	화본과잡초	포아풀 특효
사이클로설파뮤론	매끄니	4~5월 잡초 생육초기	광엽잡초, 사초과 잡초	
플루세토설퓨론	존플러스	4~5월 잡초 생육초기	화본과, 광엽잡초	
페녹슐람	살초대첩	4~5월 잡초 생육초기	일년생, 다년생 잡초	
피라조설퓨론에틸	그린키퍼	4~5월 잡초 생육초기	일년생 광엽잡초	
메타미포프	그린손	5월 경엽처리	일년생 화본과	국내 기술개발품
퀴노클라민	헬시론	발생초기 경엽처리	잔디밭 이끼류	꿀벌 독성 강함

주) 제초제는 발아 전 처리제와 경엽처리제는 혼용해서 써도 되지만, 농약이나 비료와 혼용해서는 안 된다. (조사일. 2015. 3)

격이 너무 비싸다.

표 6-8은 한국잔디와 서양잔디 모두에게 안심하고 쓸 수 있는 제초제들을 모은 것이다. 조사한 지 10년이나 되어 달라진 것들도 있을 테니, 더욱 자세한 내용을 알고 싶으면 한국작물보호협회 홈페이지(http://www.koreacpa.org)에서 작물보호제 지침서를 확인해 보기 바란다.

제초제는 주는 시기에 따라 두 가지로 나눈다. 토양 속에 있는 씨앗이 아직 발아하기 전인 이른 봄에 주는 '발아 전 토양처리제'가 있고, 본잎이 3~5장쯤 되었을 때 잎에 뿌리는 '생육초기 경엽처리제'가 있다. 물론 양수겸장을 노리는 제품도 있지만, 발아 전 처리제를 이미 발생한 잡초에 처리할 경우 효과가 없거나 약해가 일어나기도 하므로 작물보호제 지침서를 주의 깊게 읽어 보아야 한다.

토양처리제의 목표는 토심 1 cm 내의 씨앗과 새순을 대상으로 하는 것이므로, 비 오듯 살포해서 그 밑의 잔디 뿌리까지 적실 필요는 없다. 이슬이 내리듯 강수량 1 mm 이내로 마감한다. 대신 씨앗이 어디에 있는지 알 길이 없으므로 밭 전체에 빈틈없이 뿌리는 게 중요하다. 그러기 위해서는 토양처리제를 한쪽 방향으로만 뿌리는 것보다 직각 방향으로 나누어 뿌리는 게 도움이 된다. 잡초의 잎이 커진 4월 초에는 경엽처리제를

여의도 고수부지의 시민들이 자주 이용하는 한강공원이다. 잔디깎는 기계가 승용식 잔디모어였는지, 지주목 근처는 몇 달째 예초를 하지 않아 바랭이를 비롯한 잡초가 가관이다.

침목과 굵은 쇄석만 보아 오던 우리네 철길과 달리, 잔디로 덮인 파리 시내의 트램 선로는 그야말로 눈을 즐겁게 한다. 잔디를 도시의 중요한 시설로 도입한 파리시의 역발상에 박수를 보낸다. 어떤 공법으로 시공하였을까? 지금도 궁금하다.

사용하는데 토양처리제와 달리, 밭 전체에 약을 치지 말고 눈에 보이는 잡초만 점點 처리 방식으로 시약한다.

　제초제를 친 뒤 5일 동안은 잔디깎기를 하지 않는다. 모처럼 친 약액을 도로 회수하는 꼴이 되기 때문이다. 입제의 경우는 토양이 너무 건조하면 약이 녹아들지 못해 약효가 나타나기 어려우므로, 잔디밭에 미리 약간의 물을 뿌려두거나, 비 온 다음 날로 작업을 잡는 센스가 필요하다.

순서를 바꿔서 약을 먼저 치고 관수를 뒤에 하면 약액이 묽어져서 지금까지의 작업이 허사가 된다. 사용 지침서를 보지 않더라도 잔디밭을 막 조성한 여린 시기와, 이상 고온과 이상 저온으로 잔디가 힘들어하는 시기에는 어느 제초제를 막론하고 잔디에 약해를 주므로 살포하지 말아야 한다.

끝으로, 내가 유익하게 본 잔디관리 유튜브를 소개한다.

https://www.youtube.com/watch?v=15Z0eV0omLQ

잔디관리 연간 일정

기간 월	일	한국잔디 Warm-season grasses 작업사항	비고	서양잔디 Cool-season grasses 작업사항	비고
1	상	동절기 관수 불필요		관수 불필요	
	중	제초작업		제초작업	
	하				
2	상	건조 시 영상기온일 때 관수		건조 시 영상기온일 때 관수	
	중	잔디 경계선 엣지 Edge 정리		화단 경계선 잔디 엣지 정리	
	하	잔디밭 이물질 제거		묵은 잔디 예초, 인산, 규산비료 시비	예고 25 mm
3	상	묵은 잔디 예초, 인산, 규산비료 시비	예고 25 mm	발아 전 제초제 시약	잔디 보온조치
	중	발아 전 제초제 시약		3월 15일 무렵 그린 업 시작	
	하	해토 후 관수		요소비료 500배액 엽면시비	N 2 g/m^2
4	상	잔디 식재 및 보수		잔디 보수, 덧파종	
	중	4월 15일 무렵 그린 업 시작		잔디 예초 월 2회, 관수 주 1회	예고 40 mm
	하	요소비료 500배액 엽면시비	N 2 g/m^2	NK비료 시비(요소는 액비 권장)	NK 4-3 g/m^2
5	상	잔디 예초 월 1회	예고 40 mm	잔디 예초 월 4회,	예고 50 mm
	중	예초 후 배토작업 및 관수	두께 5 mm	예초 후 배토작업 및 관수	두께 5 mm
	하	(유기질 비료, 토양 보습제 혼합)	생명분 1~2 kg/m^2	(유기질 비료, 토양 보습제 혼합)	생명분 2~3 kg/m^2
6	상	잔디 예초 월 2회	예고 50 mm	잔디 예초 월 3회	예고 60 mm
	중			NK비료 시비(요소 액비)	NK 3-5 g/m^2
	하	과일 발효식초 3,000배액 엽면시비		과일 발효식초 3,000배액 엽면시비	
7	상	잔디 예초 월 2회	예고 60 mm	휴면 초기 10일 간격 병해충 방제	NK 1-2 g/m^2
	중	장마 종료 후 NK비료 시비(요소 액비)	NK 5-5 g/m^2	최저기온 25℃ 이상에서 여름 휴면 시작	예고 75 mm
	하	월 2회, 30 mm씩 관수	강우량 관찰	휴면기 시비 및 사용금지. 제초작업	
8	상	잔디 예초 월 2회	예고 60 mm	2주간 관수 금지, 시린징 분무	지온地溫관리
	중	NK비료 시비(요소 액비)	NK 4-4 g/m^2	잔디 엣지 정리, 킬레이트 철 엽면시비	
	하	잔디 경계선 엣지 정리		휴면 타파 후 첫 예초 및 대취 제거, 관수	예고 40 mm
9	상	9월 10일경 마지막 시비	NK 4-6 g/m^2	NK비료 시비(요소 액비)	NK 4-3 g/m^2
	중	마지막 잔디 예초, 대취 제거	예고 70 mm	잔디 예초 월 3회	예고 60 mm
	하	시비 2주 후 토양검사 시료 채취	분석 의뢰	잔디 보식 및 배토작업(유기질 비료 10%)	두께 4 mm
10	상	잔디밭 낙엽 청소		NK비료 시비(요소 액비)	NK 4-3 g/m^2
	중	잔디 경계선 엣지 정리		잔디 예초 월 3회	예고 70 mm
	하	생육 정지, 휴면 돌입	최저기온 4℃ 이하	잔디 경계선 엣지 정리	
11	상	동해방지 배토(선택)	두께 2~3 mm	NK비료 마지막 시비	NK 2-4 g/m^2
	중	잔디밭 낙엽 청소(주 1회)		마지막 예초, 중순경 스프링클러 물빼기	예고 75 mm
	하			잔디밭 낙엽 청소(주 1회), 토양분석 의뢰	
12	상	겨울 잡초 제초작업		최저기온 0℃ 이하에서 겨울 휴면 시작	
	중			잔디밭 사용 중지	
	하			겨울 잡초 제초작업	

한국잔디 예초 총 8회, NPK시비량 15-5-15 　　　서양잔디 예초 총 18회, NPK시비량 20-7-20(작성, 2015)

이렇게
사시면
안 됩니다

조경수 하자의 원인 분석

수목 하자의 주원인이 시멘트로 인한 높은 pH와 유기물이 없는 심토층 흙, 그리고 양중의 편리를 위해 조경지역에 건축자재를 쌓아 놓고 자리를 비워 주지 않은 결과, 여유공기 없이 쫓기듯이 일을 해야 하는 을乙 입장의 조경회사, 인공지반의 교목 식재 토심이 선진국은 1.8 m인데 반해 우리네 토심은 그 절반인 0.9 m밖에 안 되는 상황, 복토와 심식 등은 이미 〈1장 토양관리〉와 〈2장 시비관리〉에서 언급하였으므로 이번 장에서는 '수목 하자'에 대해서만 기술하고자 한다. 그마저도 앞서 〈4장 전정관리〉에서 보여 주었듯이 백문이 불여일견 – 말보다는 현장에서 직접 찍은 사진들로 설명을 대신한다.

조경 유지관리회사의 가장 큰 애로사항은, 준공검사가 끝난 뒤에 정원을 인수하므로 시공 과정을 전혀 알지 못한다는 데 맹점이 있다. 더구나 준공이 끝나고 2~3년 동안은 하자기간에 해당하기 때문에, 나무가 고사하면 시공 하자인지, 유지관리 하자인지 분쟁에 휘말릴 수 있는 위험이 있다. 규모가 큰 조경회사는 법무팀을 따로 두거나 법정 소송 경험이 많으므로, 전문성이 약한 유지관리 회사들이 희생양이 되는 경우가 적지 않다. 준공 뒤에 차려진 아파트 관리실도 이미 떠나고 없는 대형 시공사보다는, 아파트 관리실과 계약을 맺은 을 입장의 유지관리회사가 훨씬 만만해서, 의도적으로 하자 책임을 떠넘기려 하고 '재계약은 어렵겠다'는 암시로 겁을 주는 경우가 많다.

그러나 생각해 보라. 조경공사는 100억이 넘고, 유지관리공사는 5억이 안 되는데, 20억이 넘는 시공사의 하자 공사비를 유지관리회사가 일부라도 떠맡는다는 건 회사의 명운이 걸린 문제다. "설마" 하고 방심했다가는 패가망신이다. 물론 조경 시공회사도 하자 중에 다수는 선행 공종인 토목과 건축에서 유래된 것이 있어 억울한 부분이 있겠지만, 시공할 때는 입도 뻥긋 못한 채 서둘러 준공하고는, 이미 땅속에 묻힌 일이니 모른 척하고 하자기간만 넘어가기를 바라는 관행에서 벗어나야 한다.

논어에 '삼인행三人行이면 필유아사必有我師'라. 길거리에 세 사람이 지나가면 그중에 반드시 스승이 있다고 했다. 이는 모든 사람에게서 배울 것이 있으며, 좋은 점은 본받고 나쁜 것은 타산지석으로 배운다는 뜻인

표 7-1 ● 2012년도 조달청 발표, 수목가격표(일부분)

수종명	규격	2012 조달청가격(단위: 원)	2012 협회가격(단위: 원)	비고
사철나무	H1.0×W0.3	2,100	2,800	상관
	H1.2×W0.4	3,800	5,300	
	H1.5×W0.5	6,600	7,000	
사철나무(둥근형)	H1.2×W1.2		130,000	
	H1.5×W1.5		200,000	
산단풍	H2.0×R4	32,800	43,000	낙교
	H2.0×R6	62,300	80,000	
	H2.5×R8	105,000	120,000	
	H3.0×R10	197,000	221,000	
	H3.5×R12	287,000	312,000	
	H3.5×R15	444,000	486,000	
	H4.0×R20	508,000	600,000	
산딸나무	H2.0×R4	34,100	42,000	낙교

데, 이 말이 조경업계에 딱 들어맞는다.

조경 20년 동안 내가 업무상 만난 세 사람 중의 한 명은 협잡꾼이거나 부패한 관리일 확률이 높았다. 이는 나무가 생물인 관계로 표준화된 규격이 없고 수급에 계절의 영향을 받는 데 원인이 있지만, 반쯤 불에 탄 나무를 특수목이라며 납품하거나, 속이 썩어 목재 부후버섯이 가득 핀 나무를 녹화마대로 칭칭 감은 뒤 위장한 채 심는다거나, 낙찰을 받아 기쁜 마음으로 계약서에 도장을 찍고 건물을 나오는데, 특정업체에 하청을 줄 것을 요구하는 전화를 이해할 수 없다. 그마저 조달청에서 매년 발표하던 조경수 표준가격표도 2018년 즈음부터 발표하지 않기로 하여 시장의 혼란이 크니, 국가의 직무유기다.

공정위, 조경수 시세 공표에 과징금 부과, 가격고시 전면 금지

나무 가격의 기준이 사라지면 어떤 현상이 오는지 알아 보자.

쌀이나 송아지도 거래되는 시세가 있다. 자동차나 아파트도 시세가 있다. 수요에 따라 아파트 가격이 미친듯이 날뛰기도 하지만, 그래도 시

보 도 자 료

공정한 시장 경제 질서확립
경제민주화·창조경제 구현

2014년 4월 8일(화) 배포	서울지방공정거래 사무소 총괄과
2014년 4월 9일(수) 조간부터 보도가능 (방송인터넷매체는 4월 8일(화) 낮 12시부터)	담당과장 : 김성삼(02-2110-6110) 담당 : 안효선 사무관(02-2110-6104)

(사)한국조경수협회의 조경수목 가격 결정행위에 대해 엄중 제재

□ 공정거래위원회(위원장 노대래)는 조경수목의 수종별 · 규격별 가격을
　 결정하고 이를 구성사업자들에게 통보한 (사)한국조경수협회에 대하여
　 시정명령과 27백만원의 과징금을 부과하기로 결정하였음.

* (사)한국조경수협회(이하 '협회')는 조경수 생산업자들의 권익보호 등을 위해 설립('67.12.5.)된 사업자
　단체로 13난 8월말 현재 회원수는 1,122개사임.

〈 법위반 내용 〉

2014년, 공정위는 조경수 시세 발표를 가격 담합행위라며 과징금 2,700만원을 부과한다.

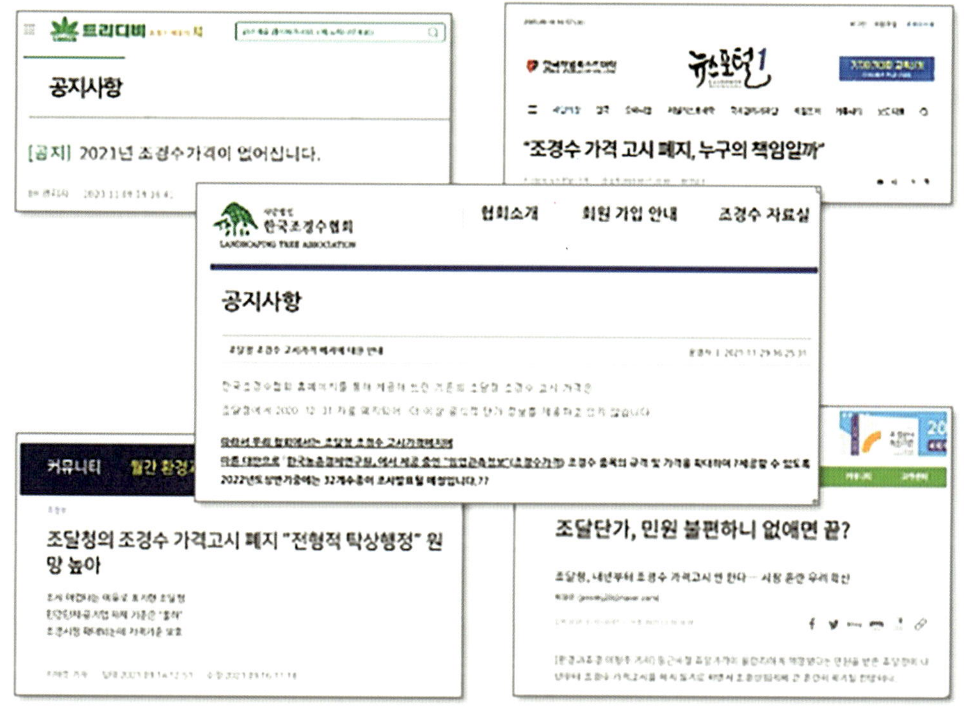

2021년, 조경수 가격고시를 금지한 정부의 처사에 부당함을 주장하는 인터넷 상의 글들. 내용을 공지하는
한국조경수협회의 홈페이지에는 공지사항임에도 불구하고 저항하는 표시로 문장 사이에 물음표가 수도 없
이 들이 있다.

세는 공개되어서 소비자가 바가지를 쓰는 경우는 찾기 힘들다. 그런데 명품으로 눈을 돌리면 이야기가 조금 달라진다. 튼튼하게 잘 만든 핸드백을 10~20만 원에 살 수도 있지만, 샤넬이나 에르메스 같은 수입품이라면 1,000~2,000만 원이라 해도 사는 부유층이 있는 것이다.

시선을 나무로 돌려 보자. 당신은 때죽나무나 야광나무의 가격을 아는가? 조경수를 재배하는 사람이 아니라면 당연히 모를 것이다. 실제로 한 그루에 1,500만 원이면 알맞은 소나무가 있다고 하자. 그러나 어떤 사람은 5,000만 원에도 사가고 심지어는 1억 5천만 원에 사간 사람도 있다. 미술품처럼 정가가 없으니 조경수 상인들이 구매자의 행색이나 마음에 들어 하는 욕구를 간파하고 가격을 떡 주무르듯 하지만, 10배 비싸게 팔았다고 죄가 되진 않는 게 현실이다. 게다가 조경수가 부가가치세가 없는 점을 악용해서, 무자료 현금 거래라면 1억 5천만 원짜리 소나무를 1억 원에 주겠다고 하니, 혹하는 사람들이 나온다. 사는 순간 자신도 모르게 공범이 되었으니, 나무 가격은 더욱 베일에 싸인다. 반면에 메이저급 조경회사는 절반 가격도 안 되는 500만 원에 사들이기도 하는 게 소나무 가격이다.

전원주택에서 개인이 입는 피해가 속출하지만, 가격 기준이 없으니 서로 알 길이 없다. 문제는 여기서 그치지 않는다. 대단지 택지개발에서 시행사의 비자금 마련 창구로 조경수 구입가격 이중장부가 생기게 되고, 그런 현장은 수목 검수가 근본적으로 제대로 될 수 없는 것이다.

2014년 공정거래위원회의 똑똑한 양반들이 내린 조경수 가격 고시에 대한 과태료 처분 이후, 마침내 2021년에는 조달청에서조차 조경수 가격을 공시하지 못하게 되었으니, 일파만파로 피해를 보는 건 오로지 국민이 된다. 게다가 농민들이 생산하는 조경수 가격은 10년 동안 평균 10%도 안 올랐거나 어떤 수종은 떨어지기도 했으니, 조경의 앞날은 어둡기만 하다.

조경수 가격 고시 금지에 대한 언론들의 헤드라인들이 물밖에 나온 물고기처럼 펄떡인다.

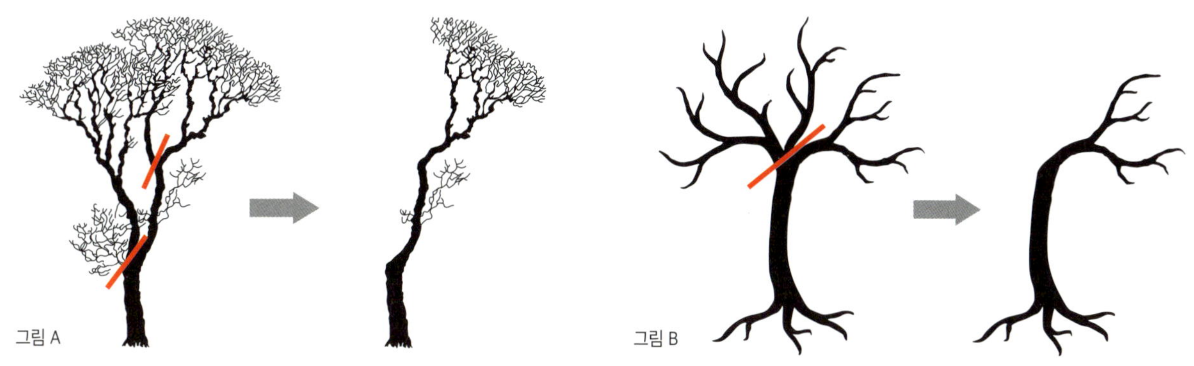

한국의 하자목 판정 기준은 합당한가?

위의 그림을 놓고 잠시 설명하고자 한다. 그림 A, B 모두 왼편의 나무는 정상적인 나무이고, 오른편의 나무는 식재 후 고사한 가지를 빨간 선 부근에서 잘라 내고 남은, 살아 있는 부분이다. 여러분이라면 가지가 절반 이상 잘려 수형이 망가진 이 나무를 정상적인 가격을 치르고 받아들일 것인가? 아니면 온전치 못하니 하자로 반품을 요구할 것인가? 그도 아니면 값을 깎아달라고 할 것인가?

불행히도 이 나무는 반품 처리할 수 없다. 한국에서는 조경공사 표준시방서에 따라, 수목의 수관부 가지 약 2/3 이상이 고사한 경우에만 고사목으로 판정한다는 명확한 규정이 있다. 즉, 고사지가 수관의 2/3 미만이면 하자목으로 인정하지 않는다. 그림 A는 가지의 1/3이 아직 남아 있고, 그림 B는 2/5나 남아 있으니, 여러분은 제값을 다 치르고 이를 수용해야 한다. 이는 소비자의 입장에서 정한 것이 아니고, 건설회사들의 입장에서 제정된 명백한 〈불공정 행위〉에 해당된다.

여기에 그치지 않고 조경 시공사들이 하자기간에 이따금 와서, 다른 하자공사는 안 해도 고사지만큼은 제거하고 간다. 왜 그럴까? 가뭄으로 인한 고사지는 위에서부터 말라 내려오는 특징이 있다. 이런 가지를 사다리를 놓고 올라가 자르면 밑에서는 자른 것이 잘 안 보인다. 눈썰미가 웬만큼 좋지 않고는, 일반인들에게는 죽은 가지가 없었던 것처럼 보여서 하자 판정할 때 유리해지는 것이다. 그러나 나무로 봐서는 분명히 손상된 것이고 수형이 바뀌며, 완제품이 아니다. 도포제를 바르지 않았다면 부후도 시작된다.

이 계수나무는 하자목이 아니다. 한국에서는 조경공사 표준시방서에 따라, 수목의 수관부 가지 약 2/3 이상이 고사한 경우에만 고사목으로 판정한다는 명확한 규정이 있다. 하자목 고사지에 대한 한국의 기준은 외국의 2배 정도 관대하다. 이는 개발도상국 시절에 시공사의 입장에서 제정된, 명백한 불공정 거래행위에 해당된다. 소비자는 봉이 아니다.

그러므로 하자기간에 있는 나무의 고사지를 제거할 때는 반드시 입회하여, 자르기 전과 자른 후의 사진을 똑같은 위치에서 찍어 확보해 두어야 한다.

그럼, 외국의 경우는 어떠한가? 여러 AI를 통해 미국, 일본, 유럽 등의 나라를 검색해 봐도 특별한 자료가 나오지 않고, 단지 '공사수목 허용오차는 10% 내에서 규격변동을 인정한다'는 정도의 자료만 나온다. 한국도 공사수목은 같은 규정을 적용하고 있다. 그러던 중 요즘 가장 핫하다는 알리바바의 '퀜'과 구글의 '제미나이'에서 자료가 나왔다. 두 곳의 자료가 상이한 부분이 많지만, 나는 지금 논문을 쓰고자 하는 것이 아니니 내가 판단할 문제는 아니다. 세계적으로 가장 똑똑하다는 두 검색 AI의 보고서를 보면서, 한국의 고사지 판정이 다른 나라들에 비해서 공정한가를 보는 참고자료면 충분하다. 한국은 고사지 66% 이상이어야 하자수목, 다른 나라는 몇 %인지 확인해보자.

표 7-2 ● Qwen조사, 각국의 하자목 고사지 허용 비교

국가	하자목 판단 기준	특징	출처
한국	수관 2/3 이상 고사 시	공식적이고 단순한 기준 적용	조경공사 표준시방서
미국	가지 고사 30% 이상, 구조적 결함 등	위험성 평가 중심, 과학적 방법 활용	ANSI A300 Part 9 / ISA TRAQ
일본	가지 고사 50% 이상, 수세 약화 등	시각 진단(VT)과 기술적 평가 병행	도시녹화공사 표준시방서
유럽	가지 고사 30~50%, 부후, 병해 등	BS5837 기준, 과학적 장비 활용	Trees and Design Action Group
중국	가지 고사 1/2 이상, 줄기 손상 등	대형 프로젝트 기준 강화	CJJ82-2012 / 주택도시농촌건설부

자료 조사일 : 2025. 6. 23

표 7-3 ● Gemini 조사, 각국의 하자목 고사지 허용 비교

국가	하자목 판단 기준	특징	출처
미국1	이식수목 고사율 10% ~ 20%	분쟁 해결 시 참고 자료로 활용	수목이식 하자보수 기준 serenova 블로그
미국2	수관 중 20% 이상이 낙엽진 경우	전반적인 건강 상태를 폭넓게 평가	한국조경학회지
일본	고사율이 5% 이상일 경우 등급 강등	전정 상태, 수피 상태 등 종합 판정	서울대학교 학위논문
유럽	고사율 수치보다 수목의 전반적인 건강상태, 생육불량, 품질저하 등 다양한 요소를 종합 판정.		
중국	고사율 수치를 명시한 자료는 검색에서 확인되지 않음		

영국 런던의 식재현장에 배송된 나무의 뿌리분은 족히 10배분은 넘어보인다.

출처: 정원읽기 김지윤저 119쪽

미국은 근분 규격을 8배분 이상으로 규정하므로, 이식목의 가지가 2/3 이상 죽는 사례는 극히 드문 일이다. 8배분은 4배분의 두 배가 아니라 부피이기 때문에 6배 정도 큰 분이니 활착하는 데 아무 문제가 없다. 게다가 미국은 수고 2.5 m 이상인 나무는 법으로 식재를 금지하고, 허가를 받아야만 식재를 할 수 있다고 한다. 철저히 멀리 보고 나무를 심게 함으로써 공사비를 낮추고, 자원의 낭비를 막는 것이다.

한국도 〈조경 표준시방서〉에서 수목 뿌리분의 규격을 4배분에서 6배분으로 상향하고, 고사지의 허용 비율을 1/3로 개정하며, 이식목의 허용 규격을 R12점(B10점)으로 낮춘다면, 하자공사 비율이 20%대에서 5%대로 낮아질 것이다. 나 역시 하절기 식재공사에서 사질토양을 만나, 40%가 넘는 하자공사로 새카맣게 속이 타들어간 적이 있다. 동병상련同病相憐, 아픔을 너무도 잘 알기에 정부에 제도 개선을 '청원'한다.

　한편, 하자기간 중 생긴 나무의 고사지와, 식재할 때 가지터기를 남기고 전정한 것은 누가 잘라야 하나? 반생과 고무바를 제거해서 반출하는 게 시공사의 명백한 의무인 것과 마찬가지로 (LH공사감독핸드북 P185) 이는 원인 제공자인 시공사의 의무사항이라고 본다. 만약에 유지관리회사에게 이 업무를 추가로 시키려면, 입찰공고 때부터 조건을 달아야 타당하다. 견적에도 없던 남이 저지른 일을 을에게 떠넘기는 횡포는 고쳐져야 한다. 시공 하자를 입증하기 위해서 금쪽같은 시간을 낭비해야 하는 현실이 너무도 안타깝지만, 억울하게 대신 물어줄 수는 없지 않겠는가?

　하자목 처리를 위해 분주하던 어느 날, 시공사 회장께서 직접 나를 찾아오셨던 적이 있다.

　"하자공사비가 20억이 넘었어요. 내 생전 이런 일은 처음입니다."

　한마디로 '너무 하지 않느냐'는 것이었다. 말없이 현장으로 안내해서 하자목들을 하나하나 보여 드렸더니, 한숨을 쉬시다 수행한 현장소장에게 지시를 한다.

　"이의를 달지 말고, 모두 바꿔 드려!"

　납품한 사람의 잘못을 사는 사람이 대신 보상해 주는 것은, 왼뺨을 때리면 오른뺨도 내준다는 성경에도 없다. 사는 사람의 능력을 얕잡아 보고서 밀어붙이는 싸움이라면, 양보해선 안 된다. 싸움은 이겨야 한다. 어떻게 싸워야 하는지, 형편없이 심어진 나무들은 또 어떻게 해야 살릴 수 있는지, 동료들과 함께 피나는 노력으로 나무를 살려 내던 발자취들이 기록으로 전해져, 우리 조경의 내일을 여는 소금이 되었으면 한다.

　다음은 내가 조경 유지관리 고문을 맡았던 현장에서, 근본적인 시공 잘못으로 인한 하자. 진행 중인 하자. 수상한 하자의 조짐들을 조사해서 책임 소재를 밝히기 위해 보냈던 공문 목록과 사진들이다. 그동안 조경 업계에서 하자처리를 어떻게 해 왔는지 또 어떤 서류양식이 있는지 나는 알지 못하지만, 상식적인 선에서 내 나름대로 입증하고 양식을 만들어 집계하였다. 그러나 무엇에 주목하고 추적하였는지는, 공문의 제목과 집계된 도표의 견본만으로도 도움이 되겠기에 미흡하지만 용기를 내어 공개한다.

표 7-4 ● ○○지구, 조경 하자공문 공종별 분류

공문목록	토양	설계	수목	병충해	시비	배수	전정	잔디	기타
공문 0. 토양시료분석 평가보고서	1								
공문 1. 토양분석결과	1							스프링클러	
공문 2. 잔디광장 조사	1							1	
공문 3. 소나무 전수조사			1						
공문 3-1. 소나무 관리대장(수정본)			1						
공문 4. 병충해방제약 살포 계획				1					
공문 5. 엽면시비 안내					1				
공문 6. 서양측백 고사, 진단과 조치				1					
공문 7. 옥상 조경지역 배수 조사						1			
공문 8. 서양측백 고사지 배수 조사						1			
공문 9. 조경 침하지반 조사	1								
공문 10. 2차 토양검사 결과	1								
공문 11. 병충해 분석결과				1					
공문 12. 수목소독과 나무병원				1					
공문 13. 배수불량						1			
공문 14. 침하지반 조사	1								
공문 15. 느티나무 식재규격 검토의견		1							
공문 16. 미준공 상태의 관목전정에 대한 검토의견							1		
공문 17. 부패 및 위해수목에 대한 검토의견			1						
공문 18. 분해되지 않는 자재반출에 대한 검토의견									1
공문 19. 관수통기관 규격 검토의견									1
공문 20. 유기물 퇴비 시비 의무조항					1				
공문 21. 조경 준공도면 식재수량 검토의견		1							
공문 22. 하자목 식재 준수사항 및 공문 목록									1
공문 23. 하자수목 조사와 분류									1
공문 24. 심식피해, 부후버섯, 조경감리 외				1					
공문 25. 게스트하우스 단풍나무 조사			1						
소계	6	2	4	5	2	3	1	1	4
합계									28

표 7-5 ● ○○지구, 하자공문 내역 2020.10.07

번호	제출일	공문 제목	차례	붙임서류	비고
1	2020.05.06	토양시료분석 평가보고서	1. 토양시료 채취 위치 2. 농업기술센터 토양시료 분석서 3. 분석 결과에 따른 토양평가등급 판정 4. 토양산도에 따른 식재수종과 문제점 5. 알칼리성 토양에서의 하자 경감방안	1. 한국조경학회 토양평가기준 2. 솔로아그리 유황비료 제품 정보 3. 솔로아그리 견적서 4. MSDS 황산 자료(CAS No.7664-93-9)	분석의뢰기관 : 서울시 농업기술센터
2	2020.05.26	조경지역 토양분석 결과 제출		1. 토양시료 채취 위치도 및 채취 이유 2. 농업기술센터 토양시료 시험분석서	
3	2020.06.02	잔디광장 스프링클러 성능 및 토양 물리·화학성 조사결과	1. 조사일시 2. 국토교통부 2020 조경공사 표준시방서의 식재기반 시공 기준	1. 잔디광장 스프링클러 살수강도 및 살수반경 2. 잔디광장 토양시료 시험분석서 3. 잔디광장 기초지반 현장조사 사진	
4	2020.06.02	'소나무 전수조사' 결과 보고	1. 조사일시 2. 조사결과 분류	1. 소나무관리대장 2. 중점 관찰대상 소나무 37주 사진대장	
5	2020.06.05	조경지역 병해충 방제약 살포 계획	1. 방제 계획 2. 어번닉스 선정 방제약품	1. 서울대 출판부 발행 농약혼용적부표 2. 뷰프로페진 작물보호지침서 3. 아족시스트로빈 작물보호지침서	시공사 ○○조경 방제약품 문제점 발견
6	2020.06.05	조경지역 영양제 엽면시비 계획			
7	2020.06.26	서양측백나무 고사 원인에 대한 진단과 조치	1. 조사일 2. 검토의견	1. 서양측백 고사지역 토양시료 시험분석서 2. 페니트로티온, 만코제브 작물보호지침서 3. 서울대학교 출판부 발행, 농약혼용적부표	
8	2020.07.04	신설된 나무의사제도에 대한 법령 안내			
9	2020.07.09	옥상지역 배수상태 조사	1. 조사일 2. 참관인 3. 측정위치 4. 위치별 특징과 배수결과 5. 나인원 조경시방서의 '옥상조경' 조항 6. 시간당 물 빠짐 평균속도 판정기준 7. 검토의견	1. 배수조사 현장사진 2. 옥상조경 단면도 3. 한국토건시험원 홈페이지 공지 〈흙의 투수계수〉	
10	2020.07.09	지상부 식재지역 배수상태 조사	1. 조사일 2. 참관인 3. 측정 위치와 시간대별 배수결과 4. 시간당 물 빠짐 평균속도 판정기준 5. 검토의견	1. 배수조사 현장사진 2. 한성나무종합병원장 조경신문 기고문	
11	2020.07.10	조경지역 침하지반 1차 조사		1. 조경 지역 침하지반 조사 현장사진 2. 조경 지역 침하지반 조사 결과(표) 3. 조경 지역 침하지반 위치도	
12	2020.07.14	조경지역 토양분석 2차 결과 제출	1. 시료분석 의뢰일 2. 시료분석결과 접수일 3. 시료 채취 위치와 이유 4. 검토의견	1. 토양시료 채취 위치도 2. 한국조경학회 토양평가기준 3. 서울시 농업기술센터 토양시료 시험분석서(7곳)	
13	2020.07.15	소나무 관리대장 수정본 제출			조사기간 : 2020. 4. 21~ 7.15
14	2020.07.16	조경지역 수목 병해충 검사 결과	1. 시료분석 의뢰일 2. 분석결과 접수일 3. 시료 채취 위치와 이유 4. 국립산림과학원 및 서울대학교 식물병원 분석결과 답변	1. 시료 채취 수목 위치 도면 2. 해당 수목 송달 사진대장	분석의뢰기관 : 국립산림과학원 나무병원 서울대학교 식물병원

번호	제출일	공문 제목	차례	붙임서류	비고
15	2020.08.11	조경 지역 배수 불량지 발견 1차 보고		1. 배수 불량지 현장 위치도 2. 배수 불량지 현장 사진	
16	2020.08.31	조경지역 침하지반 2차 조사		1. 침하지역 위치도 2. 침하지반 2차 조사 현장사진 3. 지역별 침하량 집계표	
17	2020.09.01	느티나무 하자목의 식재규격에 대한 검토의견		1. 교목 식재계획도 도면1. 2. (당 현장 조경 시방서) 조경수 식재규격 허용치 3. 느티나무 식재 사진 4. LH공사 시방서 중 "편기된 수목" 편	
18	2020.09.01	미준공 상태의 관목 전정에 대한 검토의견		1. 표준시방서, 식재 후 관목 전정 기준 2. 회양목 식재 화단 3. 화살나무 식재 화단	
19	2020.09.04	식재공사 후 분해되지 않는 자재 반출에 대한 검토의견		1. 조경시방서 중 시공확인 검사항목 2. 조경시방서 중 준공 시 체크리스트 3. BOOK '조경수 관리지식' 발췌본	
20	2020.09.04	조경 준공도면 식재수량 검토의견		1. 설계도면 식재수량표 합계에 대한 오류 부분(화면 캡처) 2. 조경도면 식재수량 검산 결과(표)	
21	2020.09.07	식재공사 시 유기물 퇴비 시비 의무조항에 대한 검토의견	토양분석결과 중 유기물 함량	1. 조경수협회 토양평가 기준 2. 식재 전 유기질 퇴비 견본 및 반입 확인 3. 식재 중 유기질 퇴비 시비 확인 4. 준공 후 유기질 퇴비(생명정)의 반입 확인 5. 식재 시 수목 시비량 기준 6. 시비기준에 따른 당 현장 시비 소요량	
22	2020.09.07	부패 및 위해(危害)수목에 대한 검토의견		1. 지제부 수피가 벗겨진 소나무 (시간이 지나면서 뿌리목이 썩게 됨) 2. 잘못된 전정이나 부러진 가지를 통해 목재 부후균이 침입, 버섯이 피고 있는 나무 3. 상열(霜裂), 또는 피소(皮燒)로 나무줄기가 세로로 길게 찢어진 나무 4. 수피가 여러 조각으로 찢어지고 깨어진 나무 (형성층이 말라 가지가 고사하게 됨) 5. 잘못된 전정과 사후조치 미흡으로 가지가 부러질 위험이 보이는 배롱나무 6. 부러진 가지를 강제로 묶은 위험수목들	
23	2020.09.07	수목의 관수 통기관 규격에 대한 검토의견		1. 조경 도면의 관수통기관 규격과 상세도 2. 설계도면 총괄수량표4 의 뿌리분 높이 3. 통기관 사진들	
24	2020.10.07	하자목 식재 준수사항 및 관련 시방서	1. 대전제 2. 식재면 정리 3. 공사 전 제출물 4. 수목 재료 5. 수목 식재공사 6. 모양잡기 7. 식재 후 관리	1. ○○지구 조경시방서 관련규정 발췌	

표 7-6 ● 조경식재 하자내역 총괄표(도면1)

번호	수목명	규격	수량	위치	관찰 소견	하자 유형						비고
						미시공	변경 시공	시공 불량	수형 불량	수피 불량	수목 고사	
1	계수나무	H4.5*R18	1	도면 참조	고사						1	
2	팥배나무	H4.0*R10	1	도면 참조	고사		1				1	
3	팥배나무	H4.0*R10	1	도면 참조	고사						1	
4	팥배나무	H4.0*R10	1	도면 참조	1/2 고사						미집계	수관 2/3 미만 고사는 <미집계>로 분류.
5	청단풍	R20	1	도면 참조	목재부후버섯 발생				1	1		버섯이 발생한 부위는 강풍에 부러질 수 있는 위험수목으로 분류
6	팥배나무	H3.0*R6	1	도면 참조	고사						1	
7	팥배나무	H3.0*R6	1	도면 참조	1/3 고사						미집계	
8	홍단풍	H3.0*R10	1	도면 참조	고사						1	
9	팥배나무	H4.0*R10	1	도면 참조	고사						1	
10	팥배나무	H4.0*R10	1	도면 참조	고사						1	
11	팥배나무	H3.5*R8	1	도면 참조	고사						1	
12	소나무	H7.0*R35	1	도면 참조	줄기 훼손					1		부러진 줄기를 위장한 것으로 의심. (붙임2. 102동 유사사례 발견)
13	계수나무	H4.5*R18	1	도면 참조	고사						1	
14	측백(북쪽)	H2.5*W0.6	19	도면 참조							19	
15	측백(서쪽)	H2.5*W0.6	10	도면 참조	1/3~3/3 고사						10	침엽수는 황변 부위가 1/3 이상 진행된 경우, 회생이 불가능한 것으로 봄 (붙임1 참조)
16	서양측백(남쪽)	H2.0*W0.6	32	도면 참조							32	
17	이팝나무	H3.5*R12	1	도면 참조	1/2 고사						미집계	
18	청단풍	H3.5*R15	1	도면 참조	수피 불량					1		외과 수술 필요
19	팥배나무	H4.0*R10	1	도면 참조	고사						1	
20	청단풍	H4.0*R20	1	도면 참조	1/2 고사						미집계	
21	청단풍	H3.5*R15	1	도면 참조	수피 불량, 1/3 고사					1	미집계	외과 수술 필요
22	청단풍	H3.0*R10	1	도면 참조	수피불량					1		외과 수술 필요
23	왕벚나무	H4.5*B15	1	도면 참조	고사						1	
24	청단풍	H3.5*R15	1	도면 참조	현재 벌목된 상태						1	
25	청단풍	H4.0*R20	1	도면 참조	수형 불량, 1/2 고사				1		미집계	외과 수술 필요
26	팥배나무	H4.0*R10	1	도면 참조	고사						1	
27	팥배나무	H4.0*R10	1	도면 참조	1/3 고사						미집계	
28	홍단풍	H3.5*R15	1	도면 참조	수피 불량		1			1		현재 가격 55% 수준의 청단풍으로 식재됨
29	느티나무	H6.0*R40	1	도면 참조	설계규격 50% 초과		1		1			규격 허용은 ±10% 이내 현 식재규격 H9.0 이상, 주변 소나무 피압
30	느티나무	H6.0*R45	1	도면 참조	1/5 고사				1			한쪽으로 편기된 수형
31	소나무	H8.0*W4.0*R40	1	도면 참조	지제부 수피불량					1		노출 목질부를 방치할 경우 뿌리가 썩음
32	소나무	H9.0*W4.0*R50	1	도면 참조	지제부 수피불량					1		외과 수술 필요
합계			90			0	3	1	3	8	74	

표 7-7 ● 2014 가을, 쇠약 소나무 생육개선 조치사항(견본)

2014. 12. 26 수정. 작성/조경팀장 손창호

일련번호	관리번호	규격 실측	식재일	2014. 10. 27 이전 조치사항					2014. 10. 28 이후 생육개선 조치사항											
				혹병 발생목 절단조치	혹병 살균방제			심식발견 개선공사	영양제 수간주사	진딧물 방제	좀 방지 훈증	토양관주			솔방울 및 고엽털기	막대 비료	엽면 시비	뿌리분 보온 덮개	pH개선 목초액 시비	외과수술 실시
					1차방제	2차방제	선별방제					전반기	1차	2차						
1	2-3	R44	2013.11	혹병 의심	5/22	9/15	11/21									11/5~7	11/7		11/13	10/23
2	2-50	R32	준공목	혹병 심각	5/22	9/15	11/21								실시	11/5~7	11/7	12/4	11/13	
3	3-5	R44	준공목		5/22	9/15			11/12	10/29, 11/4	11/5		11/4	11/12	11/5	11/5~7	11/7	12/4	11/13	
4	3-15	R27	2012		5/22	9/15										11/5~7	11/7		11/13	
5	3-20	R40	준공목		5/22	9/15				11/4	11/5		11/3	11/12	11/5	11/5~7	11/7		11/13	
6	4-4	R49	준공목		5/22	9/15										11/5~7	11/7		11/13	10/30
7	4-8	R27	준공목	5/30	5/22	9/15	9/25									11/5~7	11/7		11/13	
8	5-2	R43	준공목		5/22	9/15				11/4	11/5		11/3	11/12	11/5	11/5~7	11/7		11/13	
9	5-8	R41	준공목		5/22	9/15				11/4	11/5		11/3	11/12	11/5	11/5~7	11/7		11/13	
10	5-9	R40	준공목		5/22	9/15				11/4	11/5		11/3	11/12	11/5	11/5~7	11/7		11/13	
11	5-12	R48	준공목		5/22	9/15				11/4	11/5		11/3	11/12	11/5	11/5~7	11/7		11/13	
12	5-16	R42	준공목		5/22	9/15				11/4	11/5		11/3	11/12	11/5	11/5~7	11/7		11/13	
13	5-30	R38	준공목		5/22	9/15										11/5~7	11/7	12/4	11/13	
14	5-34	R39	준공목		5/22	9/15				11/4	11/5		11/3	11/12	11/5	11/5~7	11/7		11/13	
15	5-36	R33	준공목		5/22	9/15				11/4	11/5		11/3	11/12	11/5	11/5~7	11/7		11/13	
16	6-1	R39	준공목		5/22	9/15		10/29								11/5~7	11/7		11/13	
17	6-2	R40	준공목		5/22	9/15		10/29								11/5~7	11/7		11/13	
18	6-3	R33	준공목		5/22	9/15		10/29								11/5~7	11/7		11/13	
19	6-4	R35	준공목		5/22	9/15		10/29								11/5~7	11/7		11/13	
20	6-5	R27	준공목		5/22	9/15		10/29								11/5~7	11/7		11/13	
21	6-6	R26	준공목		5/22	9/15		10/29								11/5~7	11/7		11/13	
22	6-7	R37	준공목		5/22	9/15										11/5~7	11/7		11/13	

표 7-8 ● 2015 소나무 관리대장

수정 완료일 : 2016. 1. 11.

| 위치 | 관리번호 | 수량 | 식재연도 | | | 심식 | 혹병발병 | 목초액 | 토양관주 | | 유공관 설치 | 수간주사 | 엽면 시비 | 솔방울 따기 | 월동보온 | 쇠약목 변화 추이 | | 비고 |
			준공	2012	13.11~			3/5~26	뿌리짱짱 4/3	그린원 10~11월		7~9월	5~7월	7/8~10	12/7	2014 관리수목	2015 관리수목	
도면1	110	29	24	1	5	14	1	4	12				2	1		5	4	
	111	0																
	112	26	25		1	7		7	8	4	3		4	4	4	4	4	
	113	24	21		3	4	1	8	9	2			3		1	2	4	
	소계	79	70	1	9	25	2	19	29	6	3	0	9	5	5	11	12	
도면2	105	34	29	5					10	10		3		1			7	2	
	106	32	27	3	2	7		4	7		2		5			12	2	2014. 5. 2주 식재 / 2015. 7. 1주 벌목
	107	30	29		1	6		10	11	5	7	3	8	12	2	9	8	
	108	20	19		1	6	1	3	8	3	1		11		1	9	1	
	109	14	11		3		1	3	4	1			2			2	3	
	소계	130	115	8	7	19	2	30	40	9	13	3	27	12	3	39	16	
도면3	102	60	55	2	3		1	9	8	2	2		2	2	2	2	2	
	103	31	27	4				5	5		1		6			3	1	
	105	3	3					1	2				2			1	2	
	소계	94	85	6	3	0	1	15	15	2	3	0	10	2	2	6	5	
도면4	101	6	6															
	129	14	14					4	4	1	2		1		1	1	3	
	130	12	7		5									2				2015. 6 미류 신규공사
	131	17	13		4		1	4	4		1	1				5		
	132	57	21	31	5			19	17		9	2	11	6	1	10	9	2012. 11 해송 집단고사 / 영산조경 31주 식재
	소계	106	61	31	14	0	1	27	25	1	12	3	12	8	2	16	12	
도면5	124	5	5															
	125	17	11	6				8	8				5			3	5	
	126	13	13			3					2					3		
	127	19	18	1			1				1					1		
	128	5	5						1					1		1		
	129	11	7		4		1	2	2							2	1	
	소계	70	59	7	4	3	2	10	11	0	3	0	5	1	0	10	6	

표 7-9 ● 2014~2015 소나무 쇠약목 변화 추이

조사기간 : 2015. 12. 27~2016. 1. 8.　작성자 : 조경팀장 손창호

No.	관리번호	식재연도 준=준공목	심식 개선공사	혹병 발병	목초액 3/5~26	토양관주 뿌리짱짱 4/3	토양관주 그린원플러스	유공관 설치	수간 주사	엽면 시비	솔방울 따기 7/8~	월동 보온 12/7	쇠약목 변화 추이 2014 관리수목	쇠약목 변화 추이 2015 수세판정	비고	쇠약목 집계 2015 쇠약목	쇠약목 집계 전년대비 악화	쇠약목 집계 신규
50	7-6	준공목			1	1		4/23		12/10	1		○	3	숫자가 높을수록 쇠약	12		
51	7-7	준								12/10				1		13		
52	7-8	준	심식 40 cm, 올려심기		1	1		2014			1		○	1	2014. 3 시공사 재시공	14		
53	7-9	준	심식 40 cm, 올려심기		1	1		2014		12/10	1		○	1	2014. 3 시공사 재시공	15		
54	7-10	준	심식 10 cm, 흙 제거		1	1		4/23		12/10	1		○	1	2014. 3 시공사 재시공	16		
55	7-11	준									1		○					
56	7-12	준	심식 10 cm, 흙 제거										○		2014. 3 시공사 재시공			
57	7-14	준	심식 13 cm, 흙 제거								1		○		2014. 3 시공사 재시공			
58	7-15	준			1	1	3/26	4/23			1							1
59	7-16	준			1	1	3/26				1							1
60	7-17	준	심식 50 cm, 올려심기		1	1	3/26, 10/6, 10/12, 10/29, 11/20	2014	4/21	12/10		1	○	5	2014. 3 시공사 재시공 11/6 유황 객토 12/10 크레인 전정	17	7	
61	7-18	준				1	3/5, 3/26				1							1
62	7-23	준					10/6, 10/12, 11/20	10/6	7/15, 8/3	7/15, 12/11		1	○	4	7/9 재수술 11/6 유황 객토	18	8	
63	7-24	2013. 11							1	7/15	1							1
64	8-2	준				1												1
65	8-5	준						설치		12/10			○					
66	8-7	준	전면 흙깎기 공사							12/10			○		2014. 10 시공사 재시공			
67	8-8	준	전면 흙깎기 공사							12/10			○		2014. 10 시공사 재시공			
68	8-10	준	전면 흙깎기 공사										○		2014. 10 시공사 재시공			
69	8-11	준	전면 흙깎기 공사			1							○		2014. 10 시공사 재시공			
70	8-13	준	전면 흙깎기 공사										○		2014. 10 시공사 재시공			
71	8-14	준	전면 흙깎기 공사			1							○		2014. 10 시공사 재시공			
72	8-15	준			1	1				12/10								1
73	8-16	2013. 11			1	1	10/13			12/10								1
74	8-18	준			1	1	10/13			12/10			○					
75	8-19	준		2014			10/13			12/10			○					
76	8-20	준								12/10		1		1		19	9	1
77	9-1	준		2015.12														1
78	9-6	2013. 11			1	1												1

계약서를 보니 이 소나무는 특수목으로 분류되어 두 배 값을 주고 들여온 나무였다. 황토마대를 벗기고 특수(?) 가공된 시멘트를 들어내니, 불에 탄 줄기를 깎아 낸 상처가 깊었다. 문자 그대로 특수목이었다.

마대를 벗기니 부러진 가지를 붙이느라 부목을 댄 게 드러난다. 시공사는 2~3년이면 깨끗이 붙는다고 하는데…, 이미 알고 들여왔다는 얘기이니 계획된 범죄다.

이유 없이 녹화마대를 두른 나무를 경계하라. 증산억제를 해야 한다며 식재를 한 후 허락 없이 녹화마대를 한 경우도 의심하라. 수피가 벗겨진 것쯤은 애교다. 깊게 상렬이 간 경우도 봐 줄 만하다. 더 큰 하자를 은폐하려는 시도가 성동격서로 벌어지고 있다.

왼쪽은 속이 썩었고, 오른쪽은 외과수술이 흉측하다. 두 나무 다 죽지는 않겠지만, 이는 침수된 차를 새 차로 판 것과 같다.

통닭을 시켜도 다리가 하나면 불량품인데, 조경수는 너무 쉽게 불량품을 판다.

자연에서 버섯은 죽어가는 나무를 썩혀 땅으로 되돌리는 훌륭한 일꾼이다. 뽕나무버섯, 간버섯, 치마버섯, 기계충 버섯이 사진에 보인다. 버섯은 지금 제 몫을 다하고 있다. 문제는 납품한 사람에 있다.

수피가 뜨거나, 버섯이 핀 나무는 치유할 방법이 없으므로 제거 또는 반품한다.

다는 안 그렇겠지만, 한국 조경업계의 수목 납품 상황은 실망스러울 때가 많다.

나무는 관리번호를 부여해서, 신체검사 건강기록부처럼 규격과 크기는 물론 병해충 발생상황과 약제처리 상황을 기록해서 추적·관리한다.

소나무 혹병은 참나무가 많은 농장의 묘포에서 집단으로 감염되어 들어오는 병이다. 잠복기간이 10개월 이상 길므로 놓치기 쉽다. 식재 2~3년 뒤에 혹이 보이기 시작하면, 이미 하자기간이 끝난 때가 많으므로, 수목을 검수할 때 직접 밭에 가서 주의 깊게 관찰하는 방법밖에 없다. 기주교대를 하는 참나무를 제거하면 잡을 수 있다지만 참나무는 무슨 죄고, 또 반경 1 km 내에 참나무가 어디 한두 그루라야 말이지, 대책이 안선다. 혹병이 든 소나무 가지를 제거하기 위해 나무 꼭대기에 올라간 조경공은 주말에는 암벽을 타는 산악대장이시다.

부산물비료 생산업자보증표

1. 생산업자등록번호 : 제 충북음성
2. 비료종류 및 명칭 : 가축분퇴비
3. 실 량 : 20kg
4. 보 증 성 분 : 유기물30 %이상
5. 원료명 및 배합비율 : 계분50 %, 동식물성잔재물20 %(도축내장15 %, 도축잔재물기타5 %), 수피25 %, 톱밥5 %
6. 생 산 년 월 일 : 제품상단 별도표기
7. 유 통 기 간 : 해당없음
8. 제조장의 소재지 및 명칭 : 충북 음성군
9. 사용상 보관상의 주의사항 : 별도표기(상단)

동물의 도축 내장과 도축 잔재물을 20% 섞어서 만든 축산 퇴비. 동물성 단백질은 발효가 되지 않고 부패되기 때문에 토양에 넣으면 호기성 균들이 죽고, 혐기성 세균이 변성한다. 무엇보다 냄새가 참을 수 없는 상황. 퇴비로서는 생산 되어서는 안 되는 제품이 버젓이 유통되고 있고, 다른 곳도 아닌 국가 기관에서 이를 구매해서 사용하는 게 의아하기만 했다.

아파트 1층 세대의 사생활 보호를 위한 생울타리로는 잎이 엉성한 측백나무 보다는, 잎이 촘촘하고 수형도 단정한 서양측백이 많이 사용된다. 차폐를 위해 밀식을 해 놓으면 일반인들이 잘 구분을 못하는데, 열매를 보면 쉽게 구분할 수 있다. 서양측백의 열매는 노랗고 갸름한 것이 잣 알갱이 모양이고, 측백나무 열매는 푸르스름한 별사탕 모양이다. 위의 사진에서 측백나무에 서양측백 팻말이 붙은 것은 어찌보면 작업자의 작은 실수처럼 보인다. 그러나 수고 2.0 m를 기준으로 두 나무의 가격표를 보면 측백나무는 16,500원, 서양측백은 52,000원으로 서양측백이 3배 이상 비싸다(2020년 조달청 조경수 가격 기준). 차폐용으로 500주가 넘게 식재 되었는데, 조경회사는 설계도면대로 서양측백 가격으로 청구하였고, 나무 구별을 할 줄 몰랐던 발주처는 청구서대로 대금을 지급하였다.

죽은 나무를 교체하기 위해 굴취하면,
양심 없이 시공한 조경회사의 민낯이
보인다. 이런 작태는 공기에 쫓긴 혹한
기 야간공사에서 많다.

배수가 되지 않는 잔디광장. 모래로 시공되어야 하는 곳인데, 뗏장을 젖히고 땅을 파 보니 밭 흙에 자갈은 기본, 벽돌까지 나온다.

잔디밭을 새로 조성할 때 모래는 직경 0.25 mm~1.0 mm 사이의 입자가 65% 이상 포함된 것을 권장하며, USGA 규격에는 100% 조성된 모래가 가장 이상적이라고 명시되어 있다. 모래가 아무리 굵어도 2 mm가 넘어가서는 안 되는데, 국제토양학회에서는 2 mm가 넘는 모래는 자갈이라며 토성에 포함시키지 않는다. 사진처럼 4~6 mm크기의 자갈은 양분과 수분을 보유할 수가 없고, 넘어지면 무릎이 까져 피가 나기 일쑤이다.

처음 식재공사를 맡은 현장이었는데, 자갈은 적당히 줍고 줄떼는 넉넉한 간격으로 심으라는 회사의 지시가 내려왔다. 놀랍게도 준공검사를 통과했지만, 이 회사는 지금 사라지고 없다.

설계도면상에는 식재지인데, 밑은 깨 부숴서는 안 되는 콘크리트 구조물이고 올려 심으면 창문을 가린다. 작은 나무로 바꿔 심어야 하는데, 문주 옆 상징목이라 진퇴양난이다.

옥상조경인데 멀칭한 화산석을 빼고 나면 유효토심이 3 cm가 안 나온다. 양심 있는 사람은 이렇게 시공하기도 힘들다.

뿌리분 밑이 뚫린 것이 충격으로 깨진 것이면 하자, 사질토라서 밑 흙이 빠진 것이라면 하자로 볼 수 없지만 조치하지 않으면 위험하다. 식재 시 구덩이 밑바닥의 중앙을 봉분처럼 흙을 올린 뒤 심어야 하자가 안 생긴다. 이런 나무의 고사 원인을 유지관리회사가 알 길이 없고, 관수를 잘못했다는 등의 이유로 물어내게 한다.

나무의 목을 조이는 반생과 고무바는 식재 후 벗겨 내야 한다. 이는 명백한 시공사 의무인데, 유지관리회사가 울면서 겨자먹기를 한다.

나무의 줄기가 아랫부분보다 윗부분이 더 굵으면 옥죄는 뿌리가 있다는 징표가 된다. 그러나 이 소나무는 뿌리목의 수피가 녹아 없어진 것으로 보아 심식되어 자라온 나무로 보인다. 줄 돈 다 주고 이런 나무를 받았다가는 머저리 소리를 듣거나, 뒷돈을 받은 것으로 의심받는다.

조경수와는 달리, 지피식물을 다루는 원예 업체들의 정직함과 성실성, 전문성은 안심하고 일을 맡길 수 있어 다행스럽다.

왼쪽 나무줄기의 각도가 날카로운 V자 형태이고 가지 사이가 함몰되어 있다면, 두 가지는 언젠가 찢어져 사람을 덮치는 위해수목이 된다. 나무를 하차하기 전에 (화물차에 올라가) 검수해서 반출 조처한다.

오른쪽 청사 준공 기념식수패. 썩지 않는 돌이 아닌 나무에, 구청장의 이름은 뒷면에 보이지 않게 두었으니, 이 고을은 올곧은 사또를 만난 것 같다.

나무의 죽은 뿌리는 토양에 유기물을 제공하고 수분 침투율을 높여 준다. 굳이 돈 들여서 캐낼 이유가 하등 없다.

한동안 암은행나무를 모두 수 은
행나무로 교체하는 지자체 발주
가 일시에 폭주하던 때가 있었
다. 전국에 수은행나무가 동이
나고 값이 뛰는데, 경북 봉화에
서 직접 키운 좋은 은행나무가
있다고 하여 부랴부랴 내려갔다.
거동이 불편하신 80대 노인이
나오셔서 안내하는데, 전화할 때
와는 달리 밭에 가 본 적도 없고,
산길을 달려 도착한 은행밭은 기
가 막혔다. 순박하신 시골 노인
네인 줄만 알았는데 발등을 찍히
고 오니, 우리나라 조경수 유통
과정을 어찌하면 좋을까 싶은 생
각에 잠이 오지 않는다. 사진은
암은행나무 가로수를 굴취하는
모습을 지나가다 찍은 것으로 이
글과는 관련이 없다.

국립기관에 계신 분들이니 가능한 발
상이다. 귀하신 분들이 참석하는 행사
를 앞두고 누렇게 시든 소나무에 착색
제가 뿌려졌다.

춘 3월, 지자체에서 추식 구근인 수선화의 새순을 보호하기 위해 화단에 금줄을 치는 것을 이해했다. 그러나 5월, 6월, 7월… 수선화는 지고 토끼풀과 개망초가 자라는 화단에 계속 금줄이 처져 경각심과 불쾌감을 주고 있다. 금줄은 본래 건설현장에서 안전을 위해 치는 것인데, 지금은 그것도 아니다. 도시공원의 주인이 시민이 아니고 지자체라는 것을 모르는 바 아니지만, 반문한다. 우리가 꽃을 심는 목적은 무엇인가?

관악산 자락, 정부 과천청사 외곽을 경비하는 9초소에는 철책으로 굳게 닫힌 출입 금지구역이 있다. 1급 보안시설이라도 있는가 싶지만, 어처구니없게도 과천청사에서 나온 조경 폐기물들을 다년간 버려 온 곳이다. 중세시대라면 방어용 수벽이라고도 할 텐데… 해외토픽 감이다. (촬영일/2010. 4. 2)

15년간 공들인 조경수목 생육 특성 일람표

나무를 공부해 보려고 2010년 주택공사 조경수목도감을 구해서 나무의 특징들을 표로 일목요연하게 만들었지만, 발행 목적이 공사감독을 위한 직원들 용이어서 나한테는 아쉬운 게 많았다. 한편, 읽는 조경 책마다 음수와 양수가 다르고, 내한성이 다르고, 수고樹高도 제각각 인 게 많아, 2025년 봄까지 25번의 수정 보완을 거쳐 겨우 내 나름의 조경수목도감을 갖게 되었다. 그 사이 파일 크기도 33배나 늘었다.

그러나 이제사 깨달은 것은 〈나무는 수목도감 대로 자라지 않는다〉는 것이니, 비로소 자유롭다. 다음은 조사했던 내용들이다.

표 7-10 ● 주택공사 조경수목도감(2010년)

성상	수목명	내한성	음양성	토성	양분	수분	공해	맹아력	이식	내염	생장	pH	내조성	뿌리	수고	비고
상록	주목	강	음	사양토	비옥	적윤	중	강	용이	강	매우느림			심근	15	
침엽	잣나무	강	음→양	사양토	비옥	적윤	중	중	용이	강	빠름		약	심근	30	건조에 취약
교목	스트로브 잣나무		양				강									내음성이 있다.
	섬잣	강	중용	사양토	비옥	적윤	중	중	용이	강	느림		약	적근	30	
	소나무	강	극양	사양~점토	척박	내건	약	강	곤란	중	느림			직근	30	반송은 적윤지. 생활력이 소나무보다 약하다. 백송은 이식할 때 구덩이에 석회.
	곰솔	중	중용	상동	척박	내건	강	강	용이	강	빠름		강	심근	30	
	독일가문비	강	음→양	사양토	비옥	적윤	중	중	용이	중	느림→빠름			천근	50	2~3 m 이상 큰 나무 이식 금지
	전나무	강	음→양	사양토	비옥	적윤	극약	중	보통	약	느림→빠름			심근	30	내습
	히말라야시더	중	양	사양토	비옥	적윤	강	강	용이	강	빠름			천근	50	천안 이남 월동. 내건 약. 토심이 깊은 곳
	측백나무	강	양	사양토	보통	적윤	중	강	용이	중	빠름	7		천근	10	석회암지대. 서양측백보다 수분이 적게 요구. 적고병으로 아랫잎 고사-커가면서 수형이 흐트러진다.
	서양측백	중	양	사양토	비옥	적윤	강	강	보통	중	빠름	7		천근	20	중부이남 식재. 겨울바람 주의. 성목은 이식 곤란
	편백	중	음	사양토	비옥	적윤	중	강	용이	약	빠름				40	남해안 방풍림
	화백	중	음	사양토	보통	내건~적윤	강	강	용이	중	빠름			천근	30	습지에서 잘 자란다. 전정 용이
	향나무	강	극양	사양토	보통	내건	강	강	용이	중	빠름				20	
상록	가시나무	중	중용	사양~점토	보통	내건~적윤	강	중	곤란	강	빠름		강	심근	15	난대림 대표수종. 전정 강. 방화수
활엽	태산목	중	중용	사양토	비옥	적윤	중	약	곤란	강	빠름		강	심근	20	상록 목련. 강한 향기
교목	후박나무	중	중용	사양~점토	보통	적윤	중	중	용이	강	빠름		강	심근	20	제주도 자생. 내화수종. 전정 강
	먼나무	약	양	사양토	비옥	적윤	중	중	보통	강	느림		강		10	서귀포 자생. 암나무 예쁜 열매
	동백나무	약	중용	사양토	비옥	내건~적윤	강	중		강	느림	산성토	강	직근	15	내음. 전정 강
	아왜나무	중	음	사양~점토	비옥	적윤	강	중	용이	강	빠름		강		10	방화수. 뿌리돌림 후 이식
	굴거리나무	중	음	사양토	비옥	적윤	강	약	보통	중	보통		강	직근	10	전정 곤란. 방화수. 건조에 약
낙엽	은행나무	강	양	사양토	비옥	적윤~내습	강	약	용이	약	느림		약	세근발달	30	병충해가 없다. 내음성이 약. 이식 후 2~3년은 생장이 늦다.
교목	낙우송	강	양	사양토	비옥	호습~내습	중	약	곤란	중	빠름		강	천근	50	건조지에선 생육불량
	메타세콰이어														35	눈이 움직이기 전에 이식해야 착근이 쉽다. 뿌리가 마르지 않도록 이식 후 관수 주의
	호두나무	강	양	사양토	비옥	적윤	중	중	보통	중	빠름			직근	20	평택 이남
	자작나무	강	극양	사양토	비옥	적윤~내건	약	약	곤란	약	빠름		취약		20	뿌리에 지피 피복(복사열 차단). 전정 곤란
	서어나무	강	양	사양토	척박	적윤~내건	약	약	용이	중	빠름		강	직근	15	전정 금지. 자연 야성미
	밤나무	강	양	사양토	비옥	적윤	중	강	용이	약			약	직근	20	토심 깊고 배수 잘 되는 곳
	상수리	강	양	사양토	척박	적윤~내건	중	강	곤란	중	빠름		강	심근	25	큰 나무 이식 곤란. 견밀한 토양에 잘 견딤.

표 7-11 ● **핵심 조경수목도감** 중부지방 노지월동은 –23℃부터 안심

●주택공사 조경수목도감 2010+●한국조경학회 조경수목학(2015. 1. 12) 수정 2017. 7. 20. ●17차 수정 2022.07) ●마지막 수정:25차 2025.2.17
보완이력: ●정원수 유지관리매뉴얼(18.06)●LH 공사감독 핸드북(1901, 2007, 2206)●고규홍 나무이야기 20.05 ●서울대 조경수관리기술 ●서울대 조경수병해충도감 20.07 ●윤주복 나무해설도감(21.04)●김봉찬/자연에서 배우는 정원 ● 이광만 우리나라 조경수이야기 20.05 ●현암사 식물비교도감 21.06 ●두산백과 21.07 ●보리 나무도감 21.07 ●강전유 나무의 생리적 피해 21.10 ●나무 다시보기를 권함(독일) 21.11 ●아버지의 정원에서 보낸 일곱 계절 21.12 ●정원생활자의 열두 달 22.01 ●식물학자의 노트 22.01 ●한국정원식물 A-Z(내한성 기온) 22.02 ●수목관리학 22.06 ●오순화의 나무병원 22.07 ●24.01 강철기 조경수를 만나다 & 조경수에 반하다 ●24.02. 정원수로 좋은 우리나무 252(정계준)●24.03 한국의 정원, 조경수도감/제갈영 ●가드닝을 위한 식물학 22.06 ●나무의 세계 24.07 ●전원주택 정원만들기/이광만, 소경자 24.08 ●우리 자생수목 24.06 ●네이버 지식백과 ●25.02 보리 나무도감

분류	수목명	종목	내한성	음양성	토성	양분	수분	내공해	내조성	pH	이식적기	전정	생장	뿌리	수고
상침	가문비나무	소나무과	-40℃	음수	식토	비옥	약습, 높은 공중습도. 고온건조에 취약. 내습 낮음		약			불필요. 전나무에 준한다	매우 느림	전근성	20
		북위 50~70° 사이 춥고 눈이 많이 내리는 북부 침엽수림 지대에 서식. 타이가 지대는 평균기온이 10℃ 이상을 넘는 달이 2~4개월에 불과하다. 가문비나무는 무척 더디게 자란다. 20년이면 2 m쯤 자라고, 100년이 지나도록 20 m를 넘기 어렵다. 가문비나무 열매는 아래로 처지고, 익으면 통째로 떨어지지만, 전나무 열매는 하늘을 보고, 여물면 산산히 부서지면서 떨어진다(보리 나무도감). 이런 나무를 영양생장기간이 긴 온대지방에 심으면 6개월 내내 성장할 수 있으므로 크기가 완전히 달라지고 재앙이 시작된다. 몸집은 커졌지만 다져진 토양에서 힘이 없고, 숨통이 막힌 뿌리 탓에 폭풍만 불면 처참하게 쓰러진다. 중세시대 지나친 쟁기질이나 근대에 중장비 사용으로 토양의 숨구멍이 막혀 버린 상황에 심근성 나무를 심으면 '얕은 뿌리를 가진 나무'라는 속설이 탄생하게 된다. 공기가 통하지 않는 땅에는 참나무나 흰전나무가 뿌리를 내려 토양을 재생시킬 수 있다(독일 55)														
상침	독일가문비	소나무과	-40℃	음수→중용수	식토~사양토	비옥	적윤, 배수 중요	중약	중	5.0~6.0	늦가을이나 이른 봄의 저온기	1920년 도입. 성장은 빠르나 하자 발생률이 높다.	느림→빠름	천근	40
		1920년쯤에 유럽에서 들어왔다. 유럽에서는 독일가문비가 무리지어 큰 숲을 이룬다. 표고 500~2300 m 고산 수종으로 평지 식재 불가. 공중습도가 높고 한랭한 백두산 같은 데서 울창한 숲을 이룬다. 잎에 백색 기공조선이 뚜렷하다. 크리스마스 트리용. 재질이 아름답고 나뭇결이 좁다. 보온이 잘되고 향기가 오래 남아 있어서 유럽에서는 통나무집을 짓는 데 많이 쓴다. 목재가 알맞게 부드럽고 끌과 대패를 잘 받아서 가구를 만들 때도 많이 쓰인다. 스칸디나비아에서는 종이 원료로 독일가문비를 쓴다. 암수한그루, 가늘고 긴 열매가 밑으로 늘어지며 달린다.														
상침	코니카가문비	소나무과	-21℃	내음					강							6
		공해, 추위, 내음성이 강해 가문비나무 대용으로 많이 심는다.														
상침	분비나무	소나무과 고산수종	강	음→양	심토	비옥	높은 공중습도	약	약			불필요. 전나무에 준한다	느림 → 보통			25
		수피가 분백색이 돌아 '분피나무'로 부르다 분비나무가 되었다. 어린 수피는 백송처럼 백록색을 띠며 생장속도는 느리다. 표고 700 m 이상의 온도가 낮고 대기습도가 높은 곳에서 잘 자란다. 원산지는 한국으로 중국, 시베리아 등지에 분포한다. 잎은 전나무와 비슷하나 잎끝이 오목하게 함몰해 있으며, 구상나무보다 얇고 가늘다. 가지 배열이 45°로 솟는다. 음수에서 자라면서 극양수로 변화한다. 내공해성이 약해 도심지 조경수로는 부적당하다(출처: 국립중앙과학관-식물정보)														
상침	구상나무	소나무과	강	음~중용	사양토	비옥	중간	극약	약?			자연수형	매우 느림	천근	7~15
		한국 특산종으로 한라산 해발 1500 m에서 정상까지의 구상나무림이 유명하다. 고산수종으로 해발이 낮은 곳에서는 생육 불량. 생장이 아주 느려 40년생이 고작 5 m, 도시조경 부적합 수종. 생김새가 분비나무와 무척 닮았지만 사는 곳이 구상나무는 남쪽 고산, 분비나무는 북쪽 고산에도 산다. 잎이 전나무와 유사하나, 뒷면에 순백색 기공조선이 있다. 열매는 전나무처럼 하늘을 향해 달린다. 하늘을 보는 씨앗들은 모두 씨앗이 조각조각 떨어져 날아다닌다. 암수한그루. 여름 전정은 송진이 많이 나온다														
상침	금송	낙우송과	-23℃	극음→양	무관	비옥 1~2월 시비	적윤(수습지와 건조지는 생육이 좋지 못하다)	중	중		3~4개월	7월 순자르기	유묘는 느림 성목은 빠름	심근	30
		어릴 때 성장이 느려 보급이 적으며 가격이 비싸다. 여름 더위에 취약. 고온지에서는 강우가 많아야 하고. 냉량지에서는 강우가 적어야 한다. 적당한 습기가 있어야 하나 내습에 취약. 건조지에선 증산억제제. 오전 햇빛은 잘들고 오후 빛은 가려지는 환경이 좋다. 유묘일 때는 직사광선 금지. 10년생 이후 급성장. 10~25년생의 중년목이 가장 관상가치가 높다. 수고 40 m, 지름 1 m의 거목으로 자란다. 병충해에 강하다. 결실은 고목에 한정되고, 결실주기는 3년이다. 수령은 100년 미만(?). 여름에 새로 나온 가지를 중간에서 순자르기 하여 잔가지 발생을 촉진시킨다.														

썼다가 지운 편지

처음 계획에는 한 장章을 더해서
〈초화관리〉로 40여 페이지를
준비하였으나, 아무리 생각해도
내가 전문가가 아니어서
이 분야에서 읽은 주옥 같은
서적들을 소개하는 것으로
대신한다.

추천 도서와 YouTube

- 지킬의 정원 거트루드 지킬 지음 | 정은문고
- 정원관리 매뉴얼 권영휴 , 김현준 , 이태영 지음 | 푸른행복
- 가드닝을 위한 식물학 제프 호지 지음 | 따비
- 자연주의 식재디자인 나이절 더닛 지음 | 목수책방
- Garden & Garden 30선 김봉찬 외 | 월간 환경과조경
- 정원을 가꾸는 오래된 지혜 다이애나 퍼거슨 지음 | 북스힐
- 장미 키우기 NHK출판사 엮음 | 돌배나무
- 가드너 다이어리 국립수목원 지음 | 지오북
- Complete Gardener's Manual DK | 서양도서
- 자연에서 배우는 정원 김봉찬 지음 | 한숲
- 야생화 전통조경 기의호 지음 | 주택문화사
- 랩 걸 호프 자런 지음 | Alma
- 싸우는 식물 이나가키 히데히로 지음 | 더숲
- 제로 웨이스트 가드닝 벤 래스킨 지음 | 브레드
- 식물의 죽살이 이유 지음 | 지성사
- 광릉 숲에서 보내는 편지 이유미 지음 | 지오북
- 실은 나도 식물이 알고 싶었어 안드레아스 바를라게 지음 | 애플북스
- 내 식물에게 무슨 일이 일어났을까? 데이비드 디어도르프 외 | 김영사
- 나는 가드너입니다 박원순 지음 | 민음사
- 식재 디자인 피트 아우돌프 외 | 목수책방
- 베케, 일곱 계절을 품은 아홉 정원 고설 외 | 목수책방
- 파브르 식물기 장 앙리 파브르 지음 | 휴머니스트
- 나무 다시 보기를 권함 페터 볼레벤 지음 | 더숲
- 후멜로 피트 아우돌프 외 | 목수책방
- 자연정원을 위한 꿈의 식물 피트 아우돌프 외 | 목수책방
- 지피식물학 방광자 지음 | 조경
- 정원의 발견 오경아 지음 | 궁리
- 세계 최초의 나무의사 존 데이비 장원량 지음 | 돌배나무
- 조경시공학 한국조경학회 지음 | 문운당
- 가드닝: 정원의 역사 페넬로페 홉하우스 외 | 시공사
- 정원읽기 김지윤 지음 | 온다프레스
- 나무는 내 운명 이천식 지음 | 문예춘추사
- 공원주의자 온수진 지음 | 한숲
- 플랜 드로다운 폴 호컨 지음 | 글항아리사이언스
- 한 세대 안에 기후위기 끝내기 폴 호컨 지음 | 글항아리사이언스
- 대멸종 연대기 피터 브래넌 지음 | 흐름
- 기후재앙을 피하는 법 빌 게이츠 지음 | 김영사
- 폭염살인 제프 구델 지음 | 웅진지식하우스
- SAVE SOIL Discovery | YouTube
- KISS THE GROUND HandsintheDirt | YouTube

출처 및 참고문헌

- 『조경』, LH 공사감독 핸드북
- 『수목근계도설』, 일본
- 『나무수업』, 위즈덤하우스
- 『조경수 식재관리기술』, 서울대학교 출판부
- 『흙을 알아야 농사가 산다』, 씨앗을뿌리는사람
- 농촌진흥청, https://www.rda.go.kr/main/mainPage.do
- 『수목생리학』, 서울대학교 출판부
- 『수목관리학』, 바이오사이언스
- 『올바른 나무전정』, 아인북스
- 한국작물보호협회
- 국가유산청 국가유산포털
- 한국조경신문, https://www.latimes.kr/
- 국립수목원 국가생물종 지식정보
- 국립산림과학원
- 『잔디관리사』, 건국대학교 이재필 교수
- 『알아두면 유용한 잡초도감』, 국립농업과학원
- 『토양학』, 교보문고
- 『나무처럼 생각하기』, 더숲
- 『말하는 나무들』, 매직사이언스
- 『조경설계기준』, (사)한국조경학회
- 『레인가든』, 도서출판 조경
- 『문답으로 배우는 조경수 관리지식』, 향문사
- 『나무의 긴 숨결』, 에코리브르
- 『침엽수의 자연사』, 지오북
- 『녹색 천연잔디 운동장의 조성과 관리』, 국민체육진흥공단
- 『식물학 수업: 불확실한 시대를 살아가는 잡초의 전략』, 키라북스
- 『미움받는 식물들』, 윌북
- 『정원 잡초와 사귀는 법』, 목수책방
- 『정원수로 좋은 우리나무 252』, 김영사
- 『오순화의 나무병원』, 진원디자인프린텍
- 『나무를 진찰하는 여자의 속삭임』, 디자인하우스
- 『나무의 생 사 법칙』, 맑은샘
- 『나무는 사람이 죽인다』, 바이오사이언스
- 『수목의학』, 서울대학교 출판부
- 『해충학』, 향문사
- 『침묵의 봄』, 에코리브르
- 『짚 한오라기의 혁명』, 녹색평론사
- 『조경수 병해충도감』, 서울대학교 출판부
- 미국 브리검 영 대학
- 『수목의 진단과 조치』, 두양사
- 기타 언론보도: 연합뉴스, 인천일보, 제민일보, 보은신문, KBS

세상에서 제일 아름다운 텃밭-
평창 켄싱턴 호텔의 프랑스식 자수화
단에는 화려한 꽃 대신에 치커리, 양배
추, 방울토마토, 가지 같은 신선한 먹거
리가 자라고 있다. 아침 식단을 위해 셰
프가 나와 채소를 수확하는 모습이 보
인다.

아이들을 위하여 조경이 할 수 있는 일

Better Garden makes Better Life

Trees

Joyce Kilmer

I think that I shall never see
A poem lovely as a tree.

A tree whose hungry mouth is prest
Against the earth's sweet flowing breast;

A tree that looks to God all day,
and lifts her leafy arms to pray....

Upon whose bosom snow has lain;
Who intimately lives with rain.

Poems are made by fools like me,
But only God can make a tree.

나무

조이스 킬머

내 결코 보지 못하리
나무처럼 아름다운 시를.

단물 흐르는 대지의 가슴에
굶주린 입을 대고 있는 나무.

온종일 하느님을 바라보며
잎 무성한 두 팔을 들어 기도하는 나무

눈은 그 품 안에 쌓이고
비와 정답게 어울려 사는 나무

시는 나 같은 바보가 만들지만
나무를 만드는 건 오직 하느님뿐.

시를 읽다가 알았네.
이 영시英詩를 아름다운 우리 말로 옮겨준
장영희가 자랑스러운 학교 동창이라는 것을.

1

나는 쓰나미를 보면서 상선약수上善若水를 생각한다.

나는 보름달을 보면서 진광불휘眞光不輝를 생각한다.

나는 강이 없는 마을에 다리를 놓아주겠다는 정치인을 보면서 잡초를 생각한다.

나는 화물트럭에 실려 밤새도록 달려온 나무들을 보면서 우즈베키스탄으로 강제이주된 고려인들을 생각한다.

내가 삼십 대 때 처음으로 화랑에 가서 산 그림은, 두절頭切을 당한 나무를 마주 보고 서 있는 노인을 그린 장영숙 화가의 판화였다. 이제 보니 내 자화상이 아닌가 싶다.

소년이로 학난성 少年易老 學難成

내가 열 살일 무렵, 서대문형무소의 육중한 철문을 밀고 나오신 아버지가 자식을 책상머리에 앉혀 놓고 가르치신 첫 문장인데, 그때 내가 한문을 알 리 없었다. 매초리가 등짝을 때렸다.

노년이사 학난성 老年易死 學難成

나이 칠십을 넘고 보니 절실하게 다가오는 문장이다. 시간을 아껴야겠다.

노인과 나무. 장영숙 판화

2

고양시는 도서관 천국이다. 시립도서관이 19개, 작은 도서관이 7개, 모두 26개의 도서관이 있는데, 도서관끼리 땅속의 균사체처럼 네트워크가 잘 구축되어 있어, 어느 도서관에 있든 검색한 도서를 신청하면 바로 다음 날 볼 수 있다. 수만 권의 도서가 손안에 있다.

2008년, 집에서 20분 거리에 대화도서관이 생겨 이따금 책도 빌리고, 열람실에 앉아 조경기사 시험공부도 하였는데, 2020년 연말에 집 5분 거리에 일산도서관이 생겼다. 대출 이력을 살펴보니 2014년 4월부터 내가 고양시 도서관에서 빌려 본 책이 2025년 10월 말 현재 1,134권. 그 가운데 일산도서관에서 빌린 책이 833권이다. 천운을 누리게 해 준 일산도서관에 그저 감사할 따름이다. 이 책의 말미에 참고서적을 수록하게 된 것도 도서관에 대한 보은으로 정한 것이다. 출판사나 저자의 양해를 구하지 못한 것과, 좋은 책들을 더 많이 소개하지 못한 것은 사과 드린다.

3

2023년, 수색의 1,500세대 아파트 신축공사 조경 고문을 맡고 있을 때, 시공을 맡은 현장소장은 아직 신혼의 단꿈이 깨지 않은 삼십 대 후반이었다. 그의 꿈은 이제 겨우 말을 튼 딸이 이담에 고등학생이 되면, 그동안 자신이 조경한 전국의 정원들을 순례하며 "보아라! 아버지가 한 것이다!"라며 자랑스럽게 보여 주는 것이란다. 그 친구의 열정과 책임감을 통해 나는 미래를 보았다. 독도獨島는 외롭지 않다.

4

이 책은 교육을 목적으로 한 기술서적의 성격을 띠었으면서도 학술과는 거리가 먼, 순전히 내가 겪은 경험과 내 학습 노트를 개봉한 것이다. 20년에 걸쳐 밑줄 긋고 메모한 것들을 모은 것이라 출처 불명, 근거 부족인 채 겉멋으로 베껴낸 자료들이 많은 걸 스스로 안다. 더구나 워드와 엑셀, 포토샵, 스캐너만 가지고 혼자 편집한 것이라 툭하면 파일이 깨져 정신없이 추스르기 바빴기에 원고도 통일되지 못했다. 그러하나 조경을 처음하는 사람들이 꼼꼼히 읽어서 활용한다면, 단숨에 전문가 반열에 올라설 것이라 보고 오픈하게 되었다.

내가 이 책을 세상에 내놓는 목적은 후배들에게 경험과 지식을 전수하여 우리나라 조경이 발전되기를 희망하는 것이 첫째이며, 조경 바닥의 잘못된 관행을 바로잡고자 하는 것이 둘째이며, 나를 회고하고 정리하고자 하는 게 셋째이다.

달걀 껍데기와 약속과 목적은 깨기 위해서 생겨난 것이다. 평생을 이룬 것 없이 무득無得으로 살아온 나는 오늘도 준비 없이 살고 있으나, 기특하게도 한 가지 준비한 것은 연명의료 중단과 장기기증과 시신기증 등록증이다. 어찌 죽게 될 지 알 수 없으니, 선택지를 3개나 준비한 것이다.

끝으로 거친 들짐승 같았던 도표 투성이의 현장 원고를, 탁월한 문장 이해력과 장인정신으로 정성을 다하여 훌륭한 편집을 해 주신 돌배나무 출판사 여러분께 경의를 표한다.

내게 이런 행운이 있다니!

을사년 하늘 푸른 시월에 無得 올림